Web職人好みの新世代PHPフレームワーク

Laravel
リファレンス

新原 雅司、竹澤 有貴、川瀬 裕久、大村 創太郎、松尾 大 ［共著］

■ソースコードについて

本書で使用しているソースコードは、以下のURLよりダウンロードできます。

http://www.impressjapan.jp/books/1114101107

■本書の内容と商標について

・本書の内容は、2015年12月の情報に基づいています。記載したURLやサービス内容などは、予告なく変更される可能性があります。
・本書の内容によって生じる直接的または間接的被害について、著者ならびに弊社では一切の責任を負いかねます。
・本文中の社名、製品・サービス名などは一般に各社の商標、または登録商標です。本文中にⒸ、Ⓡ、™は表示していません。

はじめに

　PHPには数多くのフレームワークが存在しています。かつてはJavaやRubyなど各種プログラミング言語で人気を博したフレームワークの流れを汲むものが主流でしたが、昨今のPHPの進化やComposerによるパッケージ管理エコシステムの確立で、フレームワーク自らが持つ機能をコンポーネントとして独立させ、コンポーネントの集合としてフレームワークを形成する構成が注目を集めています。また、個別に配布されるコンポーネントはフレームワークと分離して利用でき、必要なコンポーネントを組み合わせて、新たなフレームワークを構築することも可能です。

　本書で取り扱うLaravelはまさにこれを体現しており、既存のSymfonyを中心に各種のオープンソースコンポーネントやライブラリで構成されています。また、興味深いのはLaravel自身もコンポーネントとして分離可能である点です。まさにコンポーネント指向である現在のPHPフレームワークのトレンドを牽引しているといえます。

　Webアプリケーションの要件は多種多彩ですが、どのアプリケーションでも必要とされる定型処理はフレームワークごとに独自に実装するのではなく、既に実装されている良質なコードを再利用しており、合理的な実装方法がとられています。

　Laravelでは良質で実績のある既存コンポーネントを簡潔なコードで利用できます。もちろん、内部では複雑でパワフルな実装も行われていますが、一般的なWebアプリケーション開発はシンプルなコードを記述するだけで簡単に実現できます。さらに、より大規模で複雑なアプリケーションを構築するケースでは、コンポーネントの機能をフルに活用することも可能であり、フレームワークの初学者からエキスパートまで幅広い層に受け入れられています。

　共著者の川瀬は公式ドキュメントの和訳版を公開したり、その他の執筆陣もそれぞれ個別にブログに展開したり技術イベントに講演者として登壇するなど、様々な情報提供を行っています。また、筆者自身も業務でLaravelを利用したWebアプリケーションをリリースし、追加開発はもちろん継続的な運用を担当するなど、開発現場で実際にLaravelを活用しています。

　本書は、執筆陣が様々な普及活動や開発現場で蓄積した知見に基づき、これからLaravelを学ぶ初学者はもちろん、既に活用している開発者にも参考になる構成内容を心掛けました。順を追ってすべてを読破する必要はなく、開発に求められる部分を読み進めることで、Laravelの活用が十分に理解できるはずです。本書が開発者の皆様のお役に立てるならば幸いです。

2015年冬　執筆陣を代表して
新原 雅司

Contents

はじめに ... III

Chapter 01 Laravel の概要

1-1 Laravel とは ... 002
- 1-1-1 Laravel とは ... 002
- 1-1-2 Laravel の特徴 ... 002
- 1-1-3 フレームワークによる開発 ... 006
- 1-1-4 開発情報 ... 007

1-2 環境設定 ... 008
- 1-2-1 Windows/OS X における開発環境の構築 ... 008
- 1-2-2 Linux における開発環境の構築 ... 009
- 1-2-3 Laravel Homestead ... 010
- 1-2-4 Laravel Homestead の設定 ... 013
- 1-2-5 Laravel Homestead の実行 ... 014
- 1-2-6 Laravel Homestead 環境への接続 ... 016

1-3 Composer ... 017
- 1-3-1 Composer とは ... 017
- 1-3-2 ローダーの仕組み ... 018
- 1-3-3 Composer コマンド ... 021

Chapter 02 Laravel の基本

2-1 はじめての Laravel ... 026
- 2-1-1 Laravel のインストール ... 026
- 2-1-2 ディレクトリ構造 ... 028
- 2-1-3 アプリケーションの設定 ... 029
- 2-1-4 Artisan コマンド ... 032

2-2 はじめてのアプリケーション ... 034
- 2-2-1 アプリケーション構造 ... 034
- 2-2-2 アプリケーションの準備 ... 038
- 2-2-3 はじめてのルート定義 ... 040
- 2-2-4 はじめてのビュー ... 042
- 2-2-5 はじめての ORM ... 046

2-2-6	はじめてのコントローラ	048
2-2-7	はじめてのフォーム	050

2-3 基本コンポーネント … 053

2-3-1	環境設定	053
2-3-2	リクエスト	056
2-3-3	レスポンス	057
2-3-4	ルーティング	058
2-3-5	ミドルウェア	064
2-3-6	コントローラ	068
2-3-7	バリデーション	069

Chapter 03 データベース

3-1 データベースへの接続設定 … 080

3-1-1	サポートしているデータベース	081
3-1-2	接続設定	082

3-2 マイグレーション … 086

3-2-1	マイグレーションの流れ	086
3-2-2	マイグレーションファイルの作成	087
3-2-3	マイグレーションの実行・ロールバック	089
3-2-4	スキーマビルダ	090
3-2-5	シーダー	095

3-3 DB ファサード … 100

3-3-1	DB ファサードを利用したクエリ実行	100
3-3-2	接続するデータベースの指定	102
3-3-3	トランザクション	102
3-3-4	その他の便利なメソッド	103

3-4 クエリビルダ … 105

3-4-1	テーブルからのデータ取得（基本編）	106
3-4-2	検索条件の指定	109
3-4-3	JOIN	112
3-4-4	ソート・グルーピング・Limit と Offset	113
3-4-5	UNION クエリ	114
3-4-6	サブクエリ	114
3-4-7	データの挿入 -- insert	115
3-4-8	データの更新	116
3-4-9	データの削除	116
3-4-10	悲観的ロック	117
3-4-11	SQL の直接記述 -- raw	117
3-4-12	主なメソッド一覧	118

3-5 Eloquent ORM — 121
- 3-5-1 モデルの作成 — 121
- 3-5-2 Eloquent モデルの規約およびその変更 — 122
- 3-5-3 データの取得 — 124
- 3-5-4 データの挿入・更新 — 126
- 3-5-5 Mass Assignment — 128
- 3-5-6 データの削除 — 130
- 3-5-7 アクセサとミューテータ — 133
- 3-5-8 日付の扱い — 134
- 3-5-9 シリアライゼーション — 134

3-6 リレーション — 139
- 3-6-1 One To One — 140
- 3-6-2 One To Many — 142
- 3-6-3 Many to Many — 144
- 3-6-4 Has Many Through — 146
- 3-6-5 リレーション先のデータ取得 — 147
- 3-6-6 N+1 問題と Eager Loading — 148
- 3-6-7 リレーション先へのデータ更新 — 151

Chapter 04 フレームワークの機能

4-1 認証 — 156
- 4-1-1 仕様 — 157
- 4-1-2 認証機能の設定 — 159
- 4-1-3 Auth ファサードによる認証処理 — 162

4-2 キャッシュ — 168
- 4-2-1 キャッシュストア — 168
- 4-2-2 キャッシュの利用 — 175

4-3 エラーハンドリング — 181
- 4-3-1 エラー表示 — 181
- 4-3-2 エラーのハンドリング — 182
- 4-3-3 HTTP エラーの送出 — 185

4-4 ロギング — 186
- 4-4-1 ロギングの設定 — 186
- 4-4-2 ログの出力 — 188
- 4-4-3 ロギングのカスタマイズ — 189

| 4-5 | イベント | 190 |

- 4-5-1 イベントのリスナー ... 190
- 4-5-2 イベントの発行 ... 194
- 4-5-3 イベント操作メソッド ... 195
- 4-5-4 EventServiceProvider によるリスナー管理 ... 196
- 4-5-5 イベントクラス ... 198
- 4-5-6 イベントのサブスクライブ ... 202

| 4-6 | ローカリゼーション | 205 |

- 4-6-1 言語ファイル ... 205
- 4-6-2 ロケール設定 ... 208
- 4-6-3 メッセージの取得 ... 209

| 4-7 | メール | 211 |

- 4-7-1 設定 ... 211
- 4-7-2 メールの送信 ... 213
- 4-7-3 クラウドメールサービスとの連携 ... 222

| 4-8 | ページネーション | 224 |

- 4-8-1 ページネーションデータの取得 ... 224
- 4-8-2 Blade によるページネーションの表示 ... 226
- 4-8-3 JSON によるページネーション ... 228
- 4-8-4 カスタムページネータ ... 229

| 4-9 | セッション | 232 |

- 4-9-1 設定 ... 232
- 4-9-2 セッションの操作 ... 236
- 4-9-3 次のリクエストだけ有効なセッション ... 241

Chapter 05 フレームワークの拡張

| 5-1 | サービスコンテナ | 244 |

- 5-1-1 サービスコンテナとは ... 244
- 5-1-2 サービスコンテナへのバインド ... 247
- 5-1-3 サービスコンテナによる解決 ... 253
- 5-1-4 サービスコンテナによる DI ... 255
- 5-1-5 その他のメソッド ... 263

| 5-2 | サービスプロバイダ | 264 |

- 5-2-1 サービスプロバイダの実装 ... 264
- 5-2-2 独自サービスプロバイダの実装(Twilio との連携) ... 269

5-3　コントラクト …… 274
- 5-3-1　コントラクトのメリット …… 274
- 5-3-2　コントラクトを利用した実装 …… 274
- 5-3-3　コントラクトを実装した独自クラス …… 278

5-4　ファサード …… 282
- 5-4-1　ファサードの仕組み …… 282
- 5-4-2　独自ファサードの実装 …… 286

Chapter 06　テスト

6-1　ユニットテストの基本 …… 290
- 6-1-1　PHPUnit によるユニットテスト …… 290
- 6-1-2　設定ファイル …… 291
- 6-1-3　テストの記述 …… 291
- 6-1-4　例外のテスト …… 295
- 6-1-5　データプロバイダ …… 296
- 6-1-6　テストの依存 …… 297
- 6-1-7　protected、private 宣言されたメソッド …… 298
- 6-1-8　コードカバレッジ機能 …… 299
- 6-1-9　終了時の処理 …… 301

6-2　モックを利用したテスト …… 302
- 6-2-1　Mockery …… 302
- 6-2-2　Mockery チュートリアル …… 302
- 6-2-3　Mockery リファレンス …… 306

6-3　モデルファクトリ「Faker」 …… 313
- 6-3-1　Faker の利用方法 …… 313
- 6-3-2　データベースへの挿入 …… 315
- 6-3-3　言語の設定 …… 316
- 6-3-4　各種ダミーデータ …… 317

6-4　各種アプリケーションのユニットテスト …… 319
- 6-4-1　ミドルウェアのユニットテスト …… 319
- 6-4-2　データベースに依存したクラスのテスト …… 321
- 6-4-3　データベースを利用するテスト …… 322

6-5　ファンクショナルテスト …… 330
- 6-5-1　テストクラス …… 330
- 6-5-2　テストヘルパーメソッド …… 330

6-5-3	クロールによる機能テストメソッド	333
6-5-4	動作を変更するヘルパーメソッド	336
6-5-5	スタブを利用したファンクショナルテスト	336
6-5-6	認証を含むファンクショナルテスト	338

Chapter 07 実践的なアプリケーション構築

7-1 セキュリティ対策 — 342
- 7-1-1 クロスサイトスクリプティング対策 — 342
- 7-1-2 SQLインジェクション対策 — 346
- 7-1-3 CSRF対策 — 349

7-2 コマンドラインアプリケーション開発 — 352
- 7-2-1 コマンドラインアプリケーションの作成 — 352
- 7-2-2 作成コマンドの登録 — 353
- 7-2-3 コマンドオプション・引数の利用 — 354
- 7-2-4 対話式コマンドの実装 — 357
- 7-2-5 メッセージなどの表示 — 358
- 7-2-6 コマンドラインアプリケーションのテスト — 359

7-3 代表的な拡張パッケージ — 362
- 7-3-1 Laravel 5 IDE Helper Generator — 362
- 7-3-2 Laravel Debugbar — 363
- 7-3-3 Laravel Socialite — 364
- 7-3-4 Forms & HTML — 366
- 7-3-5 日本語化パッケージ comja5 — 368
- 7-3-6 Intervention Image — 368
- 7-3-7 JSON Web Token Authentication — 368
- 7-3-8 Sentinel — 369
- 7-3-9 パッケージの入手先 — 369
- 7-3-10 開発時にのみ利用するパッケージ — 369

Chapter 08 Laravelの実践

8-1 サンプルアプリケーションの概要と設計 — 372
- 8-1-1 動作環境 — 372
- 8-1-2 実装する基本的な機能 — 372
- 8-1-3 テーブル設計 — 373

| | 8-1-4 | 実行方法 | 374 |
| | 8-1-5 | アプリケーション設計 | 375 |

8-2 データベースの準備 — 377
| | 8-2-1 | マイグレーションの作成 | 377 |
| | 8-2-2 | データベースの作成 | 379 |

8-3 ユーザー登録の実装 — 380
	8-3-1	ルート	380
	8-3-2	ユーザー登録フォーム	381
	8-3-3	ユーザー登録のリファクタリング	384
	8-3-4	キャプチャ認証によるカスタムバリデート	390

8-4 ログインの実装 — 397
	8-4-1	ログイン画面	397
	8-4-2	フォームリクエストでのバリデーション	397
	8-4-3	ログイン実装	398

8-5 認証機能のカスタマイズ — 400
	8-5-1	独自認証ドライバの実装	400
	8-5-2	認証コンポーネント	402
	8-5-3	認証ドライバの追加	403
	8-5-4	ドライバ追加のメリット	404

8-6 ブログ記事管理機能 — 405
	8-6-1	アクセス制御	405
	8-6-2	新規ブログ登録フォームと登録処理	406
	8-6-3	記事一覧画面	410
	8-6-4	編集フォームと更新処理	414
	8-6-5	ブログ記事編集の制御	415
	8-6-6	ログインユーザーの表示	420

8-7 ブログ表示・コメント投稿機能 — 423
| | 8-7-1 | ブログ表示 | 423 |
| | 8-7-2 | コメントの取得と書き込み | 425 |

索引 — 432

著者プロフィール — 437

Chapter 01

Laravel の概要

常に新しいフレームワークが発表される PHP 界に現れた新星が Laravel です。利便性を第一に考えつつも新しい開発ツールを積極的に統合しています。さらには、コミュニティやカンファレンスを通し開発ノウハウが発信されています。本章では Laravel のバックボーンに触れることで、その方向性を説明し、PHP 開発環境の整備に関しても解説します。

Laravel とは

Section 01-01 / Chapter 01

何かを学ぶ際には、その対象を知る必要があります。本書で解説する Laravel を学ぶにあたり、そのバックボーンや特徴を把握することで、技術的な知見の理解もスムーズに得られます。本節では Laravel の概要を説明します。

1-1-1 Laravel とは

「Laravel」（ララベル）は、Taylor Otwell 氏（アメリカ・アーカンソー州在住）が開発する PHP フレームワークです。.NET による開発経験をバックボーンに持つ同氏は、PHP の特徴を活かして Web アプリを快適に開発できるフレームワークを目指しています。その使いやすさはもちろん、活発なコミュニティ活動のおかげで Google Trends における人気度の動向は右肩上がりを示すなど、世界中で人気が急騰しており、日本国内でもユーザーが急増しています。また、オープンソースとして MIT ライセンスで配布されているので、無料で自由に利用できます。

Laravel はフルスタック（多機能）な PHP フレームワークで、ルーティング、コントローラ、ビュー、ORM など基本的な機能を備え、さらに近代的な Web アプリで活用されるジョブキューや Web ストレージなども積極的に統合しています。

「幸せな開発者が最高のコードを書く」、これが Laravel のバックボーンとなっている基本的な哲学です。定型的なコードの記述を減らすため、様々な工夫が取り入れられています。ありふれた「雑務的」なプログラミング作業を減らし、「よい動作ロジック」、「シンプルで分かりやすい実装方法」など、より創造的な部分に開発者の能力を投入できます。

1-1-2 Laravel の特徴

Laravel にはたくさんの魅力がありますが、Laravel を使い始めた開発者が賞賛するポイントをいくつか紹介します。

- 多種多様なバリデーションルールと容易な拡張性
- 簡単に実現できるページネーション（ページ付け）
- 柔軟なサービス(DI)コンテナ
- 使いやすく使用準備の手間が掛からないORM
- 実行しやすいテスト

　上記の特徴は各章で説明していきますが、本項ではLaravelフレームワークが持つ魅力のなかでも特に特徴的ともいえる、高い可読性・記述性と開発速度の向上を中心に、バージョン推移とLTS（Long Term Support）、互換性の高い軽量フレームワークLumenに関して説明します。

▶高い可読性・記述性

　Laravelのファサード（Facade）は、静的メソッド記法によるコアクラスへのアクセスを提供しています。これにより静的メソッド記法の可読・記述性の高さと、交換可能なクラスインスタンスという長所を両立させています。ファサードによるアクセス時に、クラスがインスタンス化されていなければ生成され、呼び出したメソッドが実行されます。

　ただし、ファサードを利用する記法が強制されることはありません。別の方法でもコアクラスへのアクセスが可能です。開発手法や嗜好に従い、ベストな形式を選択できます（リスト1.1）。

リスト1.1：様々なコアクラスへのアクセス方法

```
// ファサード記法による File クラスへのアクセス
$content = \File::get('sample.txt');

// ヘルパー関数を使用してのアクセス
$content = app('files')->get('sample.txt');
$content = app()->files->get('sample.txt');

// コンテナの自動依存インスタンス注入による取得

// File ファサードの実体クラス
use Illuminate\Filesystem\Filesystem;

class Sample {
    // この Sample クラスがサービスコンテナにより
    // インスタンス化される場合に Filesystem は
    // 自動的にインスタンス化され、$file に渡される。
    public function __construct(Filesystem $file)
```

```
    {
        $this->file = $file;
    }

    public function getFile($fileName)
    {
        $content = $this->file->get('sample.txt');
    }
}
```

また、この他にも簡単で分かりやすいメソッド名の採用など、細かい心遣いが積み重ねられ、可読性と記述性の高いコードを記述できます。

▶開発速度の向上

　Laravelを採用する開発者は、「開発速度の向上」を魅力の1つにあげます。前述の高い可読性や記述性に加え、定型コーディングの減少や開発チームのスタイルに合わせられる柔軟性など、その使いやすさから開発速度の向上を見込めると判断されています。フレームワークは開発の基礎システムですが、技術者には道具ともいえます。使い勝手の良さは重要な要素です。

　さらにLaravelを使った開発により、高揚を感じる開発者も少なくありません。多くの開発者にとって「簡単すぎず、難しすぎない」、「便利だけれど、押し付けがましくない」と感じさせる「程度の良さ」を持っているLaravelであれば、快適に開発できるからです。幸せな開発者は最高のコードを書くだけでなく、効率的に行います。余計な事柄や気分に気が削がれずに、担当する仕事に集中できるからです。

　開発速度を上げ、効率を向上できるのは、誰にとってもメリットがあります。日本のLaravel紹介ページであるlaravel.jpで紹介されている、Jeff Madsen氏（http://codebyjeff.com/）のコメントを引用しましょう。

　「*Laravel*はオフィスに夜遅くまで残りたくない人のためのフレームワークです。」

▶バージョン推移とLTS

　Laravelはメジャーアップデートごとに大きく発展し続けています。簡単に過去バージョンのリリース経緯を説明します。

- バージョン 1 および 2：学習コストの低さ、軽量さが評価されていました。
- バージョン 3：Web アプリに必要な機能が強化され、フルスタックになりました。Laravel が世界的にブレークしたバージョンです。
- バージョン 4：大規模開発やテスト性能向上のため、コンテナ機能が強化されたバージョンです。PHP パッケージ管理ツールの「Composer」（P.017）が導入されました。
- バージョン 5：Web アプリケーションのレイヤに基づくディレクトリ構造へ刷新されました。タスク自動化の「Elixir」や OAuth 認証の「Socialite」パッケージが用意されました。

　大きな進化を遂げるメジャーリリースは数年ごとに行われる予定ですが、主に機能追加が行われるマイナーリリースは半年単位です。このサイクルが早いため、長期にわたり開発を継続する必要のあるプロジェクトでは、Laravel 採用を躊躇させる面もありました。
　しかし、2015 年 6 月 9 日にリリースされたバージョン 5.1 は LTS（長期間サポート版）です。LTS 版は 2 年ごとにリリースされる予定です。バグフィックスは 2 年間、脆弱性の対処は 3 年間にわたり行われます。これにより、長期的なプロジェクトにも安心して採用できます。本書では、初めてリリースされた LTS であるバージョン 5.1 を中心に解説します。

▶軽量フレームワーク Lumen

　Laravel はバージョン 4 以降 Composer が導入されたこともあって、積極的に既存のパッケージを採用しています。十分にテストされた多様なコンポーネントを取り入れることで機能を強化していますが、オーバーヘッドの増加により、実行速度が低下する傾向にあります。
　そこでシンプルな機能のアプリケーションを素早く動作させるため、新しいフレームワークが開発されています。初期化処理や設定方法を見直し、スピードアップを図った軽量フレームワーク「Lumen」（http://lumen.laravel.com/）です。Laravel との互換性も高いフレームワークです。

　高速に動作する兄弟フレームワーク「Lumen」の登場により、一般的な Web アプリ側では Laravel を、API 側では Lumen を利用するなど、用途に合わせて使い分けることが可能です。
　なお、Lumen では Laravel と共通のコンポーネントが使用されているため、本書の内容は Lumen 使用時にも参考になります。

1-1-3 フレームワークによる開発

「フレームワーク」とは骨組みや何かの基礎となる構造を指し示す言葉です。Webアプリケーションのためのフレームワークは、アプリケーション構築に必要な機能が組み合わされ、開発準備が整っている基本的なソフトウェアを指します。また、同様にアプリケーション開発に使用されるプログラムに「ライブラリ」があります。ライブラリは、単一機能を提供するソフトウェアもしくはその集合を示し、システムを構築するための部品です。

フルスタックな現代のPHPフレームワークは通常複数のライブラリで構成されています。両者はともにWeb開発のベストプラクティスやノウハウが詰め込まれたものです。開発者は全知の存在ではありません。フレームワークやライブラリを適切に使用することで、知識や経験を補うことが可能です。ライブラリは、システムを構築する部品として十分にテストされ、品質も管理されています。その機能を自ら作成するよりも簡単に高品質の部品が手に入るわけです。

開発する際に利用するベースシステムによる特徴を見てみましょう（表1.1）。

表1.1：開発ベースによる比較

ベースシステム	必要な知識量	開発自由度	実行効率
CMS系(※1)	低〜中	限定的	低
フレームワーク	やや低〜中	十分	中〜高
ライブラリ	中〜やや高	十分	中〜高
PHPのみ	高	最高	最高

ベースシステムを使わずに、PHPのみでシステムを開発する場合、開発効率や自由度は高いですが、開発者には幅広い知識が求められます。CMS系ソフトウェアをベースとして開発すれば、必要な知識量はさほど多くない代わりに、拡張性が低くなります。機能追加や変更が標準で拡張できる範囲を超えると、要求される知識と作業量が各段に増えます。

フレームワークやライブラリによる開発を始めるには、ある程度の学習が必要とされますが、比較的実行効率が高いシステムを開発できます。新しいサービスを構築するのは、既存サービスとの差別化や優位性が求められることが理由の1つですから、そうした要求に応えられるだけの開発自由度を活用できます。

数多く存在するフレームワークの中でも、Laravelは開発速度や利便性を重視しており、強い規約もないため段階を踏みながら学習することで簡単に習得できます。本書はフレームワークをある程度理解していることを前提としていますが、初学者でもポイントをおさえ効率的に理解できるよう、各節の冒頭で基本概念を解説します。

1-1-4 開発情報

最初に公式サイト（http://laravel.com）のドキュメントに目を通しましょう。左側のナビゲーションに「The Basics」（基礎）と「Architecture Foundations」（構造）として分類されているドキュメントを最初に読むことをお勧めします。以降は必要に応じて目を通しましょう。

- 公式サイト：http://laravel.com
    - ドキュメント：http://laravel.com/docs
    - API：http://laravel.com/api

公式サイトはTaylor Otwell氏が管理する英語サイトのみです。英語が苦手な場合は、非公式の日本語ドキュメントもあるので、こちらを参照しましょう。

- 日本語翻訳ドキュメント：
    http://readouble.com/laravel

各種の質問はコミュニティで尋ねることをお勧めします（日本語）。

- Facebook Laravel jp：
    https://www.facebook.com/groups/laravel.jp
- Google+ Laravel Japan：
    https://plus.google.com/u/0/communities/118006056115330646882

上記の他にも、「Stackoverflow」（http://ja.stackoverflow.com/）や「Qiita」（https://qiita.com/）などのQ&Aサイトで質問しても回答を得られことが多いようです。

なお、上記のオープンなサイトで質問することが難しい場合、日本語でLaravelに関するチャットが可能な会員制チャットルームも用意されています。larachat.jp@gmail.comにメールを送れば、招待状が返信されます。

- Slack larachat-jp：https://larachat-jp.slack.com

（※1）コンテンツマネージメントシステム（Content Management System）

Section 01-02

Chapter 01

環境設定

　Laravelを使い開発するには、PHPやWebサーバ、MySQLなどのデータベースが必要です。本項では、XAMPPなどを利用した簡単な開発環境の構築方法や、Vagrantを利用するHomesteadの利用方法を紹介します。なお、本書ではLaravel 5.1を対象にしているため、PHPはバージョン5.5.9以上を利用する必要があります。

1-2-1　Windows/OS Xにおける開発環境の構築

　WindowsやOS XでのPHP開発環境の構築には複数の方法がありますが、本項では「XAMPP」による環境構築を紹介します。

▶ XAMPPのインストール

　公式サイト「XAMPP Installer and Downloads」（https://www.apachefriends.org/jp/index.html）にアクセスして、インストーラをダウンロードします。インストーラを起動して指示にしたがいインストールします。

　インストール完了後は、XAMPPのコントロールパネルでApacheやMySQLを起動します。Apacheの起動後は、「http://localhost」または「http://127.0.0.1」にアクセスできることを確認しましょう。

▶環境変数の設定

　続いてコマンドの実行パスにPHPのファイルパスを追加します。Windows環境では、「コントロールパネル」を開き、「システムとセキュリティ」などからたどって表示できる「システムのプロパティ」→「詳細設定」タブの「環境変数」をクリックします。システム環境変数の変数名「Path」を選択し、「編集」ボタンを押してPHPへのパスを追加します。

　XAMPPをインストールしたディレクトリのPHP実行パスが「c:¥xampp¥php」であれば、「;」に続いて「c:¥xampp¥php」を追加します。同様にMySQLなどのパスも追加します。

OS Xの場合は、ユーザーのホームディレクトリに設置されている.bash_profileをエディタで編集し、環境変数PATHにパスを追加します（リスト1.2）。ファイルパスを追加後、コマンドプロンプトで「php -v」を実行して、phpのバージョンが5.5.9以上であることを確認しましょう。

リスト 1.2：~/.bash_profile にパスを追加

```
export PATH=/Applications/XAMPP/bin:$PATH
```

▶ Composer のインストール

Laravelを利用して開発するには「Composer」を導入する必要があります。Windows環境では、Composer公式サイト「Windows install」（https://getcomposer.org/doc/00-intro.md#installation-windows）からインストーラをダウンロードしインストールします。

OS X環境では、下記のコマンドでインストールします。作成されたcomposer.phar（PHPアーカイブ）を実行可能なディレクトリに移動して、「composer」として実行可能にします。

リスト 1.3：Composer のインストール

```
$ curl -sS https://getcomposer.org/installer | php
$ sudo mv composer.phar /Applications/XAMPP/bin/composer
```

インストールは標準設定のままで構いません。インストール後はターミナルで「composer --version」を実行してバージョン番号が表示されることを確認しましょう。

1-2-2　Linux における開発環境の構築

本項ではUbuntu 14.04を例にインストール手順を紹介します。Ubuntu以外や異なるバージョンの場合、パスやコマンドなどが異なる可能性があるので、注意してください。

Ubuntu 14.04では「apt-get install php5」コマンドで、php 5.5.9をインストールできますが、ここではリポジトリを追加して、php 5.6をインストールします。

下記のコマンドを実行し、software-properties-commonをインストールして、リポジトリを追加します。続いてphp5をインストールします（リスト1.4）。

リスト 1.4：リポジトリを追加

```
$ sudo apt-get install software-properties-common
$ sudo add-apt-repository ppa:ondrej/php5-5.6
$ sudo apt-get update
$ sudo apt-get install -y php5
```

```
$ echo mysql-server mysql-server/root_password password 'rootパスワード' \
  | sudo debconf-set-selections
$ echo mysql-server mysql-server/root_password_again password 'rootパスワード' \
  | sudo debconf-set-selections
$ sudo apt-get install -y mysql-server
```

PHPと一緒に、必要となるApacheやMySQLなどもインストールされます。

▶ Composerのインストール

OS X環境と同様に、下記のコマンドでComposerをインストールします。その際に作成されるcomposer.pharを実行可能な場所に移動し、ファイル名を変更して「composer」として実行可能にします（リスト1.5）。「composer --version」コマンドを実行してバージョン表示を確認し、必要に応じてデータベースなどもインストールしましょう。

リスト1.5：Composerインストールコマンド
```
$ curl -sS https://getcomposer.org/installer | php
$ sudo mv composer.phar /usr/bin/composer
```

1-2-3 Laravel Homestead

手元のOSに関係なく開発チームに統一した環境を容易に配布できるVagrantが、PHPによる開発でも利用されています。VagrantはVirtualBoxやVMwareはもとより、Amazon EC2やRackspaceなどにも対応しています。

Vagrantを利用することで、仮想マシン上にLaravel開発環境を構築することも可能です。Laravelには簡単にLaravel開発環境が構築できる、「Laravel Homestead」と呼ばれる公式VagrantBoxが用意されています。

本項ではOS XやUbuntuをホストOSとして、VirtualBoxとVagrant、Homesteadを利用する方法を紹介します。

▶ VirtualBoxのインストール

「VirtualBox」は、公式サイト「Download VirtualBox」（https://www.virtualbox.org/wiki/Downloads）から、手元のOSに合致するパッケージなどをダウンロードしてインストールします。Vagrantの利用に特別な設定などは特に必要ありません。

▶ Vagrant のインストール

公式サイト「DOWNLOAD VAGRANT」（http://www.vagrantup.com/downloads）から手元のOSに合致するパッケージをダウンロードしてインストールします。

▶ Laravel Homestead に含まれるソフトウェア

Laravel Homestead に含まれるソフトウェアは、次の通りです。なお、PHP 5.6 と HHVM（HipHop Virtual Machine）は、Homestead.yaml で切り替え可能です。

* Ubuntu 14.04
* PHP 5.6
* HHVM
* Nginx
* MySQL
* PostgreSQL
* Node.js (PM2 と Bower、Grunt、Gulp を含む)
* Redis
* Memcached
* Beanstalkd
* Laravel Envoy
* Blackfire Profiler

▶ Laravel Homestead の利用準備

Laravel Homestead の利用には、統合開発環境としてグローバルで環境を共有する方法と、プロジェクトごとに環境を構築する方法の2種類があります。それぞれVirtualBoxやVagrantのインストール後に実行します。本項でのコマンドの実行はLinuxのターミナル操作を対象として説明しますが、Windowsなど各OSに合わせてコマンドを実行してください。

グローバルで利用する場合

次のコマンドでhomesteadをboxに追加します（リスト1.6）。

リスト1.6：Homestead を追加

```
$ vagrant box add laravel/homestead
```

次にHomesteadリポジトリをダウンロード、またはcloneコマンドなどでローカルに設置します。下記にgit cloneでの設置例を示します（リスト1.7）。

リスト1.7：gitコマンドによる設置例
```
$ git clone https://github.com/laravel/homestead.git Homestead
```

設置後にHomesteadに含まれるinit.shを実行します（リスト1.8）。実行後はホームディレクトリに.homesteadディレクトリが設置され、設定ファイルのHomestead.yamlが作成されます。

リスト1.8：init.shを実行
```
$ bash init.sh
```

プロジェクトごとに利用する場合

プロジェクトごとにHomesteadを利用する場合は、プロジェクトのcomposer.jsonに追記するか（リスト1.9）、コマンドを実行して開発時にのみ利用するようにします（リスト1.10）。

リスト1.9：composer.jsonへの追記例
```
"require-dev": {
  "fzaninotto/faker": "~1.4",
  "mockery/mockery": "0.9.*",
  "phpunit/phpunit": "~4.0",
  "phpspec/phpspec": "~2.1",
  "laravel/homestead": "*"
},
```

リスト1.10：Composerコマンドでインストールする例
```
$ composer require laravel/homestead -dev
```

インストール後は次のコマンドを実行してHomestead.yamlを作成します（リスト1.11）。

リスト1.11：各OS環境でのHomestead.yaml作成コマンド
```
# OS XやLinuxなど
$ php vendor/bin/homestead make
# Windows
vendor¥bin¥homestead make
```

1-2-4 Laravel Homestead の設定

Laravel Homestead の動作設定には、Homestead.yaml を利用します。

▶公開鍵の作成と指定

仮想環境への接続で利用する SSH の公開鍵を作成します。作成済みであれば作成の必要はありません。公開鍵は次のコマンドで作成します（リスト 1.12）。

なお、Windows 環境の場合は「PuTTYgen」などを利用してください。

リスト 1.12：公開鍵の作成

```
$ ssh-keygen
```

ホームディレクトリ内の「.ssh」ディレクトリに公開鍵（id_rsa.pub）が作成されます。このファイルパスを Homestead.yaml の authorize で指定します（リスト 1.13）。接続先の仮想環境で、「~/.ssh/authorized_keys」ファイルに公開鍵の内容がコピーされます。

リスト 1.13：公開鍵の指定

```
authorize: ~/.ssh/id_rsa.pub
```

▶共有フォルダの設定

Homestead.html の設定では、folders に Homestead と共有するディレクトリを記述します。プロジェクトごとに利用する場合は、make コマンド実行時に自動で反映されます。なお、マウントに NFS を利用する場合は type で nfs を指定します（リスト 1.14）。利用しない場合は指定しなくて構いません。

リスト 1.14：NFS マウント利用指定

```
folders:
    - map: "/path/to/Reference.Application"
      to: "/home/vagrant/reference-application"
      type: "nfs"
```

▶ vhosts 設定

sites を利用して vhosts などの設定を記述します。Nginx の設定ファイルなどを直接編集する必要はありません。PHP 5.6 ではなく HHVM を利用する場合は、hhvm を true にします（リスト 1.15）。利用しない場合は指定しなくて構いません。

リスト1.15：HHVM の利用指定

```
sites:
    - map: homestead.app
      to: "/home/vagrant/reference-application/public"
      hhvm: true
```

▶その他の設定の変更など

環境変数を追加したい場合は variables を利用します。また、仮想環境の IP アドレスやメモリなどもそれぞれ変更できます。利用環境に合わせて変更してください。

▶シェルスクリプトなどの追加

Homestead.yaml と同じ階層に after.sh を設置して、実行したいスクリプトなどを記述すると、vagrant 環境実行時に Homestead 環境に反映できます。例えば、PHP や OS のタイムゾーンを日本時間に設定するには、下記の追記で変更できます（リスト 1.16）。

リスト1.16：after.sh 利用例

```
#!/bin/sh
sudo ln -sf /usr/share/zoneinfo/Japan /etc/localtime
sudo locale-gen ja_JP.UTF-8
sudo /usr/sbin/update-locale LANG=ja_JP.UTF-8

grep '^date.timezone = Asia/Tokyo' /etc/php5/fpm/php.ini
if [ $? -eq 1 ]; then
sudo cat >> /etc/php5/fpm/php.ini << "EOF"
date.timezone = Asia/Tokyo
mbstring.language = Japanese
EOF
fi
```

1-2-5　Laravel Homestead の実行

Laravel Homestead 環境を利用するには、vagrant コマンドを実行します（リスト 1.17）。

リスト1.17：vagrant コマンドを使った Homestead 環境の起動

```
$ vagrant up
```

開発環境の削除や、プロビジョニングの反映などを行う場合も vagrant のコマンドを実行します。vagrant の主なコマンドは次の通りです。

▶開発環境の実行停止・再開

このコマンドは主に日常の開発で利用します。実行を停止してもデータベースなどのデータは失われません（リスト1.18）。

リスト 1.18：開発環境の実行を停止
```
$ vagrant halt
```

なお、停止した環境を再開する場合は次のコマンドを実行します（リスト1.19）。

リスト 1.19：停止した環境を再開
```
$ vagrant resume
$ vagrant up
```

▶ Homestead.yaml などの変更反映

このコマンドで開発環境の実行を停止させて変更を反映して起動します（リスト1.20）。

リスト 1.20：設定の反映
```
$ vagrant reload
```

▶開発環境の削除

次のコマンドで仮想開発環境を削除します（リスト1.21）。コマンド実行時はデータベースなどもすべて削除されます。

リスト 1.21：環境の削除
```
$ vagrant destroy
```

この他のコマンドに関しては、Vagrant公式サイトの「COMMAND-LINE INTERFACE」(http://docs.vagrantup.com/v2/cli/) を参照してください。

1-2-6　Laravel Homestead 環境への接続

▶ Web ブラウザによるアクセス

　前述の Homestead.yaml で設定した host へのアクセスには、hosts ファイルへの追記が必要になります。OS X や Linux 環境では、root 権限で「/etc/hosts」に追記し、Windows 環境の場合は、「C:¥Windows¥System32¥drivers¥etc¥hosts」に追記します。hosts には sites で記述したドメインと vagrant の IP アドレスを記述します（リスト 1.22）。

リスト 1.22：hosts 記述例
```
192.168.10.10  homestead.app
```

▶ ssh による接続

　Laravel Homestead 環境への SSH 接続は次のコマンドで実行します（リスト 1.23）。

リスト 1.23：Homestead 環境への SSH 接続
```
$ ssh vagrant@127.0.0.1 -p 2222
```

　例えば、エイリアスを利用してコマンドを短縮し、SSH 接続を行う場合は次のようになります（リスト 1.24）。alias コマンドは「~/.bash_profile」に記述しておくと便利でしょう。

リスト 1.24：エイリアス利用例
```
$ alias vm="ssh vagrant@127.0.0.1 -p 2222"
$ vm
Welcome to Ubuntu 14.04.2 LTS (GNU/Linux 3.13.0-24-generic x86_64)

 * Documentation:  https://help.ubuntu.com/
Last login: Sun Aug  2 20:20:56 2015 from 10.0.2.2
vagrant@reference-application:~$
```

Composer

Section 01-03 / Chapter 01

　ComposerはPHPパッケージ管理システムとして急速に人気を博し、近代的なPHPの開発エコシステムではなくてはならないものです。PHPフレームワークとしては早期にComposerに対応したLaravelは、自身もComposerを介して提供される安定したPHPパッケージを活用し、多くの機能を実現しています。また、Laravel専用の拡張パッケージもComposerを通じて入手します。

1-3-1　Composerとは

　ComposerはPHPのパッケージ管理システムです。単一パッケージの管理にとどまらず、依存関係を調べて必要となるパッケージをすべてインストールします。その利便性から、現在PHPのパッケージ管理ツールのデファクトスタンダードとなっています。また、既存パッケージの活用や柔軟なクラス配置が可能であることから、Composerの知識はLaravelでの開発に必須です。

　Composerでインストール可能な公開パッケージはデフォルトリポジトリである「Packagist」(https://packagist.org/)で管理されています。Webサイトで検索語句を入力し、必要なパッケージを検索できます。また、自由にパッケージを公開することも可能です。

▶ composer.json

　Composerはcomposer.jsonファイルの内容に基づき指定されたパッケージの依存関係を解決します。依存解決とは指定パッケージに必要なパッケージを再帰的に調べ、追加でインストールすべきパッケージを見つけ出すことです。インストールされたパッケージはvendorディレクトリ下に設置されます。

　Laravelを構成するパッケージの1つ、「illuminate/console」(https://packagist.org/packages/illuminate/console)のみをインストールするケースを例にして確認してみましょう（リスト1.25）

リスト 1.25：composer による依存パッケージの指定

```
{
  "require": {"illuminate/console": "5.0.22"}
}
```

パッケージ取得時に最低限必要な情報は、require セクションのみです。今回指定したパッケージは「illuminate/console」のバージョン 5.0.22 です。

依存関係は以下に示す通りです（リスト 1.26）。直接依存しているのは 3 つのパッケージ、そしてその中の nesbot/carbon は別の 1 パッケージに依存しているため、illuminate/console 自身を含めて合計 5 個のパッケージがインストールされます。

リスト 1.26：illuminate/console パッケージの依存関係

```
illuminate/console:5.0.22
    ├── illuminate/contracts: 5.0.*
    ├── symfony/console: 2.6.*
    └── nesbot/carbon: ~1.0
          └── symfony/translation: 2.6.*
```

実際にインストールするには、composer update コマンドをターミナルで実行します。実行後に composer info -i を実行すると、下記の通り、5 個のパッケージがインストールされています（リスト 1.27）。

リスト 1.27：インストール済みパッケージの表示

```
$ composer info -i
  illuminate/console    v5.0.22  The Illuminate Console package.
  illuminate/contracts  v5.0.0   The Illuminate Contracts package.
  nesbot/carbon         1.18.0   A simple API extension for DateTime.
  symfony/console       v2.6.6   Symfony Console Component
  symfony/translation   v2.6.6   Symfony Translation Component
```

1-3-2　ローダーの仕組み

Composer はパッケージの依存解決とインストールの他に、オートロード機能と呼ばれるクラスファイルの読み込み機能を提供しています。この機能のおかげでソースファイルに include や require 文を記述する必要がありません。

Composerが提供するオートローディングの機能には、下記にあげる3種類があります。

1. PSR-4規約によるクラスのオートロード
2. クラスマップによるクラスのオートロード
3. 指定ファイルの起動時読み込み

PSR-0規約によるオートロードも提供されていますが、より使用しやすいPSR-4が登場しているため、本書では取り扱いません。

▶ PSR-4規約によるオートロード

PSRはPHPライブラリやCMSの開発者グループである、PHP-FIG (http://www.php-fig.org/) により定められている規約です。コーディングスタイルやオートローディングなどの共通化を目的としています。PSR-4規約は、クラスファイルを自動的に読み込み可能にするため、完全修飾クラス名とファイルパスの対応付けを定義しています。

例えば、\Foods\Sushi名前空間をcomposer.jsonの存在するディレクトリからの相対パスNigiriに結び付けているケースを考えましょう（リスト1.28）。

リスト1.28：PSR-4規約によるオートロード定義

```
{
  "autoload": { "psr-4": { "Foods\\Sushi\\": "Nigiri" } }
}
```

上記コード例により、\Foods\Sushi名前空間下のクラスへのアクセス時、そのクラスがロードされていない場合、対応するNigiriディレクトリ下のファイルが読み込まれます（表1.1）。

表1.1：完全修飾クラス名と相対ファイルパスの対応例

完全修飾クラス名	相対ファイルパス
\Foods\Sushi\Ika	Nigiri/Ika.php
\Foods\Sushi\AkaGai	Nigiri/AkaGai.php
\Foods\Sushi\Hikari_Mono\Kohada	Nigiri/Hikari_Mono/Kohada.php

名前空間名やクラス名の大文字・小文字・下線をそのまま、ディレクトリやファイル名に対応し、クラス名に拡張子「php」を付与したものがクラスファイル名です。\Foods\Sushi以降の名前

空間の構造が、Nigiriディレクトリ下のディレクトリ構造と対応します。

　厳密にPSR-4規約に従えば、完全修飾クラス名の最上位名前空間名、前述のコード例の場合では、\Foodsに該当する部分は「ベンダー名として知られる」名前を付けることになっています。というのも、一般公開されるプロジェクトの場合、この名前が他のプロジェクトと一致してしまうと、クラス名衝突の可能性が発生するためです。

▶クラスマップによるオートロード

　クラスマップによるオートロードでは、ロード対象のPHPクラスファイルを保存するディレクトリを指定します。対象ディレクトリ下のPHPソース内で定義されているクラスの完全修飾名と、そのPHPファイルパスを対応付ける「クラスマップ」を元にクラスのオートロードが行われます。

　ディレクトリ構造や名前空間に縛られず自由にクラスを配置でき、名前空間を持たないクラスもオートロード可能です（リスト1.29）。

リスト1.29：クラスマップによるオートロード定義

```
{
  "autoload": { "classmap": [ "lib", "project/common" ] }
}
```

　上記コード例の場合では、libディレクトリとproject/commonディレクトリ中でクラスを定義しているPHPファイルが、オートロード対象です。「composer dump-autoload」コマンドを実行すると、対応付けのためのクラスマップが生成されます。

　対象ディレクトリ下であれば、名前空間とクラス名、ファイルパスも自由に付けられる便利なローディング方法ですが、新たなクラス追加やクラスの名前空間変更、クラス名変更、そして、ディレクトリ名やファイル名を変更した場合には、クラスマップを再生成する必要があります。

▶指定ファイルの起動時読み込み

　オートローダーがincludeされる時点で一緒に読み込まれるPHPファイルを指定できます。下記に示す指定ファイルのロード例では、composer.jsonが存在するディレクトリを基準として、helper.phpとlib/bootstrap.phpが読み込まれます（リスト1.30）。

リスト1.30：指定ファイルのロード指定

```
{
  "autoload": { "files": [ "helper.php", "lib/bootstrap.php" ] }
}
```

1-3-3 composer コマンド

composer コマンドの詳細は、Composer の公式ドキュメント（https://getcomposer.org/doc/03-cli.md#process-exit-codes）で説明されています。本項では、Laravel の開発時に特に役に立つコマンドとオプションを紹介します。ちなみに、実行の詳細を知りたい場合はコマンドに -vvv オプションを付けて実行すると、デバッグ情報が出力されるためトラブル発生時に解決の手助けになります。

なお、Composer は細かい仕様が頻繁に変更されるため、実際の動作が本書に記載された内容と合致しない可能性もあります。また、上記の公式ドキュメントも更新が遅れがちです。コマンドのヘルプを最新情報として参照してください。

▶ update

update コマンドは composer.json の設定に基づき、パッケージを新規インストール、アップデート、削除します。もっとも使用頻度が高いコマンドです（リスト 1.31）。

リスト 1.31：update コマンド
```
$ composer update
```

デフォルトでは --dev オプションが有効で「開発時」として扱われ、require セクションと require-dev セクションに指定されたパッケージすべてが更新対象となります。require-dev セクションには、テストパッケージなど開発時にのみ必要な依存コンポーネントを指定します。

本番環境で require-dev セクションのパッケージを除外する場合は、--no-dev オプションを付けてください。

▶ install

install コマンドは composer.json の代わりに、composer.lock ファイルの内容に基づきパッケージを構成します（リスト 1.32）。composer.lock が存在しない場合は、composer.json の情報に基づき構成します。

composer.lock には、パッケージ構成が変更された際に変更時の構成内容が保存されます。つまり、composer.lock を保存もしくはソース管理していれば、過去のある時点のパッケージ構成に戻すことが可能です。

リスト 1.32：install コマンド
```
$ composer install
```

前述の update コマンドと同様に、--no-dev オプションを付けると、require-dev セクションで指定したパッケージを除外できます。

▶ require と remove

require コマンドは特定のパッケージを追加、remove コマンドは削除します。composer.json ファイルの内容を変更し update を実行します（リスト 1.33）。

リスト 1.33：require および remove コマンド
```
$ composer require ベンダー1/パッケージ1:バージョン1 [ベンダー2/パッケージ2:バージョン2...]
$ composer remove ベンダー1/パッケージ1 [ベンダー2/パッケージ2...]
```

両コマンドでは共に、require-dev セクションを追加・削除の対象にする場合は、--dev オプションを付ける必要があります。

依存解決では require-dev セクションを含む「開発時」扱いです。require-dev セクションを対象外にする場合は、--update-no-dev を使用します。

▶ global

COMPOSER_HOME 環境変数が示すディレクトリは通常、ホームディレクトリ下の「.composer」ディレクトリ下の環境であり、そこで install、update、require を実行します。全プロジェクト共通で使用したいライブラリやコマンドをまとめて管理するために用意されています（リスト 1.34）

リスト 1.34：global コマンド
```
$ composer global require ベンダー/パッケージ:バージョン
$ composer global update
$ composer global install
```

global 指定でインストールしたパッケージに含まれるコマンドを利用するには、COMPOSER_HOME 環境変数が示すディレクトリ下に存在する vendor/bin ディレクトリに実行パスを通す必要があります。また、IDE ではコード補完を利用するため、vendor ディレクトリを全プロジェクト共通の PHP ライブラリ（インクルードディレクトリ）として指定する必要もあります。

▶ self-update

self-updateはComposer自身を更新するコマンドです。ユーザー権限では変更できないディレクトリへComposerをインストールしている場合はsudoを付けて実行する必要があります（リスト1.35）。

リスト1.35：self-update コマンド
```
$ composer self-update
```

--rollbackオプションを付与して実行するごとに、1つ前にインストールしたバージョンへ戻すことが可能です。古いバージョンのComposerコマンドは、COMPOSER_HOME環境変数が示すディレクトリに保存されています。不必要なバージョンであれば削除しましょう。--clean-backupsオプションを付けて実行すれば、古いバックアップは削除されます。

▶ create-project

Composerを採用している多くのフレームワークやCMSは、create-projectコマンドで基本的なプロジェクト構造を構築できます（リスト1.36）。バージョンはパッケージ名の後にコロン「:」で区切って指定することも可能です。

リスト1.36：create-project コマンド
```
$ composer create-project ベンダー／パッケージ ［インストールパス］ ［バージョン］
```

▶ dump-autoload

dump-autoloadコマンドは、Composerがサポートしているローディングに関する情報ファイルを生成するコマンドです（リスト1.37）。

リスト1.37：dump-autoload コマンド
```
$ composer dump-autoload
```

composer.json中のautoloadセクションの指定を変更した場合、PSR-4規約による定義を行った場合、クラスマップによるロード対象クラスを追加や変更、削除した場合は、ローディングの管理ファイルを生成し直すため、dump-autoloadコマンドを再実行する必要があります。

--optimizeまたは-oオプションを付けて実行すると、その時点でPSR-4規約のローディング対象となっている全クラスの情報がクラスマップに含まれます。これでロードを素早く実行で

きます。ただし、PSR-4規約によるローディングよりもクラスマップが優先されるため、PSR-4規約下の名前空間やクラス名、ファイル名を変更すると、ローディングが正常に動作しない場合があります。開発時は利用せず、プロジェクトの変更が起きない実機環境で活用しましょう。

ちなみに、`composer.json`の`update`終了時に実行されるコマンドとして、「`php artisan optimize`」コマンドが指定されています。この`optimize`コマンドはデフォルトで`dump-autoload`コマンドを`--optimize`オプション付きで内部実行するため、上述したローディングの不具合が発生する可能性があります。「`php artisan optimize --psr`」に変更することで、`--optimize`オプションを抑制可能です。

▶ clear-cache

`clear-cache`コマンドは Composer のローカルキャッシュを消去します（リスト1.38）。

リスト1.38：clear-cache コマンド
```
$ composer clear-cache
```

`install`や`update`系のコマンド実行でパッケージが取得されると、情報と共にパッケージがローカルにキャッシュされます。通常はキャッシュを意識する必要はありません。しかし、ごく稀に依存パッケージが更新されているにも関わらず、`update`時にその変更が認識されない状況では、キャッシュをクリアすると正しく反映されるようになるケースがあります。

▶ info と show

`info`コマンドと`show`コマンドはいずれも同じ動作であり、現在の PHP 環境とインストール済みの全パッケージの状態を表示します（リスト1.39）。

リスト1.39：info および show コマンド
```
$ composer info
$ composer show
```

パッケージ名を付けると、そのパッケージの情報が取得され表示されます。情報取得には時間が掛かるため、複数パッケージの情報を調べる場合は、前述の Web サイト「Packagist」にブラウザでアクセスして、それぞれの情報を閲覧するほうが素早く効率的です。

Chapter
02

Laravelの基本

本章以降では、Laravelによる開発に必要となる知識を説明します。本章では実際にLaravelをインストールして、その構造を見ていきます。また、Laravelに必要な最低限の設定と開発に使うコマンドを紹介します。基本的なコンポーネントについて確認しながら、サンプルコードで実装方法をチェックしてみましょう。

Section 02-01 はじめての Laravel

Chapter 02

「Laravel」プロジェクトをダウンロードして、インストールする方法を説明しましょう。学習段階では何度かインストールする必要に迫られるはずです。続いて、ファイルの適切な設置場所を把握するため、ディレクトリ構造を確認します。また、Laravelに必要な設定を解説します。また、Laravelに搭載されている代表的なコマンドツールを紹介します。

2-1-1 Laravel のインストール

Laravelのインストールには2つの方法が用意されています。専用インストールコマンドを使用する方法とComposerを利用する方法です。通常は専用インストーラを利用することで、素早くプロジェクトディレクトリを作成できます。なお、専用インストーラはComposerコマンドでインストールする必要があります。

▶専用インストーラでのインストール（laravel new コマンド）

Laravelプロジェクトを構築する専用インストーラを使用する方法です。最初にComposerで専用インストーラをインストールします（リスト2.1）。

リスト2.1：Laravel インストーラのインストール

```
$ composer global require "laravel/installer=~1.1"
```

続いて、COMPOSER_HOME環境変数が示すディレクトリとして、通常はホームディレクトリ直下の「~/.composer」にあるvendor/binディレクトリへ実行パスを通します。Windows 10の場合は、「C:¥Users¥＜ユーザー名＞¥AppData¥Roaming¥Composer¥vendor¥bin」です。後はコマンド1つでLaravelプロジェクトを作成できます（リスト2.2）。

リスト2.2：Laravel インストーラによるプロジェクト作成

```
$ laravel new プロジェクトパス
```

最新のLaravelプロジェクトがZIP形式でホストされており、laravelコマンドはこのZIPファイルをダウンロードして、指定したプロジェクトパスに展開します。

万が一、OS XやLinux環境でlaravelコマンドが正常に動作しない場合は、一度vendorディレクトリを削除した上で、「composer global install」コマンドを実行してください。

なお、バージョン5.2のリリース後に、バージョン5.1をインストールするオプションが追加される予定です。

▶ Composerでのインストール（composer create-project）

Composerコマンドを使って直接インストールする方法です（リスト2.3）。

リスト2.3：Composerによるプロジェクト作成

```
$ composer create-project laravel/laravel:5.1 プロジェクトパス
```

指定したプロジェクトパスにディレクトリが作成され、プロジェクトに必要なファイル一式が準備されます。公式ドキュメントでは「--prefer-dist」の付与が指示されていますが、プロジェクトのcomposer.json内で指定されているため、その必要はありません。

▶ Laravelの日本語化

Laravelを開発するTaylor Otwell氏は英語しか理解できず、同氏が理解できないものはLaravelに取り込まない方針が採択されています。そのため、フレームワークには英語以外の言語ファイルは標準で用意されていません。また、Laravelのコードには英文コメントが豊富に含まれており、コメントもドキュメントの一部であると考えられています。

英語ドキュメントやソース内の英語コメントが苦手な場合は、Laravelプロジェクトに日本語言語ファイルを追加し、設定ファイルなどのコメントを日本語へ翻訳するパッケージ「comja5」（https://github.com/laravel-ja/comja5）をインストールしましょう（リスト2.4）。

リスト2.4：日本語化ツールcomja5のインストール

```
// プロジェクトへインストール（プロジェクトのルートディレクトリで実行）
$ composer require laravel-ja/comja5:~1
$ ./vendor/bin/comja5

// グローバルにインストール
$ composer global require laravel-ja/comja5:~1
$ comja5
```

2-1-2 ディレクトリ構造

前項の説明に従って、実際に Laravel をインストールし、ディレクトリ構造を確認しましょう。
Laravel 最初の LTS である 5.1 のディレクトリ構造を下記に示します。なお、Laravel は自由なフレームワークであり、ほとんどのクラスファイルはローディング可能である限り、自由に配置できることに留意しましょう。

```
├── app              ----
│   ├── Console      │
│   ├── Events       │
│   ├── Exceptions   │
│   ├── Facades      │    アプリケーション自身のロジックを設置するディレクトリです。
│   ├── Http         │    PSR-4 規約下にあり アプリケーションのベンダー名として
│   ├── Jobs         │    \App 名前空間下にあります。
│   ├── Listeners    │
│   ├── Policies     │
│   └── Providers    ----
│
├── bootstrap        ----  Laravel フレームワークの起動コードが設置されています。
│   └── cache
│
├── config           ----  設定ファイルを設置するディレクトリです。
│
├── database         ----
│   ├── factories    │    データベースに関連するディレクトリです。
│   ├── migrations   │
│   └── seeds        ----
│
├── public           ----  Web サーバのドキュメントルートとして指定します。
│
├── resources        ----
│   ├── assets       │    リソースは資源という意味です。
│   ├── lang         │    アプリケーションを動作させるために必要なファイルを設置します。
│   └── views        ----
│
├── storage          ----
│   ├── app          │    フレームワークが使用するファイルを保存するためのディレクトリです。
│   ├── framework    │
│   └── logs         ----
```

```
│
├── tests          ----    テストを設置するディレクトリです。
│                          phpunit.xml ファイルでこのディレクトリが指定されています。
│
└── vendor         ----    Composer でインストールしたパッケージが配置されています。
```

上述のディレクトリ構造が示すコンポーネントの関連については、次節「2-2 はじめてのアプリケーション」で解説します。

2-1-3　アプリケーションの設定

Laravel は規約よりも設定を重視するフレームワークであり、デフォルト値はほとんどの状況でそのまま利用できるように設定されています。そのため、最小限の設定を変更するだけで開発を開始できます。本項では主要な設定を説明します。

▶ディレクトリパーミッション

storage 下と bootstrap/cache ディレクトリ下は、Web サーバの実行ユーザーによる書き込みを可能にする必要があります。高いセキュリティを確保する必要がない開発環境では、全ユーザーに対して書き込みを許可する指定も可能です（リスト 2.5）。

リスト 2.5：Linux 系システムで全ユーザーに対する書き込み許可を与える

```
$ sudo chmod -R a+w storage/*
$ sudo chmod -R a+w bootstrap/cache
```

もちろん、実環境ではセキュリティに配慮する必要がありますが、求められるセキュリティレベルや OS、デプロイ方法による差異が大きいため、一概には説明できません。本書はあくまでも Laravel の解説に注力するため、実環境の設定には触れません。適切に設定してください。

▶.env ファイル

プロジェクトルートに存在する .env ファイルは、機密性の高い設定内容や動作環境により切り替える値を保存するためのファイルです。インストール方法によっては存在しないケースがあるので、必要に応じて「.env.example」ファイルを .env としてコピーしてください。

なお、安全のため、Git などのソース管理の対象から外しましょう。フレームワークに含まれ

る.gitignoreでは標準でソース管理の対象外に設定されています。

ここでは.envの冒頭にある、特に重要な3行を確認しておきましょう（リスト2.6）。

リスト2.6：.envファイルの先頭
```
APP_ENV=local
APP_DEBUG=true
APP_KEY=tmGnFP7ovQYlqyts7uG5Cdi6GRVuTiTc  # ランダムな英数字32文字
```

1行目のAPP_ENVはLaravelの動作環境の名前です。詳細は「2-3-1 環境設定」（P.053）で説明します。開発時はlocalに設定しておきます。

2行目のAPP_DEBUGはアプリケーションがデバッグモードであるかを設定します。trueでデバッグモードとなり、例外発生時にスタックトレースが表示されます。また、artisan optimizeコマンド実行時に、コンパイル済みファイルが生成されなくなります。開発段階ではtrueに設定しましょう。逆に本番環境では表示情報が脆弱性に繋がるため、必ずfalseに設定します。

3行目のAPP_KEYはアプリケーションキーで暗号化に利用されます。ランダムな英数字32文字が設定されていない場合は、次のコマンドで設定します（リスト2.7）。なお、アプリケーションキーは暗号化のキーとして利用されるため、暗号化された値が保存された後に変更してはいけません。復号できなくなります。

リスト2.7：Artisanコマンドによるアプリケーションキーの生成
```
$ php artisan key:generate
```

.envには、上記の他にもデータベースとメールの認証情報、各種ドライバの設定情報が含まれています。必要に応じて設定しましょう。DB_CONNECTION項目はクエリビルダやEloquent ORMで接続名を省略する場合のデフォルト接続名を指定します。値はconfig/database.phpファイル中のconnections配列でキーとして定義されている接続名（sqlite、mysqlなど）を指定します。

sqlite接続で指定されているデータベースファイル（storage/database.sqlite）はインストール時に存在していません。SQLiteを使用する場合は、touchコマンドなどで空ファイルを作成し、Webサーバから読み書きできるようにパーミッションを設定しましょう。

なお、あらかじめ用意されている項目以外に機密情報を設置する必要があれば、このファイルに自由に追加できます。「2-3-1 環境設定」（P.053）で詳述します。

▶コンパイル済みコアファイルの削除

Laravelはクラスファイルの読み込みにかかるオーバーヘッドを短くするため、あらかじめ必要なコアファイルを連結して速度を上げる仕組みが用意されています。Composerのupdate実行後に自動実行されるartisan optimizeコマンドが、デバッグモードfalse時に生成します。

このファイルが存在するとスタックトレースがこのファイルを示してしまうため、例外が多発する可能性がある開発中は削除しておきましょう。Artisanコマンドで削除できます。

リスト2.8：コンパイル済みコアファイルの削除

```
// 常に削除
$ php artisan clear-compiled

// デバッグモードがtrue時に削除
$ php artisan optimize
```

▶Whoopsの利用

デバッグモードでエラーや例外発生時に表示されるデフォルトページは、スタックトレースしか情報が表示されません。Laravel 4.xまではエラーレポートパッケージ「Whoops」(https://filp.github.io/whoops/)が利用され、リクエストの内容が詳細に表示されていました。

Laravelは例外発生時の処理も簡単に指定できるので、簡単にWhoopsを利用できます。開発時の選択肢として、エラーレポートにWhoopsを利用する場合は、まずComposerでWhoopsをインストールします（リスト2.9）。

リスト2.9：Whoopsを依存パッケージとしてインストール

```
$ composer require filp/whoops:~1.0
```

続いてapp/Exceptions/Handler.phpのrenderメソッド先頭へ、以下に示すif文を追加します（リスト2.10）。

リスト2.10：デバッグモードの例外発生時にWhoopsを表示

```php
public function render($request, Exception $e)
{
    if (config('app.debug'))
    {
        $whoops = new \Whoops\Run;
        $whoops->pushHandler(new \Whoops\Handler\PrettyPageHandler());
```

```
        return new \Illuminate\Http\Response(
            $whoops->handleException($e),
            $e->getStatusCode(),
            $e->getHeaders()
        );
    }

    return parent::render($request, $e);
}
```

2-1-4 Artisan コマンド

Artisan コマンドは Laravel のコマンドラインツールです。アプリケーションの一部として開発することもできます。本項では開発に便利な主要コマンドを説明します。なお、list コマンドにより、使用可能な全コマンドを表示できます。

Artisan コマンドでは共通に使用できるオプションがあります。その中の --ansi は ANSI エスケープシーケンスに対応しているターミナルで表示をカラー出力します。-v はエラー発生時にスタックトレースを表示しますので、自作コマンドのデバッグに利用できます。

▶開発に役立つコマンド

clear-compiled
コンパイル済みクラスファイルを削除します。

リスト 2.11：artisan clear compiled コマンド
```
$ php artisan clear-compiled
```

env
現在の動作環境を表示します。

リスト 2.12：artisan env コマンド
```
$ php artisan env
```

serve

PHPの組み込みサーバでLaravelプロジェクトを動作させます。サーバの停止には、CTRL+Cなどの割り込みキー操作を使います。デフォルトのホスト名は`localhost`で、`--host`オプションで変更可能です。また、ポート番号は8000がデフォルトで、`--port`で変更できます。

リスト 2.13：artisan serve コマンド
```
$ php artisan serve [--host=ホスト名] [--port=ポート番号]
```

tinker

LaravelプロジェクトをREPL (Read-Eval-Print Loop) で動作させます。起動前に読み込むファイルを指定できます。

リスト 2.14：artisan tinker コマンド
```
$ php artisan tinker [include ファイル…]
```

app:name

PSR-4ローディング規約下のappフォルダに対する名前空間を変更します。デフォルトはAppです。これにより、appフォルダ下のPHPファイル中の上位名前空間や設定など必要なファイルが書き換えられます。

リスト 2.15：artisan app:name コマンド
```
$ php artisan app:name 名前空間名
```

key:generate

ランダムな英数字文字列を生成して、`.env`のAPP_KEYへ設定します。`--show`オプションを指定した場合、`.env`は変更せずに新しい文字列を表示します。

リスト 2.16：artisan key:generate コマンド
```
$ php artisan key:generate [--show]
```

route:list

ルート定義の一覧を表示します。`--name`でルート名、`--path`でURIにより、表示アイテムをフィルタリングできます。

リスト 2.17：artisan route:list コマンド
```
$ php artisan route:list [--name=ルート名] [--path=パス]
```

はじめてのアプリケーション

Section 02-02 / Chapter 02

　本節では、Laravel の全体構造を把握し、基本的なコンポーネントの概念を理解するため、簡単なサンプルアプリケーションを紹介します。Laravel を構成するコンポーネントが、実際の Web アプリケーションでどのように使用されるかサンプルプロジェクトで確認しましょう。なお、本章での「コンポーネント」とは、フレームワークが持つ機能の構成単位を意味します。

2-2-1 アプリケーション構造

　GUI を持つ多くのフレームワークは、MVC (Model View Controller) アーキテクチャを採用しています。その目的は GUI に関わるクラスの責務（関心）を、モデル、ビュー、コントローラの 3 つに分担することで、複雑になりがちなプログラムを俯瞰しやすくすることです。

コントローラの責務

- ユーザーからの入力を受け取る
- ビューを選択、生成する

ビューの責務

- ユーザーに対し情報を出力する

モデルの責務

- アプリケーションが表現しようとする機能や概念の実装
- データ構造とそれを操作する全て（処理、検証、保存など）
- データ層へのアクセス（狭義）
- すべてのロジックとデータ（広義）

MVCには多くの派生パターンがあり、現状の問題点は「Symfony2」の開発者であるFabien Potencier氏の言葉に代表されています[※1]。

Symfonyを MVC と呼ぼうが、呼ばれまいがどうでもよい。
だって MVC という言葉はあまりに意味を持たせられすぎて、
誰も同じ MVC パターンをもう実装できなくなった。

▶ Laravel のアプリケーション構造

モデルの意味を広く解釈すれば、Laravel全体もMVCと考えることもできますが、用意されている多くのコンポーネントすべてを理解するには少々解釈が荒すぎます。開発者のOtwell氏もMVCを推奨していません。著書『Laravel: From Apprentice To Artisan』の一節、「MVCはあなたを殺す」から引用しましょう。

「モデル」という言葉はあまりにも曖昧になってしまい、意味はありません。
もっと限定された語彙を使用し開発を行えば、明確に定義された責任を持つ、
より小さくきれいなクラスへ、アプリケーションを簡単に分割できるでしょう。

公式ドキュメントの「Application Structure（アプリケーション構造）」（http://readouble.com/laravel/5/1/ja/structure.html）ではフォルダ構造を説明しています。同氏の考えに従い、プロジェクト構造をそのままアプリケーションの基本的構造と捕らえるほうが自然で理解が早くなります。

Laravelのディレクトリ構造に含まれていないのは、開発者の皆さんが頭の中に描いている自分のアプリケーション構造です。ドメイン駆動開発や以前開発したシステム、他のフレームワークの構造など自由に採用できます。柔軟なPSR-4規約を利用し、選択したアプリケーション構造を構成しましょう。

公式ドキュメントの「The Basic（基礎）」と「Architecture Foundations（構造）」が、構造の理解に大きな手助けになります。そして、責務単位に分割された基本的なコンポーネントを俯瞰してみると、より把握しやすくなるでしょう（図2.1）。

(※1)「What is Symfony2?」（http://fabien.potencier.org/article/49/what-is-symfony2）より一部翻訳。

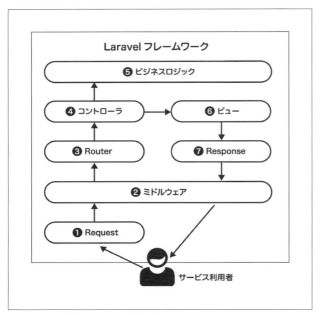

図 2.1：コンポーネントの基礎構造

　上図の矢印は処理の順序を表しています（図 2.1）。データの流れや依存関係を意味するものではありません。HTTP リクエストを受け取り、処理して、HTTP レスポンスを返す、Web アプリケーションの基本的な流れです。なお、細部は省略しています。

① サービス利用者は Web サーバ経由で、HTTP リクエストを送信します。リクエストはフレームワークにより Request クラスへ変換されます。
② 送信されてきた Request クラス、送り返される Response クラスはミドルウェアによりフィルタリングされます。
③ Request の内容を判断し、Router クラスは適切なコントローラを選択して、その中のメソッドが実行されます。
④ コントローラはビジネスロジックを実行し、その結果を通常はビューとして返します。
⑤ コントローラ内にビジネスロジックを直接記述すると、テストや保守がしづらくなります。ビジネスロジックは切り離し、独立させましょう。
⑥ コントローラ内から返されるビュークラスは、フレームワークにより自動的に Response クラスへ変換されます。
⑦ Response クラスはミドルウェアを通り、フレームワークにより HTTP レスポンスに変換後、ブラウザに送り返されます。

前の図に含まれる以外にもディレクトリ構造には、コンポーネントに関連する部分があります。実行を制御しつつロジック間の独立を高めるコンポーネントです。

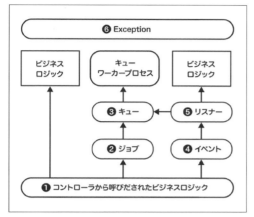

図 2.2：ロジックの独立性を高め、実行を制御するコンポーネント

① 最下部がコントローラから呼び出されるビジネスロジックです。ロジックはクラスやクラス群、ライブラリなどを表します。ビジネスロジックから他のロジックを呼び出すには、関連は強くなりますが、左端の矢印のように直接呼び出す方法があります。
② ロジックをキューイングし、独立したプロセスとして順番に実行できます。時間を要する処理の完了を待つ必要がなくなり、レスポンスを素早く返すことが可能です。それにはジョブとして実装します。
③ キューは Laravel が実装しているキューか外部キューサービスにジョブを投入します。そのキューをポーリングしているワーカープロセスがジョブを受け取り、独立して実行します。
④ イベントを使うことで、独立性と拡張性を高めることも可能です。特に機能拡張に便利で、Laravel 自身でも多用されています。
⑤ リスナーは対応付けられたイベントが発行されると、それを受け取り処理します。リスナーをキューへ投入することも可能です。
⑥ 正常系に該当しない状況が発生したときは、例外を発生させます。各例外に対する処理もアプリケーション内のハンドラで定義できます。

もちろん、Laravel に用意されているコンポーネントを使わずに、様々なデザインパターンやアイデアを駆使して、自由にアプリケーションを構築することも可能です。Laravel コアを束ね、独自コンポーネントを簡単に統合できる「サービスコンテナ」に関しては、「5-1 サービスコンテナ」で詳述します（P.244）。

2-2-2 アプリケーションの準備

簡単なサンプルコードを動かしながら Laravel に慣れましょう。本項のサンプルプログラムでは、ユーザー認証と一覧表示、追加（ユーザー登録）、削除、変更機能などを実装しています。

最初に実装後の URI と機能を確認しましょう。ルート定義情報は `php artisan route:list` コマンドでも表示できます（表 2.1）。

表 2.1：サンプルアプリケーションの URI

URI	メソッド	機能	実装
/	GET	トップページ表示	開発
/home	GET	認証時ページ表示	開発
/auth/register	GET	ユーザー登録フォーム表示	組み込み済み
/auth/register	POST	ユーザー登録処理	組み込み済み
/auth/login	GET	ユーザー認証フォーム表示	組み込み済み
/auth/login	POST	ユーザー認証処理	組み込み済み
/auth/logout	GET	ログアウト	組み込み済み
/password/email	GET	パスワードリセットメールフォーム表示	組み込み済み
/password/email	POST	パスワードリセットメール処理	組み込み済み
/password/reset/トークン	GET	パスワード再設定フォーム表示	組み込み済み
/password/reset	POST	パスワード再設定処理	組み込み済み
/user	GET	ユーザー一覧表示	開発
/user/edit/ユーザー番号	GET	ユーザー編集フォーム表示	開発
/user/edit/ユーザー番号	POST	ユーザー編集処理	開発
/user/remove/ユーザー番号	GET	ユーザー登録削除	開発

表 2.1 の「実装」列に［開発］と記載している機能をサンプルとして実装しています。［組み込み済み］の機能は Laravel の認証機能に含まれています。詳細は「4-1 認証」で解説します（P.156）。

誌面の関係で追加・変更したファイルすべてを紹介することはできません。サンプルコードは GitHub のリポジトリ[※2]で公開しているので、次に示す手順で開発環境にインストールしてください（リスト 2.18）。

リスト 2.18：サンプルコードのインストール手順

```
$ git clone https://github.com/laravel-jp-reference/chapter2.git sample
$ cd sample
```

```
$ composer update
$ cp .env.example .env
$ php artisan key:generate
```

　サンプルを実際に動かすには、前述の「2-1-3 アプリケーションの設定」に従い、Laravelが動作するように設定しましょう。データベースの接続情報を指定しなくても開始できるように、デフォルトで SQLite を使用する設定となっています。SQLite 以外のデータベースエンジンを使用する場合は接続情報を .env で指定してください。最後にユーザー情報テーブルを作成するため、以下のコマンドを実行します（リスト 2.19）。

リスト 2.19：マイグレーションによるユーザー情報テーブルの作成
```
$ php artisan migrate
```

　公開しているサンプルコードには細かくコメントで解説しています。また、「git diff -w init master」コマンドを実行することで、Laravel インストール直後の状態と比較した追加／変更箇所を確認できます。master ブランチは HTML の構造が単純な Pure CSS フレームワークを使用しています。その他のブランチは名前が示す CSS フレームワークを使用しています。

　「php artisan serve」コマンドを実行して、ブラウザから「http://localhost:8000」へアクセスするとサンプルコードの動作を確認できます。今回のサンプルコードでは最初に登録したユーザー（ID:1）を管理者として取り扱い、管理者のみが /user 下の URI にアクセス可能です。「http://localhost:8000/auth/register」へアクセスし、「ユーザー登録」画面で最初のユーザーを登録します（図 2.3）。

図 2.3：ユーザー登録画面

（※2）https://github.com/laravel-jp-reference/chapter2

管理者が「http://localhost:8000/user」へアクセスした際に表示されるユーザー一覧は、レコードが6件以上になるとページネーションして表示されます（図2.4）。ページネーションに関しては「4-8 ページネーション」を参照してください（P.224）。

　なお、ターミナルから「php artisan db:seed」コマンドを実行して、ダミーデータをまとめて登録することも可能です。1回の実行で50件のユーザーが追加されます。コマンドの詳細は、「3-2-5 シーダー」を参照してください（P.095）。

ユーザー一覧表示

ID	氏名	メールアドレス	ハッシュ済みパスワード	更新	削除
1	管理者	admin@example.com	$2y$10$jYBGRxU1PolI4IJx9MldB.iCyXoZDr2HbrMgYfYgc8/nC1l006geO	更新	削除
2	Rose Larson	Eula.Wintheiser@Mosciski.org	$2y$10$yJ2Jug2clop0qtgqkafnye2FNdVsCOt47kPuxUq0su3IBQxTpnoHG	更新	削除
3	Mrs. Jakayla Zieme PhD	Tony69@OKon.com	$2y$10$yJ2Jug2clop0qtgqkafnye2FNdVsCOt47kPuxUq0su3IBQxTpnoHG	更新	削除
4	Miss Rosemary Bauch Sr.	aLynch@West.org	$2y$10$yJ2Jug2clop0qtgqkafnye2FNdVsCOt47kPuxUq0su3IBQxTpnoHG	更新	削除
5	Prof. Mitchel Haley I	Bailee30@Borer.com	$2y$10$yJ2Jug2clop0qtgqkafnye2FNdVsCOt47kPuxUq0su3IBQxTpnoHG	更新	削除

« 1 2 3 4 5 6 7 8 ... 11 12 »

図2.4：ユーザー一覧でのページ付け

　なお、「php artisan serve」コマンドで PHP 組み込み Web サーバが動作しているときに .env の内容を変更した場合は、変更内容を反映させるため、CTRL+C でサーバを一度停止させた後に再起動させる必要があります。

2-2-3　はじめてのルート定義

　ルートの定義は app/Http/routes.php ファイルで行います。まずは単純な指定を試してみましょう。下記のコードを routes.php へ追加します（リスト 2.20）。

リスト 2.20：リクエストの入力を取得する
```
Route::get('who', function () {
    return 'こんにちは '.Request::inupt('name', '世界').' さん';
});
```

　ルートの定義には Route ファサードを使用します。get メソッドは HTTP メソッドの GET に

一致するルートを登録します。第 1 引数が URI で、第 2 引数はクロージャです。Laravel では小さなアプリや動作確認など、簡単な処理を素早く実装したい場合にクロージャでロジックを記述できます。

　ブラウザで「http://localhost:8000/who」にアクセスすると、「こんにちは世界さん」と表示されます。「http://localhost:8000/who?name=Tanaka」と指定すれば、「こんにちは Tanaka さん」に表示が変わります。
　リクエストの HTTP メソッドに関わらず、Request::input メソッドで入力値を取得できます。第 1 引数には入力名を指定し、第 2 引数は第 1 引数で指定された名前の入力が存在しない場合に返されるデフォルト値を指定しますが、省略可能です。
　また、URI の可変セグメントも定義できます。URI の /who に対するルート定義を下記に変更します（リスト 2.21）。「http://localhost:8000/who/Sato」にアクセスすると、「こんにちは Sato さん」と表示されます。

リスト 2.21：セグメントの値を取得する
```
Route::get('who/{name}', function ($name) {
    return 'こんにちは '.$name.' さん ';
});
```

　本節のサンプルプロジェクトで使用する実際のルート定義では、クロージャによるロジック実行ではなく、コントローラを利用しています（リスト 2.22）。

リスト 2.22：サンプルのルート定義
```
<?php

Route::get('/', 'HomeController@index'); // ①

Route::get('home',
    ['middleware' => 'auth','uses' => 'HomeController@home']); // ②

Route::controller('user', 'UserController'); // ③

Route::controllers([
    'auth'     => 'Auth\AuthController',
    'password' => 'Auth\PasswordController',
]); // ④
```

以下にサンプルのルート定義を簡単に説明しますが、ルート定義の詳細は「2-3-4 ルーティング」で後述するので参照してください（P.058）。

① サービスのトップページを定義しています。URI は '/' で表します。第 2 引数はコントローラ名とメソッド名をアットマーク（@）で区切り指定しています。

② このルート定義に対応する URI は /home です。ルートを「認証済みユーザー専用」にするため、'auth' ミドルウェアを指定しています。コントローラは uses キーで指定します。なお、ミドルウェアは「2-3-5 ミドルウェア」で説明します（P.064）。

③ このルート定義の形式は、Laravel では「暗黙のコントローラ」と呼ばれています。URI の /user に対してコントローラを対応させます。メソッド名は規則的に決まります。

④ このルート定義は暗黙のコントローラを複数まとめて指定します。Laravel に含まれている認証関係のコントローラ 2 個を同時に指定しています。Auth\AuthController がユーザーの追加と認証、Auth\PasswordController がパスワードリセット処理を担当します。

2-2-4　はじめてのビュー

　Laravel のビューファイルは PHP スクリプトファイルです。HTML タグや CSS、JavaScript を使い、通常の HTML ファイルのように記述できます。設置場所は resources/views ディレクトリです。階下のサブディレクトリも利用可能です。このビューファイルを Illuminate\View\Factory に指定し、Illuminate\View\View インスタンスを取得します。View インスタンスは通常コントローラ中から返されます（リスト 2.23）。

リスト 2.23：ビューファイルの指定と View インスタンスの使用法

```
// ファサード使用、Illuminate\View\View インスタンス取得
$view = View::make('index');

// ヘルパー関数で View インスタンスを取得
$view = view('user.index');

// 通常はビューインスタンスを取得する必要はない
// レスポンスに直接ビューを指定し、コントローラから返す
```

```
    return Response::view('index');

    // 前記のコードをヘルパー関数で実装
    return response(view('index'));

    // ステータスコード200なら、直接インスタンスを返せる
    return view('index');
```

resources/views 下のサブディレクトリのファイルを指定する場合は、ディレクトリをピリオドで指定します。2つ目の例にある user.index は、user ディレクトリ中の index.php か index.blade.php ファイルを指定しています。

ビューファイルは Laravel 独自の軽量テンプレートエンジンである「Blade」を使用して記述することも可能です。Blade を使用する場合は、ファイルの拡張子を「.blade.php」にします。実例として、サンプルプロジェクトすべてのビューで共通に使用する、ページレイアウトのための親ビューファイルを示します（リスト 2.24）。

リスト 2.24：サンプルで利用する Blade テンプレートの共通ビュー（resources/views/layout.blade.php）

```html
<!DOCTYPE html>
<html lang="ja">
  <head>
    <meta charset="utf-8">
    <title> @yield('title') </title> <!-- ① -->
    <link rel="stylesheet" href="http://yui.yahooapis.com/pure/0.6.0/pure-min.css">
    <meta name="viewport" content="width=device-width, initial-scale=1">
    <style>
      * { background-color: white; }
      div { margin-bottom: 1em; }
      （途中省略）
      ul.pagination li.active { border-bottom: solid 1px;}
    </style>
  </head>
  <body>
    <div id="content" class="pure-g">
      @if(session('status')) <!-- ② -->
      <div class="pure-u-1">
        <div class="status"><p>{{ session('status') }}</p></div> <!-- ③ -->
      </div>
```

```
        @endif
        <div class="pure-u-1">
          @yield('content') <!-- ④ -->
        </div>
      </div>
    </body>
</html>
```

　PHPファイルへHTMLをメインにマークアップしています。ビューファイルといっても特段に難解な部分はありません。先頭が「@」で始まっている箇所がBladeの構文です。

　Laravelのビュークラスは部分ビューをサポートしており、セクションと呼ばれます。①と④の@yieldディレクティブでセクション名を指定しその場所へそのセクションを取り込みます。②の@ifディレクティブはPHPのif文と同じ働きをします。

　このビューファイルでは、タイトルのtitleセクション（①）とページ本文のcontentセクション（④）を取り込んでいます。sessionヘルパー関数（③）はセッションに保存されているデータを取得します。statusアイテムはエラー以外のメッセージの表示に利用します。

　続いて、上述の共通レイアウトの親ビューを使用する子のビューファイルを示します。ユーザーの一覧表示用のファイルです（リスト2.25）。

リスト2.25：ユーザー一覧表示のBladeテンプレートビュー（resources/views/user/index.blade.php）

```
@extends('layout') {{-- ① --}}

@section('title') {{-- ② --}}
ユーザー一覧表示 :User モデル CRUD サンプル
@endsection

@section('content')
<h1> ユーザー一覧表示 </h1>
<table class="pure-table pure-table-horizontal">
  <thead>
    <tr>
      <th>ID</th>
      <th> 氏名 </th>
      <th> メールアドレス </th>
      <th> ハッシュ済みパスワード </th>
      <th> 更新 </th>
```

```html
      <th> 削除 </th>
    </tr>
  </thead>
  <tbody>
    @forelse($users as $user)
    <tr>
      <td>{{ $user->id }}</td>
      <td>{{ $user->name }}</td>
      <td>{{ $user->email }}</td>
      <td>{{ $user->password }}</td>
      <td>
        <a class="pure-button" href="{!! url('/user/edit', [$user->id]) !!}">
          更新
        </a>
      </td>
      <td>
        <a class="pure-button" href="{!! url('/user/remove', [$user->id]) !!}">
          削除
        </a>
      </td>
    </tr>
    @empty
    <tr>
      <td></td>
      <td> レコード未登録 </td>
      <td></td><td></td><td></td><td></td>
    </tr>
    @endforelse
  </tbody>
</table>
{!! $users->render() !!} {{-- ③ --}}
@endsection
```

　@extends ディレクティブ（①）で親ビューを指定します。@section ディレクティブで部分ビューのセクション名を指定します（②）。ここから次の @endsection ディレクティブまでの間がセクションの内容です。対応する親ビューの @yield ディレクティブの場所へ挿入されます。

　@forelse 〜 @empty 〜 @endforelse ディレクティブは制御構文の 1 つです。$users 配列が空の場合は @empty 〜 @endforelse 間のコード、空でない場合は @forelse 〜 @empty まで

がforeachループで実行されます。bladeには他にも多くの制御構文が用意されています。

<?php echo … ?>のエイリアスとして、二重の波括弧（{{…}}）が利用できます。この記法で出力される内容はeヘルパー関数[※3]に渡され、XSS攻撃（クロスサイトスクリプティング）を防ぐため、渡された内容をエスケープします。ユーザーがフォームなどから入力した内容は、{{ }}で出力するか、必ずeヘルパー関数を通してください。

5レコードずつに対してページ付けが行われて、各ページが表示されます。最後にページ移動用のリンクをBladeテンプレートの{!! !!}記法で出力しています（③）。これは内容をエスケープせずにそのまま出力します。ユーザー入力された値は明示的にエスケープしない限り、絶対に{!! !!}で表示してはいけません。

2-2-5　はじめてのORM

LaravelのORM（Object-relational Mapper）は、「流暢」を意味する「Eloquent」と名付けられています。Active Recordパターンの実装となっており、最少の設定で動作します。ユーザー認証のために、標準でUser Eloquentモデルがapp/User.phpに用意されています。本節のサンプルでは、このUserモデルをそのまま使用します。

まだユーザーを登録していなければ、「http://localhost:8000/auth/register」にアクセスして、ユーザーを登録しログアウトします。登録操作を繰り返して、数件のユーザーをusersテーブルへ登録します。

引き続き、routes.phpに次のルート定義を追加します（リスト2.26）。

リスト2.26：初歩的なEloquentの利用

```
Route::get('all', function () {
    return App\User::all();
}); // ①

Route::get('find/{id}', function ($userId) {
    return App\User::find($userId);
}); // ②
```

（※3）http://readouble.com/laravel/5/1/ja/helpers.html#method-e

```
Route::get('find-or-404/{id}', function ($userId) {
    return App\User::findOrFail($userId);
}); // ③

Route::get('update/{id}', function($userId) {
    $user = App\User::findOrFail($userId);
    $user->name = 'Nomura';
    $user->save();
    return $user;
}); // ④
```

① all の URI へアクセスすると、登録ユーザーの全情報が JSON 形式で表示されます。
　Eloquent の all メソッドはレコード全件をコレクションとして返しますが、コレクションをクロージャルートやコントローラから返すと、自動的に JSON 形式のレスポンスとしてブラウザへ送り返されます。

② find メソッドは ID 項目の値に一致するレコードを一件取得します。存在しない ID を指定すると null が返されます。コントローラから null を返すと何も表示されません。

③ findOrFail メソッドは、ID 値に一致するレコードが存在する場合はそれを取得します。存在しない場合、ModelNotFoundException 例外を発生させます。あとはデフォルト動作のまま「404 Not Found」ページを表示したり、App\Exceptions\Handler 例外ハンドラに独自処理を追加することができます。

④ update の URI は典型的な Eloquent の更新処理です。Eloquent モデルインスタンスでは、対応するテーブルのフィールドがプロパティになります。もしくは配列アクセスのキーとして指定できます。URI で指定されたユーザー ID を持つレコードが Eloquent モデルのインスタンスとなり、name フィールドが 'Nomura' に変更されます。そのモデルインスタンスに対し save メソッドを使用すると、テーブルに書き戻されます。

　上記リスト 2.26 で定義したルートにブラウザからアクセスし、Eloquent のクエリ結果を確認しましょう。確認後は、上記の 4 ルートは削除します。

2-2-6 はじめてのコントローラ

　本節のサンプルでは、Laravelが標準で用意している認証関連コントローラの他にも、HomeControllerとUserControllerを作成しています。下記にユーザー操作のコントローラを示します（リスト2.27）。

リスト2.27：ユーザー操作のコントローラ（app/Http/Controllers/UserController.php）

```php
<?php

namespace App\Http\Controllers;

use App\User;
use Illuminate\Http\Request;

class UserController extends Controller {

    public function __construct() {
        $this->middleware('auth.first');
    } // ①

    public function getIndex() {
        $users = User::paginate(5);

        return view('user.index')->with('users', $users);
    } // ②

    public function getRemove($userId) {
        $user = User::findOrFail($userId);
        $user->delete();

        return redirect()->back()
            ->with('status', 'ユーザーを削除しました。');
    } // ③

    public function getEdit($userId) {
        $user = User::findOrFail($userId);

        return view('user.edit')->withUser($user);
    } // ④
```

```php
    public function postEdit(Request $request, $userId) {
        $user = User::findOrFail($userId);

        $this->validate($request, [
            'name' => 'required|max:255',
            'email' =>
                'required|email|max:255|unique:users,email,'.$user->id,
            'password' => 'min:6',
        ]);

        $inputs = \Request::only(['name', 'email', 'password']);
        $inputs['password'] = empty($inputs['password']) ?
                $user->password : bcrypt($inputs['password']);

        $user->fill($inputs);
        $user->save();

        return redirect(action('UserController@getIndex'))
            ->with('status', 'ユーザー情報を変更しました。');
    } // ⑤
}
```

　すべてのコントローラは、「App\Http\Controllers\Controller」を継承する、通常のクラスファイルです（GitHub の公開サンプルには詳細なコメントを用意しています）。サンプルでは、ロジックを把握しやすいように、メソッドに直接記述しています。しかし、本来はコントローラにビジネスロジックを含めることは好ましくありません。

① コンストラクタ内で auth.first ミドルウェアを指定しています。この通り、ミドルウェアはコントローラ内でも指定できます。ここで指定している auth.first ミドルウェアはサンプルのために作成したカスタムミドルウェアで、ID=1 のユーザーが認証済みの場合のみ通過させ、認証されていなければログインフォームへリダイレクトさせます。認証済みであるが ID=1 ではない場合は、401 エラーにします。

② "user" の URI で呼び出される getIndex メソッドでは、一覧表示ページでページ付けのために、ユーザーレコードを 5 件ずつ取得します。ビューインスタンスに with メソッドで取得したインスタンスを渡しています。第 1 引数はビューで使用する変数名、第 2 引数がその

変数の内容です。

③ "user/remove/ユーザーID" の URI により呼び出される getRemove メソッドでは、ユーザーを削除します。インスタンスに対し delete メソッドを呼び出せば、レコードが削除されます。

④ "user/edit/ユーザーID" の URI により呼び出される getEdit メソッドは、まず指定された ID の User モデルを取得します。ビューに User モデルを渡すために withUser メソッドを使用しますが、これは with の後に続く名前の変数で引数をビューに渡す方法です。この場合、with('user', $user) と同じ働きをします。

⑤ Laravel では、PRG（POST-REDIRECT-GET）パターンが多用されます。フォーム表示は GET で行い、その処理は POST、次にリダイレクトして、GET でフォームを再表示する方法です。フォームの二重送信を防ぐ、Web アプリの一般的なパターンです。
ユーザー編集フォームを送信したとき、POST メソッドで "user/edit/ユーザーID" へ内容が送られます。これにより postEdit メソッドが呼び出されます。

パスワードは新しい値を指定したい場合のみフォームに入力します。入力された場合は bcrypt ヘルパー関数でハッシュ化します。その後 fill メソッドでまとめて入力値を User モデルへ代入し、save メソッドでテーブルへ書き戻します。
なお、validate メソッドに関しては「2-3-7 バリデーション」で詳述します（P.069）。

2-2-7 はじめてのフォーム

ユーザー情報の修正ビューでフォームのビューを確認します（リスト 2.28）。

リスト 2.28：ユーザー情報編集 Blade ビュー（app/resources/views/user/edit.blade.php）

```
@extends('layout')

@section('title')
ユーザー情報編集 :User モデル CRUD サンプル
@endsession

@section('content')
```

```
<h1> ユーザー情報編集 </h1>
<form class="pure-form pure-form-aligned" method="POST" >
  <div class="pure-control-group">
    @if ($errors->has('name'))
    <div class="errors"><p>{{ $errors->first('name') }}</p></div>
    @endif
    <label for="name"> ユーザー名 </label>
    <input id="name" type="text" name="name"
        value="{{ old('name', $user->name) }}">
  </div>
  <div class="pure-control-group">
    @if ($errors->has('email'))
    <div class="errors"><p>{{ $errors->first('email') }}</p></div>
    @endif
    <label for="email"> メールアドレス </label>
    <input id="email" type="email" name="email"
        value="{{ old('email', $user->email) }}">
  </div>
  <div class="pure-control-group">
    @if ($errors->has('password'))
    <div class="errors"><p>{{ $errors->first('password') }}</p></div>
    @endif
    <label for="password"> パスワード </label>
    <input id="password" type="password" name="password">
  </div>
  <div class="pure-controls">
    <button type="submit" class="pure-button"> 変更 </button>
  </div>
  {!! csrf_field() !!}
</form>
@endsession
```

　入力項目ごとの @if 〜 @endif では、該当項目のバリデーションエラーが発生した場合に最初のエラーのみを表示します。Laravel の View インスタンスには、エラーメッセージを含む $errors が必ず用意されているので、変数の存在をチェックせずに利用できます。

　Laravel では、CSRF（Cross-site Request Forgery・クロスサイトリクエストフォージェリ）を防ぐセキュリティ対策として、グローバルミドルウェアが標準で動作しています。フォー

ムにCSRFトークンを隠しフィールドとして埋め込み、その整合性をミドルウェアで確認します。トークンは`csrf_token`ヘルパー関数で取得できます。

　サンプルコードでは、トークンを含めた`input`フィールドを生成する`csrf_field`ヘルパー関数を使用しています。フォームのレスポンスを受け取ると、セッションに保存しておいた値とトークンを比較します。万が一、不一致の場合は、`Illuminate\Session\TokenMismatchException`例外が投げられます。フォームにCSRFトークンを埋め込み忘れた場合も、同様にこの例外が発生します。

　ちなみに、サンプルプロジェクトでは、上述の他にも認証関係で必要となるログインフォームとユーザー登録フォーム、パスワードリセットメールの要求、そして新しいパスワードを指定するリセットフォームを用意しています。

　また、イベントを使ったユーザー登録済みメールの送信やカスタムエラーページ、例外に対する特定HTTPエラーページ表示、カスタムミドルウェアなど、実際のWebアプリ開発で役立つ機能の簡単な実装も含まれています。

基本コンポーネント

本節では、Laravelによる開発で多用されるLaravelの基本コンポーネントを解説します。各コンポーネントは他のコンポーネントと概念上、連携している部分もあり、俯瞰的に全体像を把握できないと理解が進みません。そのため、本節はWebアプリケーションで利用される主な基本コンポーネントの概要把握を目的に解説します。なお、Laravel 5.1 LTSで大幅に改訂された公式ドキュメントでも、コンポーネントの概念とよく利用される使用方法が解説されています。

2-3-1 環境設定

動作環境によって設定を使い分けるには、2種類のファイルを併用します。1つは.envファイル、もう1つはconfigディレクトリ下の設定ファイルです。両者は無関係に使い分けられているのではなく、設定ファイル内の多くの項目が.envで定義された設定値を参照します。

▶ .envファイル

Laravelの.envファイルは、外部パッケージのvlucas/phpdotenvを利用します。その名前が示す通り、環境変数を設定するライブラリです。通常、環境変数はWebサーバの設定ファイルに記述しますが、テキストファイルの編集だけで変数を設定できます（リスト2.29）。

リスト2.29：.envファイルの設定項目とコメント指定

```
# コメントが使えます。
AAA=StringWithAnyCharactersLike>?*#.{} # これ以降は無視されます。
```

環境変数AAAに=以降の値を設定しています。番号符（#）から始まる行と、空白に続く#以降はコメントとして扱われます。そのため、設定値にエスケープなしで#を含めることも可能です。設定値はPHPのgetenv関数でも取得できますが、未設定の場合にデフォルト値が指定できるLaravelのenvヘルパー関数が便利です。さらにenvヘルパー関数は、文字列のtrue、false、empty、nullを適宜変換します（リスト2.30）。

リスト 2.30：.env ヘルパー関数の型変換機能

```
# .env の指定
TRUE=true
EMPTY=empty
NULL=null

# 取得側 (PHP)
$bool = env('TRUE');   # 論理値の true
$emp  = env('EMPTY');  # 空文字列
$null = env('NULL');   # null 値
```

　.env で指定した変数名が環境変数として存在している場合は、環境変数の値が優先して取得されます。なお、配列は直接指定できませんが、JSON 形式で記述しておき、取得側で配列へ変換することで取り扱い可能です（リスト 2.31）。

リスト 2.31：.env を使った配列項目の指定方法

```
# .env の指定
AN_ARRAY={"item1":"value1", "item2":"value2"}

# 取得側 (PHP)
$data = json_decode(env('AN_ARRAY'), true);
```

▶ config 設定ファイル

　Laravel の設定ファイルは config ディレクトリ下に設置されています。シンプルな PHP ファイルで、キー／値ペアの配列を返します。設定ファイルは任意に追加することも可能です。下記では、sample.php 設定ファイルを追加します（リスト 2.32）。

リスト 2.32：サンプル設定ファイル

```php
<?php

return [
    'name'  => 'Taro Suzuki',
    'age'   => 20,
    'hobby' => ['magic','cooking','programming'],
];
```

　設定ファイルの値を取得する方法はいくつかありますが、Config ファサードを利用する場合は、

Config::get('sample.name')で「Taro Suzuki」、Config::get('sample.age')で数値の20を取得できます。配列の場合は、Config::get('sample.hobby.1')で「cooking」を取得可能です。引数のピリオドで区切られた最初の部分はファイル名、それ以降は設定ファイルが返す配列のキー構成を表しています。

なお、各設定ファイルの設定値はファイル中にコメントで説明されています。各章においても必要に応じて説明します。

▶動作環境の設定

開発時と実働時の動作環境では、それぞれデータベースの接続名や外部サービスの認証情報を切り替える必要があるケースがほとんどです。Laravelを含む多くのフレームワークでは、動作環境を切り替え、設定値を変更できる仕組みを持っています。

Laravelの動作環境は.envファイルのAPP_ENV項目で設定します。項目には標準で予約されている名前が2つあります。実働環境を表すproductionとユニットテスト目的のtestingは新たに設定はできません。それ以外の名前は、例えば、開発環境にlocal、デプロイ候補環境にstagingなど、自由に設定できます。なお、APP_ENVが設定されていない場合のデフォルト値はproductionです。環境がproductionの場合、マイグレーションとシーディングで既存のスキーマや値を変更するArtisanコマンドの実行時に確認が求められます。

いずれの動作環境であってもconfig下の設定ファイルは同一です。動作環境に合わせ値を変更したい設定項目は、.envファイルで指定した値をenvヘルパー関数を使用して取得します。

設定ファイルの多くでenvメソッドが使用されています。例えば、database.php設定ファイルでは、.envファイル中で定義されているデータベースエンジンの接続認証情報とテーブル名をenvヘルパー関数で取り込みます（リスト2.33）。つまり、各動作環境で.envファイルを個別に用意して、環境に合わせた設定値を設定ファイルで取り込むことで、値を切り替えます。

リスト2.33：database.phpでのenvヘルパー関数使用状況

```
'mysql' => [
    'driver'    => 'mysql',
    'host'      => env('DB_HOST', 'localhost'),
    'database'  => env('DB_DATABASE', 'forge'),
    'username'  => env('DB_USERNAME', 'forge'),
    'password'  => env('DB_PASSWORD', ''),
    （以下省略）
],
```

2-3-2 リクエスト

ブラウザから送信されてきたHTTPリクエストは、フレームワーク内でIlluminate\Http\Requestクラスのインスタンスとして扱われます。このインスタンスからHTTPリクエストの情報を取得します。Requestファサードの実体はこのRequestクラスインスタンスです（リスト2.34）。

リスト2.34：HTTPの入力情報取得

```php
// name が存在しない場合は null が返される
$name = Request::input('name');


// name が存在しない場合、「名称無し」が返される
$name = Request::input('name', '名称無し');
```

入力情報を配列として取得することも可能です。onlyメソッドは指定した入力項目すべて、exceptメソッドは指定した以外の全入力項目を、入力フィールド名／値ペアの配列で取得します。入力項目名は配列か引数の並びで指定できます（リスト2.35）。

リスト2.35：配列で入力情報を取得

```php
// 全入力値を取得
$inputs = Request::all();

// 配列で指定した入力値のみ取得
$inputs = Request::only(['name', 'age']);

// 引数の並びで指定した入力値以外を取得
$inputs = Request::except('name', 'age');
```

ファイル入力フィールドによるアップロードファイルを受け取るには、fileメソッドを使用します（リスト2.36）。返されるクラスインスタンスはSymfony\Component\HttpFoundation\File\UploadedFileで、SplFileInfoクラスを継承しているため、数多くのメソッドが使用できます。

リスト2.36：アップロードファイルの取得

```php
$file = Request::file('avatar');
```

リクエストに含まれるクッキーやヘッダの情報も取得可能です。引数にアイテムを指定した場合、対応する値を取得します。引数を省略すると取得可能な全アイテムが配列で返ってきます（リスト 2.37）。

リスト 2.37：各種リクエスト情報の取得

```php
// クッキー値を取得
$name = Request::cookie('name');

// ヘッダ値を取得
$acceptLangs = Request::header('Accept-Language');

// 全サーバ値を取得
$serverInfo = Request::server();
```

基本的なメソッドは公式ドキュメントでも解説されています。ドキュメントに含まれていないメソッドも多いため API やソースコードで一度確認することをお勧めします。なお、Laravel の Request は Symfony\Component\HttpFoundation\Request を拡張したものなので、このクラスのメソッドも利用できます。

2-3-3 レスポンス

コントローラのメソッドから返された Response は、HTTP レスポンスとしてサーバ経由でブラウザに送られます。

Response ファサードの実体は、Illuminate\Routing\ResponseFactory クラスです。ファクトリークラスであるため、呼び出す生成メソッドにより実際に生成される Response クラスは異なります（リスト 2.38）。

リスト 2.38：Response クラス

```php
// 文字列を引数に渡す
// Illuminate\Http\Response が戻り値
$response = Response::make('hello world');
$response = response('hello world'); // 同機能のヘルパー関数

// ビューを引数に渡す
// Illuminate\Http\Response が戻り値
```

```
$response = Response::view(View::make('view.file'));

// 配列や Arrayable なインスタンス（コレクションなど）を引数に渡す
// Illuminate\Http\JsonResponse が戻り値
$response = Response::json(['status' => 'success']);

// ファイルパスを指定し、ダウンロードレスポンスを作成する
// Symfony\Component\HttpFoundation\BinaryFileResponse が戻り値
$response = Response::download('file-path');

// リダイレクト先 URI を引数に渡す。
// Illuminate\Http\RedirectResponse が戻り値
$response = Response::redirectTo('/');
```

全インスタンスの生成メソッドや引数を確認するには、ResponseFactory クラスを読むか API を調べます。生成される全レスポンスクラスは、Symfony\Component\HttpFoundation\Response を拡張したものなので、このクラスのメソッドが使用できます。リダイレクトのレスポンスを作成するには、Redirect ファサードや redirect ヘルパー関数も使用できます。

ちなみに、公式ドキュメントに記載されている header メソッドと withCookie メソッドは、Laravel のレスポンスクラスの中で Illuminate\Http\ResponseTrait トレイトにより実装されています。そのため、ResponseFactory クラスが生成する Symfony のレスポンスクラス（ダウンロードレスポンスとストリームレスポンス）では使用できません。

2-3-4 ルーティング

ルーティングとは、Request に含まれる HTTP メソッドと URI を調べ、app/Http/routes.php ファイル中のルート定義からどれを実行するか決める役割を指します。Laravel では Illuminate\Routing\Router クラスがルーティングの役割を担当しています。Route ファサードの実体はこの Router クラスです。

▶基本的なルート定義

ルート定義は app/Http/routes.php ファイルに記述します。ルートは先に定義した順番に優先度が高くなります。つまり、特定のルートに一致したら、その後のルート定義は無視されます。

下記に基本的なルート定義を示します（リスト 2.39）。

リスト 2.39：基本的なルート定義

```
Route::get('sale', [
    'as'         => 'route.name',
    'uses'       => 'controller@action',
    'middleware' => 'auth|another',
]);
```

　一致させる HTTP メソッドに合わせ、get、post、put、patch、delete、option、any メソッドを使用します。get メソッドは GET と HEAD メソッドに一致します。any は OPTIONS を除くすべてのメソッドに一致します。複数のメソッドに一致させる場合は match メソッドを使用します（リスト 2.40）。

リスト 2.40：複数の条件に一致させるルート定義

```
// OPTIONS を除く全動詞と一致
Route::any('sale', […省略…]);

// GET と POST メソッドに一致
Route::match(['get', 'post'], 'sale', […省略…]);
```

　URI に対してコントローラとアクションのペアのみ指定する場合と、クロージャでロジックだけを記述する場合は、配列を使わず直接使用できます（リスト 2.41）。

リスト 2.41：配列を省略するシンプルなルート定義

```
// コントローラとアクションメソッドのみ指定
Route::get('sale', 'someController@index');

// クロージャのみ指定
Route::get('sale', function() { return 'hello'; });
```

　前述のリスト 2.39 にある as キーは、ルート定義に名前を付けます。名前を元に URI を生成可能です。uses キーはコントローラとアクションメソッド（ルーターから呼び出されるコントローラ内の public メソッド）の指定です。middleware は使用するミドルウェアを指定します。
　配列で指定する as、uses、middleware などは、ルーターの中では action という名前で取り扱われており、オリジナルなアクションを使用することも可能です（リスト 2.42）。

リスト 2.42：ルートアクションの取得

```
Route::get('sale',    [
    'dummy' => '1234', // オリジナルのアクション
    function () {
        $actions = Route::current()->getAction();

        return $actions['dummy']; // 1234 が表示される
    },
]);
```

　Router がルートを決めるのはグローバルなミドルウェアを全部通った後になります（「2-3-5 ミドルウェア」参照）。そのため、コントローラアクションメソッドが実行される前のグローバルミドルウェアでは、この方法で Router のアクションを取得することはできません。

▶ルートパラメータ

　URI のセグメントに可変値を割り当てる指定も可能です（リスト 2.43）。

リスト 2.43：可変セグメントと制約の指定

```
Route::get('sale/{id}/{product?}',
    function($id, $product = '') {…省略…}); // ①

Route::pattern('name', '[a-z]+'); // ②

Route::get('production/{price}',
    function($price) {…省略…})
        ->where('price', '[0-9]+'); // ③

// 同時に複数の制約を指定する
Route::any('post/{id}/{slug?}',
    function($id, $slug = '') {…省略…})
        ->where(['id'=>'[0-9]+', 'slug'=>'[a-z0-9]+']); // ④
```

　① 必須セグメントのルートパラメータは波括弧の { と } で囲んだ識別名として指定します。識別名の後にクエスチョンマークを付けると省略可能なパラメータとして扱われます。省略可能な場合、対応するクロージャやコントローラのアクションメソッドの引数にデフォルト値を指定する必要があります。URI のルートパラメータとクロージャやメソッドの引数は並び順に対応します。

② ルートパラメータは正規表現で制約できます。pattern メソッドはグローバルに特定の識別名に制約をつける場合に使用します。この例では、name の識別子はすべてのルート定義で、英小文字列の場合のみ一致します。

③ 特定のルートのパラメータだけを制約する場合は、ルート定義に where メソッドをチェーンします。

④ 複数の制約を一度に指定する場合はキーに識別名、値に正規表現のペアを持つ配列として指定します。

▶暗黙のコントローラ

規約によるルーティングが2つ Laravel で提供されています。1つが暗黙のコントローラ (Implicit Controllers)、もう1つは RESTful リソースコントローラです（公式ドキュメントではコントローラの章で説明されています）。

暗黙のコントローラは、URI の先頭部分とコントローラを割り当てるルーティングの指定方法です（リスト 2.44）。

リスト 2.44：暗黙のコントローラによるルート定義
```
Route::controller('production/sale', 'SaleController');
```

上記の場合、URI が「production/sale」で始まる場合、SaleController のアクションメソッドの名前と引数により、規約に基づきルーティングされます（リスト 2.45）。

リスト 2.45：暗黙のコントローラによるルート定義に対応するコントローラ
```
<?php

namespace App\Http\Controllers;

class SaleController extends Controller
{
    public function getIndex()
    {
        return 'getIndex';
    }
```

```php
    public function anyTest($one = '', $two = '')
    {
        return 'getTest';
    }
}
```

アクションメソッド名は、小文字の HTTP メソッド名の後に続けて、controller メソッドの第 1 引数で指定した URI に付加される最初のセグメントを付加し、キャメル記法にしたものです。Index は controller メソッドで指定した URI のみでアクセスされた場合に呼び出されます。HTTP メソッドが any の場合は OPTIONS を除く全 HTTP メソッド（GET、HEAD、POST、PUT、PATCH、DELETE）に一致します。

アクションメソッドの引数はデフォルト値を設定します。引数で取得可能なセグメントは 5 個までです。URI にも 5 個までセグメントを付与できますが、引数で受け取らない分は無視されます。

ちなみに、前述のリスト 2.44 〜 2.45 で、production/sale の URI を GET メソッドで呼び出した場合、下表の動作になります（表 2.2）。また、ルーティングで処理するセグメントが 6 個以上になると、NotFoundHttpException 例外が投げられます。

表2.2：リスト 2.45 のコントローラに対応する URI

URI	呼び出しメソッド	$one の値	$two の値
production/sale	getIndex	—	—
production/sale/test	anyTest	空文字列	空文字列—
production/sale/test/abc	anyTest	abc	空文字列
production/sale/test/abc/def	anyTest	abc	def
production/sale/test/abc/def/ghi	anyTest	abc	def
production/sale/test/abc/def/ghi/jkl/mno	anyTest	abc	def
production/sale/test/abc/def/ghi/jkl/mno/pqr	例外発生	—	—

なお、本項で前述した controller メソッド、そして暗黙のコントローラをまとめて指定する controllers メソッドの双方は、Laravel 5.2 以降では非推奨となっています。そのため、次の LTS バージョンではサポートされないことが予想されます。

▶ RESTful リソースコントローラ

暗黙のコントローラの他に用意されている規約によるルーティングは、RESTful リソースコントローラです。API などを作成する場合に便利なルーティングです。標準的な RESTful なルートを定義できます（リスト 2.46）。

リスト 2.46：RESTful リソースコントローラによるルート定義

```
// 全アクションを使用
Route::resource('sale', 'SaleController');

// 指定したアクションのみ使用
Route::resource('user', 'UserController', ['only' => ['index', 'show']]);

// 指定したアクション以外を使用
Route::resource('customer', 'CustomerController', ['except' => ['index', 'show']]);

// デフォルトルート名を上書きする
Route::resource('member', 'MemberController', ['names' => ['index' => 'member.table']]);
```

上記の sale を第1引数でリソース名として指定する場合は、次表の動作が定義付けられます（表 2.3）。

表 2.3：RESTful リソースコントローラによるルート定義

動詞	URI	メソッド名	デフォルトルート名
GET	/sale	index	sale.index
GET	/sale/create	create	sale.create
POST	/sale	store	sale.store
GET	/sale/{sale}	show	sale.show
GET	/sale/{sale}/edit	edit	sale.edit
PUT/PATCH	/sale/{sale}	update	sale.update
DELETE	/sale/{sale}	destroy	sale.destroy

デフォルトで用意されるアクションが多すぎる場合は、第3引数の配列で only キーや except キーで調整します。このルーティングではルート名が自動的に付けられ、「リソース名．メソッド名」の名前を元に route ヘルパー関数などで URL が生成できます。デフォルトルート名を変更したい場合は、names キーで対応する名前を上書きします。

2-3-5 ミドルウェア

　ミドルウェアは、一般にベースシステムと対象システムの間に存在するソフトウェアを広く指す言葉です。Laravelの場合では、リクエストのフィルタリングとレスポンスの変更を行うコンポーネントを意味します。Laravel搭載のフィルタと呼ばれる同様の機能は5.1でもまだ使用可能ですが、非推奨となっています。新規に開発する場合はミドルウェアを使用しましょう。

　ミドルウェアはグローバルに利用されるもの、ルート定義で指定するもの、コントローラのコンストラクタで指定するものの、3つに分類できます（図2.5）。

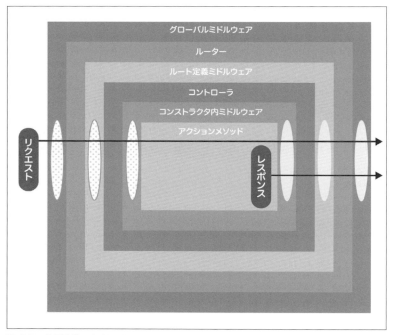

図2.5：多層を持つミドルウェア

　上図のルーターやコントローラ、アクションメソッドはミドルウェアではありませんが、起動タイミングが分かりやすいように記載しています。

　リクエストがコントローラに入る前までは、主にルーティングのフィルタリングとして利用します。これはBeforeミドルウェアと名付けられています。コントローラのアクションメソッドからレスポンスが返されると、再度ミドルウェアを通過します。リクエストやレスポンスの内容を調べ、必要に応じてレスポンスの内容を変更したり、新たなレスポンスを生成することが可能

です。これを After ミドルウェアと呼びます。

　グローバル、ルート付加、コンストラクタ指定の 3 つのミドルウェアのいずれもクラスの構造に相違はありません。下記に Before ミドルウェアの例を示します（リスト 2.47）。

リスト 2.47：Before ミドルウェアの構造

```php
<?php

namespace App\Http\Middleware;

use Closure;

class BeforeMiddleware
{
    public function handle($request, Closure $next)
    {
        if ($request->someCheck()) {    // リクエストの内容を調べる
            return redirect('/');        // 新しいレスポンスを返す
        }
        $inputs = $request->all();
        $request->replace(array_map(    // replace で入力を書き戻す
            function($input) {
                return is_string($input) ? trim($input) : $input;
            }, $inputs
        ));
        return $next($request);         // そのまま次に処理を渡す
    }
}
```

　handle メソッドにリクエストと次に実行するクロージャが渡されます。リクエストの内容を調べ、フィルタリングする場合は新しいレスポンスを返します。フィルタリングせずにそのまま次の処理へ渡す場合は、$request を $next のクロージャに引数として渡し、実行結果を返します。

　上記コード例では、ルーティングのフィルタリング処理に続き、リクエストの入力値に含まれる前後の空白を取り除くトリム処理を行っています。

続いてAfterミドルウェアの処理例を説明します（リスト2.48）。

リスト2.48：Afterミドルウェアの構造

```php
<?php

namespace App\Http\Middleware;

use Closure;

class AfterMiddleware
{
    public function handle($request, Closure $next)
    {
        $response = $next($request);   // まず次の処理を行わせる

        // レスポンス内容の書き換え
        $content = $response->content();
        $response->setContent(doSomething($content));

        // ルーティングのフィルタリングも可能
        // リクエストかレスポンスの内容を調べる
        if ($request->is('root/*')) {
            return redirect('/');            // 新しいレスポンスを返す
        }

        return $response;
    }
}
```

$next($request)で他のミドルウェアや処理を実行して、戻ってきたレスポンスを最初に受け取ります。これによりアクションメソッドや他のミドルウェアが生成したレスポンスを受け取れます。その後は必要に応じて、レスポンスの内容を書き換えたりヘッダを変更します。新しいレスポンスを返すことはもちろん、受け取ったレスポンスをそのまま返すことも可能です。

▶ミドルウェアの指定

ミドルウェアは app/Http/Kernel.php ファイルで登録しますが、登録箇所によりグローバルとそれ以外に分類されます（リスト 2.49）。

リスト 2.49：ミドルウェアの登録

```php
<?php

namespace App\Http;

use Illuminate\Foundation\Http\Kernel as HttpKernel;

class Kernel extends HttpKernel
{
    /**
     * The application's global HTTP middleware stack.
     *
     * @var array
     */
    protected $middleware = [
        \Illuminate\Foundation\Http\Middleware\CheckForMaintenanceMode::class,
        …途中省略…
        \App\Http\Middleware\GlobalMiddleware::class,
    ];

    /**
     * The application's route middleware.
     *
     * @var array
     */
    protected $routeMiddleware = [
        'auth'       => \App\Http\Middleware\Authenticate::class,
        'auth.basic' => \Illuminate\Auth\Middleware\AuthenticateWithBasicAuth::class,
        'guest'      => \App\Http\Middleware\RedirectIfAuthenticated::class,
    ];
}
```

上記コード例のコメントの通り、`$middleware` プロパティの配列にクラスを追加すれば、全ルートに対して自動的に実行されるグローバルミドルウェアとして動作します。ルートやコント

ローラのコンストラクタで使用する場合は、$routeMiddleware プロパティとしてミドルウェア名をキーにして登録します。ルートに指定する方法は「2-3-4 ルーティング」で前述していますが（P.058）、コントローラのコンストラクタで指定する方法は次項で説明します。

2-3-6　コントローラ

　コントローラはルート定義に基づき、ルーターからディスパッチ（起動）されます。その際に呼び出される public メソッドを特にアクションメソッドと呼びます。下記にその基本形を示します（リスト 2.50）。

リスト 2.50：基本的なコントローラ

```php
<?php

namespace App\Http\Controllers;

use Illuminate\Contracts\Logging\Log;
use Illuminate\Http\Request;

class SomeController extends Controller
{
    public function __construct(Request $request)
    {
        $this->request = $request;

        $this->middleware('auth');
    }

    public function index(Log $log)
    {
        if ($this->request->has('name')) {
            return 'Hello, '.$this->request->input('name');
        }

        $log->info(' 名前無しアクセス ');

        return 'Hello World';
    }
}
```

コントローラのアクションメソッドには、ビジネスロジックを記述することもできますが、煩雑になり保守性や再利用性が低下してしまうためお勧めできません。Laravelの場合、Http名前空間の中にControllersが置かれています。つまり、コントローラはHTTP層に関わるロジックに責任を持っていることを意味しています。

コントローラはApp\Http\Controllers\Controllerを継承します。コンストラクタで$this->middlewareメソッドで指定することで、ルーターから呼び出される全アクションメソッドに対してミドルウェアを適用できます。特定のアクションメソッドだけに適用したい場合は、onlyとexceptをキーにした配列を第2引数として指定します（リスト2.51）。

リスト2.51：ミドルウェアを特定のアクションメソッドに適用する

```
// 指定したメソッドのみに適用
$this->middleware('auth', ['only' => ['update', 'delete']]);

// 指定したメソッド以外に適用
$this->middleware('guest', ['except' => ['edit']]);
```

詳細は「5-2 サービスプロバイダ」（P.264）で説明しますが、Laravelのサービスコンテナを利用してインスタンス化されるクラスのコンストラクタでは、タイプヒンティングにより依存クラスを指定すると、自動的にインスタンス化され引数に渡されます。コントローラの場合は各アクションメソッドでも同様に、タイプヒンティングでクラスやインターフェイスを指定すれば、サービスコンテナにより自動的にインスタンス化された依存クラスを受け取り可能です。

2-3-7 バリデーション

バリデーションは値の正当性をチェックするクラスで、通常は入力値が妥当であるかを確認するために使用されます。以下に簡単な使用例を示します（リスト2.52）。

リスト2.52：バリデーションの基本的な使用方法

```
// 検査対象の配列
$inputs = ['name' => 'Tanaka'];

// バリデーションルールの指定
$rules = ['name' => ['required', 'min:4']];
```

```php
// バリデーターの取得
$val = Validator::make($inputs, $rules);

// バリデーション実行
if ($val->fails()) {
    abort(404);
}
```

`Validator`は項目名／値ペアの配列の内容が指定されたルールに合致するかを検査します。ルールから外れているものが存在する場合、バリデーションは失敗したものとして取り扱われます。入力配列とルール配列を`make`メソッドに渡してインスタンスを取得し、`fails`メソッドはバリデーション失敗時に`true`になります。

同一入力項目に対して複数のルールを指定するケースでは、上記の配列で指定する方法と、文字列中の縦線（|）で区切る方法があります。しかし、後者は正規表現と合致するかをチェックする`regex`ルールを使用する場合に、正規表現の縦線とバッティングして不具合が起きるため、配列を利用する方法をお勧めします。

Laravelでは豊富なバリデーションルールが用意されているため、本項では基本的な使用方法を解説することにとどめています。詳細に関しては公式ドキュメントを参照してください。

▶基本的なルール指定

指定するだけでバリデーションが行われるルールがバリデーションの基本となっています。例えば、`required`ルールは対象項目に値が指定されている必要があります。`email`ルールは値が正しいメールアドレス形式であることを確認します（リスト2.53）。

リスト2.53：基本的なルール

```php
$rules = [
    'name'  => 'required', // 必須項目
    'email' => 'email',    // メールアドレスとして正しい
];
```

同様にアルファベットであるかを確認する`alpha`、整数値であるかを確認する`integer`、IPアドレスとして正しいかを確認する`ip`なども、指定するだけでバリデーションが実行されます。

なお、`require`系のルール以外では、指定キーがバリデーション対象の配列に存在しない場合と値が空文字列もしくは`null`の場合、バリデーションは実行されません。

▶パラメータを指定するルール

パラメータを一緒に指定するタイプのルールもあります。例えば、digits は値が指定した桁数の数字であることを確認します。in はパラメータで指定した値のうちのどれかであることを確認します（リスト 2.54）。

リスト 2.54：パラメータを取るルール
```
$rules = [
    'bank_password' => 'digits:4',               // 4桁の番号
    'signal_color'  => 'in:green,read,yellow',   // パラメータの3種のうちどれか
];
```

このタイプのルールでは、unique ルールがもっとも複雑です。値が登録済みレコードの指定カラムと重複していないことを確認するルールです（リスト 2.55）。

リスト 2.55：unique ルールの指定方法
```
$rules = [
    'name' => 'unique:users',          // ① users テーブルの name カラムでチェック
    'nick' => 'unique:users,name',     // ② 同上
    'nick' => 'unique:users,name,15',  // ③ さらに id が 15 のレコードの重複は許す
]
```

キー値が表す入力フィールドと同じ名前のカラムを対象とするときは、テーブル名だけを指定します（①）。入力フィールド名とは異なったカラム名と比較する場合は追加で指定します（②）。3番目のパラメータとして数値を指定すると、その値の id カラムを持つレコードの name カラムのみ重複を許します。この指定はレコードを更新するフォームのバリデーションに便利です（③）。

▶条件により動作が異なるルール

バリデーションの中には等値を確認する size をはじめとして、バリデーション対象や他のバリデーションとの組み合わせで、比較する方法が変化するものがあります（リスト 2.56）。

リスト 2.56：検査対象のタイプや他のルールにより動作が異なるルール
```
$rules = [
    'name'   => 'size:10',                   // 10 文字であることを確認
    'number' => ['integer', 'size:10'],      // 整数の 10 であることを確認
    'upload' => ['size:10'],                 // ファイルが 10KB であることを確認
```

```
        'button'    => ['array', 'size:10'],     // 配列の要素数が10個であることを確認
    ]
```

　比較対象が配列の場合は要素の数を確認します。比較対象が Symfony\Component\Http Foundation\File\File を継承している場合、ファイルサイズを KB 単位（1KB=1024 バイト）で確認します。同時に指定されているルールに integer か numeric がある場合、数値として確認します。それ以外の場合は文字列として扱われ、文字列長を確認します。

　ちなみに、Symfony\Component\HttpFoundation\File\File は、ファイル入力を受け取る Request の file メソッドが返す Symfony\Component\HttpFoundation\File\Uploaded File の基底クラスです。つまり、アップロードされたファイルのサイズをバリデーションでチェックできます。

　なお、同様の比較が実行されるルールは、上述の size の他に、範囲の Between と最小値の Min、そして最大値の Max の 3 ルールが用意されています。

▶アルファベット問題

　国内ではアルファベットは英文字のことを意味しますが、本来のアルファベットにはより多くの文字が含まれます。コンピュータの領域では ASCII に含まれている英文字、いわゆる「半角」英文字を指すことが多いでしょう。

　Laravel は UTF-8 ベースであり、バリデーションの alpha は英語以外のアルファベットも受け付けます。特に国内の開発者にとって不都合な点は、UTF-8 の「全角」アルファベットも受け付けてしまうため、「半角」のみの英文字を受け入れたい場合に不便なことです。

　Laravel のバリデーションは新しいルールを簡単に追加できるので、下記の通り、オリジナルのルールを追加することで対処できます（リスト 2.57）。

リスト 2.57：ASCII の英文字だけであることを確認するカスタムルール

```
Validator::extend('ascii_alpha', function($attribute, $value, $parameters) {
    return preg_match('/^[a-zA-Z]+$/', $value);
});
```

　上記の例では、「ascii_alpha」の名前でルールを追加しています。このルールをアプリケーション全体で使用するには、適切なサービスプロバイダに設置してください。

▶条件によるルールの追加

特定の条件の場合のみ、バリデーションを追加したいケースがあります。例えば、無料会員は使用目的の入力を必須にしたい場合などです（リスト2.58）。

リスト 2.58：条件に合う場合はルール追加

```
$rules = ['purpose' => 'max:200'];

$val = Validator::make($inputs, $rules);
$val->sometimes('comment', ['required', 'min:10'],
    function ($input) {
        return $input->paid !== 'y';
    });
```

上記の例では、paid 入力項目が 'y' でない場合、comment 項目に対するバリデーションルールが追加されます。もちろん、データベースなどから取得した値をクロージャに渡し、それを元に条件を判断することも可能です（リスト2.59）。

リスト 2.59：クロージャに変数を渡し、条件を判定する

```
$paid = 'y'; // データ取得

$val->sometimes('comment', ['required', 'min:10'],
    function ($input) use ($paid) {
    return $paid !== 'y';
});
```

上記の例では、配列を使って複数のルールを指定していますが、通常のルール指定と同様に縦線（|）で区切り、文字列として指定することも可能です。

▶エラーメッセージ

Webアプリケーションではバリデーションに失敗した場合、問題の詳細を画面に表示して、ユーザーに何が起きているのか、どう修正すればよいのかを伝えます。Laravelでは、結果をIlluminate\Support\MessageBag クラスのインスタンスとして取得して利用します（リスト2.60）。

リスト 2.60：エラーメッセージを含む MessageBag の取得

```
// バリデーションの実行
$val = Validator::make($inputs, $rules);
$result = $val->passes(); // バリデーションを通った場合は true

// メッセージバッグの取得
$errors = $val->errors();

$errorArray = $val->all();              // 全メッセージの取得
$errorArray = $val->get('name');        // キーのエラーメッセージ全部を配列で取得
$errorMsg   = $val->first('name');      // キーの最初のエラーメッセージのみを取得
if ($errors->has('name')) {...}         // キーを指定し、エラーの存在チェック
```

通常はメッセージバッグがビューに渡されて利用されます。Laravelでは、フォーム表示をGET、処理はPOST、エラー時にリダイレクトを行い、GETでフォームを再表示するPRGパターンに便利なように、リダイレクト時にこのメッセージバッグをセッションに退避し、フォーム再表示時に自動的にビューに設定するメカニズムが用意されています（リスト 2.61）。

リスト 2.61：バリデーションエラー時の典型的なリダイレクトコード

```
// コントローラのアクションメソッドからリダイレクト
return redirect()->back()->withErrors($val)->withInput();
```

redirectヘルパー関数はリダイレクトレスポンスのインスタンスを返します。backメソッドはリダイレクト先を直前のアクセス先へ設定します。直前のアクセス先は通常GETでフォームを表示するページであるため、フォームが再表示されます。withErrorsメソッドはバリデーション結果のMessageBagをerrorsというキーでセッションに保存します。withInputメソッドはリクエストに含まれる入力値を全部セッションへ保存します。

ビューでは常に$errorsの名前でMessageBagインスタンスが用意されます。セッション中にerrorsのキーがあれば、これが利用されます。つまり、$errorsはいつも存在しているため、ビュー中で存在を確認せずに、前述のall、get、first、hadメソッドを$errorsに対し安全に利用できます。

▶メッセージの多言語化

バリデーションエラー時にメッセージバッグへ保存されるメッセージは、`resources/lang/en/validation.php`言語ファイルで指定されています。言語コード「en」、つまり、英語の言語ファイルです。自分で翻訳する場合は`ja`ディレクトリを作成し、そこに`validation.php`ファイルを作成します。前述の「2-1-1 Laravelのインストール」で紹介した`comja5`の日本語化コマンドを実行すれば、このファイルが用意されます（P.027）。

日本語以外の言語ファイルを導入する場合は、GitHubのcaouecs/Laravel-langを利用してください。数多くの言語ファイルが用意されています。リポジトリを`clone`するかダウンロードして、言語ファイルを`resources/lang`下にコピーします。もちろん、日本語のファイルも含まれています。

▶コントローラバリデーション

コントローラでのバリデーションチェックやリダイレクトコードは、ほぼ定石コードとなります。そのため、Laravelのコントローラではバリデーションルールを指定するだけで、処理を代行してくれる`validate`メソッドが用意されています（リスト2.62）。

リスト2.62：validateメソッドによるバリデーション処理

```php
<?php

namespace App\Http\Controllers;

use Illuminate\Http\Request;

class SomeController extends Controller
{
    public function handleForm(Request $request)
    {
        // 定石処理をこなすvalidateメソッド
        $this->validate($request, [
            'name' => ['required', 'max:20', 'unique:users']
        ]);

        // ここにバリデーション通過後の処理
        $name = $request->input('name');
```

```
        ...
    }
}
```

　上記だけで、リクエストの内容を指定されたバリデーションルールで検証し、バリデーションを通過できない入力が1つでもあれば、直前のHTTPメソッド／URIへリダイレクトし、同時にエラーメッセージと入力をセッションに保存してくれます。

▶フォームリクエスト

　コントローラバリデーションでは定石コードがメソッドにまとめられていますが、これをクラスの責務として担当させるのがフォームリクエストです。コントローラのアクションメソッドでは、タイプヒンティングでこのクラスインスタンスを受け取るコード以外、バリデーションのコードは姿が見えなくなります（リスト 2.63）。

リスト 2.63：フォームリクエストを利用しているコントローラ

```php
<?php

namespace App\Http\Controllers;

use App\Http\Requests\NameFormRequest;

class SomeController extends Controller
{
    public function handleForm(NameFormRequest $formRequest)
    {
        // ここにバリデーション通過後の処理
        $name = $formRequest->input('name');
        ...
    }
}
```

　フォームリクエストはArtisanコマンドで生成でき、上記の例で依存しているクラスは「php artisan make:request NameFormRequest」コマンドで生成します。生成されるApp\Http\Requests\NameFormRequestを編集し、ルールを指定します（リスト 2.64）。

リスト 2.64：フォームリクエストによるルール定義

```php
<?php

namespace App\Http\Requests;

class NameFormRequest extends Request
{
    public function authorize()
    {
        return true;
    }

    public function rules()
    {
        return [
            'name' => ['required', 'max:20', 'unique:users']
        ];
    }
}
```

　authorize メソッドでは、フォーム処理へのアクセス権がある場合は true、ない場合は false を返します。しかし、このようなフィルタリング機能は、ミドルウェアでの制御がより汎用的です。フォーム独自の認証、特定のモデルと関係する認可が必要でなければ、第一の選択肢としてミドルウェアを利用するほうが便利でしょう。

　rules メソッドはバリデーションルールを返します。フォームリクエストは validate メソッドによるバリデーションと異なり、振る舞いをカスタマイズ可能です。
　Illuminate\Foundation\Http\FormRequest クラスを参照してください。メソッドをオーバーライドしたりプロパティを設定することで、バリデーションエラー時や authorize メソッドで false を返した場合の振る舞い、エラーメッセージの追加など、多岐にわたるカスタマイズが可能です。

MEMO

Chapter 03

データベース

Laravelにはデータベースへの接続やクエリ操作が非常にシンプルに行える仕組みが用意されています。本章では、データベースへの接続方法から、データベース構造を管理するマイグレーション、データ投入のためのシーダー、クエリビルダを使った基本的な操作を順を追って説明し、Laravelの強力なORM、Eloquent ORMの利用を解説します。

Section 03-01 データベースへの接続設定

Chapter 03

　Webアプリケーション開発におけるデータベース操作は、避けて通ることができないものの1つです。PHPにはPHP Data Objects（PDO）拡張モジュール[※1]と呼ばれるデータベースアクセスを抽象化するモジュールが標準で存在しますが、LaravelにはPDOを利用した独自のデータベースコンポーネントが用意されています。

　データベースへの接続管理やクエリ発行はもちろん、テーブル設計を管理するマイグレーションと呼ばれる仕組み、PHPオブジェクトとしてのテーブル操作を実現するEloquent ORMなど、シンプルかつ強力なデータベース操作の機能を備えています。

　本章では、サンプルデータベースを題材に、Laravelのデータベースコンポーネントに関して、接続設定、マイグレーション、DBファサードやクエリビルダによるクエリ発行、Eloquent ORM、そしてリレーションと、順を追って詳細に解説します。

▶サンプルデータベース

　本章で参照するサンプルは、書籍とDVDの情報を管理するデータベースです。書籍・DVDの著者や出版社、著者の出身都道府県や電話番号など関連する情報も管理します。

　全体のER図は次図の通りです（図3.1）。また、各テーブルは下記の通りです。

- books（書籍）
- dvds（DVD）
- publishers（書籍、DVDの出版社）
- authors（書籍、DVDの著者）
- phones（著者の電話番号）
- prefectures（著者の出身都道府県）
- author_types（著者のタイプ）
- author_author_type（著者のタイプを扱うための中間テーブル、3-6で解説する多対多のリレーションで利用）

[※1] PHP Data Objects 拡張モジュール：http://php.net/manual/ja/book.pdo.php

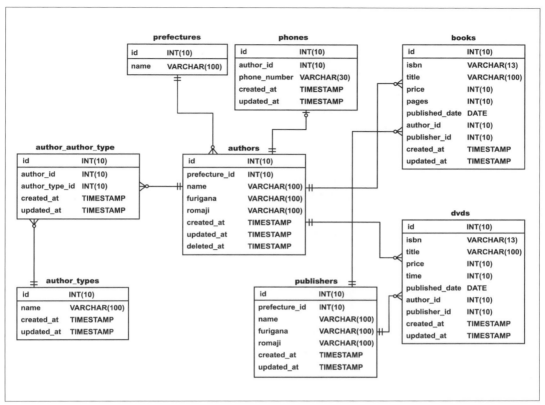

図 3.1：サンプルデータベース ER 図

3-1-1 サポートしているデータベース

Laravel では、下記にあげる 4 つのデータベースがサポートされています。

- MySQL
- PostgreSQL
- SQLite
- SQL Server

利用するデータベースを設定ファイルで指定することで、どのデータベースに接続しているのかを意識することなく、DB ファサードやクエリビルダ、Eloquent など本章で解説する Laravel のデータベースコンポーネント機能を利用できます。

3-1-2 接続設定

データベースの設定ファイルは config/database.php です。このファイルにすべての接続設定を記述します。本項では MySQL 利用のケースを例に設定ファイルを説明します（リスト 3.1）。

リスト 3.1：config/database.php の例

```php
<?php
return [
    'fetch' => PDO::FETCH_CLASS, // -- ①
    'default' => env('DB_CONNECTION', 'mysql'), // ② デフォルトコネクションの指定。
    // ②では以下の connections で指定した接続名の１つを指定する。
    'connections' => [ // -- ③
        'mysql' => [
            'driver' => 'mysql',
            'host'      => env('DB_HOST', 'localhost'),
            'database'  => env('DB_DATABASE', 'forge'),
            'username'  => env('DB_USERNAME', 'forge'),
            'password'  => env('DB_PASSWORD', ''),
            'charset' => 'utf8',
            'collation' => 'utf8_unicode_ci',
        ],
    ],
    // ④マイグレーション用テーブルの指定
    'migrations' => 'migrations',
];
```

PDO のフェッチスタイル（fetch）

データベースへのアクセスには、前述の PDO を利用します。標準の設定では PHP の stdClass オブジェクトでフェッチしますが、fetch 値を変更することで挙動を変更可能です（①）。

デフォルト設定（default）

アクセス時に接続コネクション名（connections 配列のキー）を省略する場合のデフォルト設定を指定します（②）。

データベース個別の接続設定（connections）

データベース個別の設定は、connections に設定します（③）。connections 配列のキーが接続の名前となります。コード例では「mysql」を指定していますが、利用するドライバとは無関係で任意の名前を設定可能です。

マイグレーション用テーブルの指定（migrations）

マイグレーションを管理するテーブル名を指定します（④）。標準では migrations となります。

なお、個別に利用できる接続設定の主な項目を次表に示します（表3.1）。ドライバによっては一部利用できない項目もあるので注意してください。

表3.1：主な接続設定項目一覧

項目	説明	MySQL	PostgreSQL	SQLite	SQL Server
driver	接続データベースドライバ名	mysql	pgsql	sqlite	sqlsrv
host	データベースホスト	○	○	○	○
port	ポート	○	○	○	○
database	データベース名	○	○	○	○
username	ユーザー名	○	○	○	○
password	パスワード	○	○	○	○
prefix	テーブルの接頭辞	○	○	○	○
charset	文字コードキャラクタセット	○	○	-	○
timezone	タイムゾーン	○	○	-	-
collation	照合順序の指定	○	-	-	-
unix_socket	UNIXソケットの利用有無	○	-	-	-
strict	STRICT_ALL_TABLES を有効	○	-	-	-
sslmode	sslmode の指定	-	○	-	-
schema	スキーマの指定	-	○	-	-

▶複数接続の管理

複数のデータベースへの接続を管理する場合は、connections の配列に設定します。

例えば、admin_database と user_database との2つのデータベース接続を管理する場合は、下記の通りに記述します（リスト3.2）。

リスト3.2：複数接続の設定例

```
'default' => 'admin_database',
'connections' => [
    'admin_database' => [
        'host'     => 'localhost',
        'driver'   => 'mysql',
        'database' => 'admin_database',
        'username' => 'user',
        'password' => 'password',
        'charset'  => 'utf8',
```

```
            'collation' => 'utf8_unicode_ci',
        ],
        'user_database' => [
            'host'      => 'localhost',
            'driver'    => 'mysql',
            'database'  => 'user_database',
            'username'  => 'user',
            'password'  => 'password',
            'charset'   => 'utf8',
            'collation' => 'utf8_unicode_ci',
        ],
    ],
```

 複数のデータベースを管理する場合は、操作する際にどのデータベース接続を対象に実行しているかを常に意識する必要があります。例えば、DBファサードを使ってデータベースを操作する場合、DB::select('...');とすると、デフォルト設定であるadmin_databaseへの操作となります。user_databaseを操作するにはconnectionメソッドを使います（リスト3.3）。

リスト 3.3：接続先の指定
```
DB::connection('user_database')->select('...');
```

 また、Eloquentを利用する場合は、ここで指定した接続名をモデルクラスの$connectionプロパティに指定できます。省略時はデフォルト接続が利用されます。

▶参照系／更新系データベースの接続設定

 Laravelでは、参照系データベース（SELECT）と更新系データベース（INSERT・UPDATE・DELETE）を、connections設定項目のread・writeキーで明示的に設定できます。
 readキーやwriteキーが設定されている場合は、DBファサードやクエリビルダ、Eloquent ORMを利用したデータベースへの操作のいずれでも、発行されるクエリが参照なのか更新なのかに応じて自動的に適切な接続が利用されます。

リスト 3.4：read/write 設定
```
'mysql' => [
    'read' => [
        'host' => '192.168.1.1',
    ],
```

```
        'write' => [
            'host' => '196.168.1.2'
        ],
        'driver'    => 'mysql',
        'database'  => 'database',
        'username'  => 'root',
        'password'  => 'password',
        'charset'   => 'utf8',
        'collation' => 'utf8_unicode_ci',
    ],
```

各接続設定の配列に、read キーには参照系データベースへの接続情報、write キーには更新系データベースへの接続情報を記述します（リスト3.4）。

read と write で設定されていない項目は上位の設定値が利用されます。上記の例では明示的に設定されている host は各設定値が利用され、username や password など、それ以外の値は mysql 配列に設定されている値（ここでは root と password）が利用されます。

▶実際は env ヘルパー関数での参照

本節では説明のため、設定ファイル内に直接ユーザー名やパスワードを記述している箇所があります。しかし、実際の設定では、セキュリティの観点からもユーザー名やパスワードなどを直接記述せず、下記に示す通り、env ヘルパー関数を使い .env ファイルの内容を参照する設定にしましょう（リスト3.5）。

リスト3.5：env を使った設定例

```
return [
    'connections' => [
        'mysql' => [
            'host' => env(DB_HOST, 'localhost'),
            'driver' => 'mysql',
            'database' => env(DB_DATABASE, 'database'),
            'username' => env(DB_USERNAME, ''),
            'password' => env(DB_PASSWORD, ''),
            'charset' => 'utf8',
            'collation' => 'utf8_unicode_ci',
        ],
    ],
];
```

マイグレーション

Section 03-02 / Chapter 03

　Laravelには、データベースのテーブル作成や編集などを管理する方法として、マイグレーションと呼ばれる機構が用意されています。直接CREATE TABLE文やALTER TABLE文などを発行するのではなく、PHPのソースとしてテーブルの作成、変更を管理する仕組みです。

　開発の段階に応じて変化するデータベース構造をソースコードとして記述できるため、開発者はいつでも最新の状態を再現できます。本節では、マイグレーションファイルの作成、マイグレーションの記述と実行を説明します。また、開発やテスト実行時に必要となる初期データの投入には、Seederクラスを利用する方法が役に立ちます。このシーダーと呼ばれる方法も解説します。

3-2-1 マイグレーションの流れ

　マイグレーションは、後述のスキーマビルダ（P.090）でテーブル構造を記述した「マイグレーションファイル」と、データベースに作成される「migrationsテーブル」を利用して管理されます。一連の流れは下記の通りです。

1. php artisan make:migration xxxxxx コマンドを実行（xxxxxxは任意の名前）
2. マイグレーションファイル yyyy_mm_dd_hhmmss_xxxxxx が database/migrations/ に作成される
3. マイグレーションファイル内の up メソッド内に、テーブルの作成手順をスキーマビルダで記述する
4. マイグレーションファイル内の down メソッド内に、up メソッド内の手順を巻き戻す手順を同じくスキーマビルダで記述する
5. php artisan migrate コマンドでマイグレーション実行
6. データベースに migrations テーブルが作成される（初回のみ）
7. マイグレーションファイルの記述が実行され、テーブルが作成・変更される
8. migrations テーブルに実行されたマイグレーションファイルが記録される

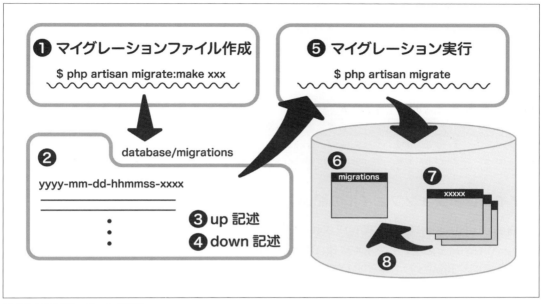

図 3.2：マイグレーションの流れ

上図にマイグレーションの概略を示します（図 3.2）。引き続き、各手順の詳細を説明しましょう。

3-2-2 マイグレーションファイルの作成

マイグレーションファイルの作成には、「php artisan make:migration」コマンドを利用します。例えば、authors テーブルを作成するコマンドは下記の通りです（リスト 3.6）。

リスト 3.6：make:migration コマンド

```
$ php artisan make:migration create_authors_table --create=authors
```

上記のコマンドを実行すると、コマンドを実行した日時と指定パラメータが付加され、「2015_10_01_101101_create_authors_table.php」などのファイル名で、「database/migrations」以下にマイグレーションファイルが作成されます。

パラメータの名前に特に決まりはありませんが、作成するマイグレーションファイルで扱う内容が分かりやすい名前を指定するのが良いでしょう。

make:migration コマンドのオプション

make:migration コマンドには、--create と --table オプションが用意されています（表3.2）。マイグレーションファイル内で扱うテーブルの名前を各オプションの引数として指定すれば、マイグレーションファイルはそのテーブル名を含んだ雛形として作成されます。

表 3.2：make:migration のオプション

オプション	用途	作成されるスキーマビルダ
--create	テーブルの作成	Schema::create()
--table	テーブルの編集	Schema::table()

▶マイグレーションファイルの記述

make:migration コマンドで作成されるマイグレーションファイルを下記に示します（リスト3.7）。マイグレーションファイルには、Migration クラスを継承したクラスが生成されており、up メソッドと down メソッドが既に記述されています。

リスト 3.7：マイグレーションファイルの例

```php
<?php
use Illuminate\Database\Migrations\Migration;
use Illuminate\Database\Schema\Blueprint;

class CreateAuthorsTable extends Migration
{
    public function up()
    {
        Schema::create('authors', function (Blueprint $table) {
            $table->increments('id');
            $table->string('name', 50); // ① 追加
            $table->timestamps();
        });
    }

    public function down()
    {
        Schema::drop('authors'); // up メソッドで作成した `authors` テーブルを削除
    }
}
```

upメソッドにはテーブル作成の手続きを記述します。downメソッドには、upメソッドの内容を元に戻す手続きを記述します。

テーブル操作の記述には、スキーマビルダと呼ばれる仕組みを使います。上記のコード例では、nameカラムを追加するため、`$table->string('name', 50);`の行を追加しています（①）。なお、記述方法の詳細は「3-2-4 スキーマビルダ」（P.090）で後述します。

3-2-3　マイグレーションの実行・ロールバック

make:migrationコマンドでマイグレーションファイルを作成後、下記に示すmigrateコマンドでマイグレーションを実行します（リスト3.8）。

リスト3.8：マイグレーションの実行

```
$ php artisan migrate
```

マイグレーションの初回実行時には、データベース内にmigrationsの名前でテーブルが作成されます（表3.3）。migrationsテーブルは、マイグレーションがどこまで実行済みなのかを記録するテーブルです。

表3.3：migrationsテーブルスキーマ

カラム	型	長さ
migration	VARCHAR	255
batch	INT	11

結果は下表のように保存されます（表3.4）。migrationカラムにファイル名、batchカラムには実行順序が記録されます。同時に実行したマイグレーションには同じ順序が記録されます。

表3.4：migrationsテーブル内容

migration	batch
2014_10_12_000000_create_users_table	1
2014_10_12_100000_create_password_resets_table	1
2015_10_01_101101_create_authors_table	2

migrateコマンド実行時に、マイグレーションの実行状況を調べるため、migrationsテーブルを読み込み、未実行のマイグレーションファイルが「database/migrations/」ディレクトリ以下に存在すれば実行されます。

▶マイグレーションのロールバック

マイグレーションのロールバック（巻き戻し）には、下記のコマンドを使います（リスト3.9）。前述した`migrations`テーブルの`batch`カラムの値をもとに、直近に実行されたマイグレーションファイルの`down`メソッドが実行されます。

リスト3.9：マイグレーションのロールバック
```
$ php artisan migrate:rollback
```

また、すべてのマイグレーションをまとめて元に戻したい場合は、下記コマンドを使います（リスト3.10）。

リスト3.10：マイグレーションのリセット
```
$ php artisan migrate:reset
```

その他のコマンドは、下表を参照してください（表3.5）。

表3.5：migrate コマンド一覧

コマンド	説明
migrate	マイグレーションの実行
migrate:install	データベースに migrations テーブルを作成
migrate:rollback	直近のマイグレーションを巻き戻す
migrate:reset	すべてのマイグレーションを巻き戻す
migrate:refresh	migrate:reset 実行後マイグレーションを実行
migrate:status	マイグレーションの実行状況を確認

3-2-4 スキーマビルダ

前述の「3-2-2 マイグレーションファイル」で説明した通り、マイグレーションファイルでは、スキーマビルダを利用してテーブルの作成・編集を記述すると便利です。

スキーマビルダは`Schema`ファサードを使い記述します。`Schema`ファサードには多彩なメソッドが用意されています。テーブル作成の`create`メソッドや編集のための`table`メソッド、削除の`drop`メソッドなどの他にも、テーブルの存在確認、カラムの存在確認、テーブル名の変更など、様々なメソッドがあります（表3.6）。

表 3.6：Schema ファサードのメソッド

メソッド	説明
Schema::hasTable($table)	テーブルの存在確認
Schema::getColumnListing($table)	テーブルのカラム一覧取得
Schema::hasColumn($table, $column)	テーブル内の指定カラムの存在確認
Schema::hasColumns($table, $columns)	テーブル内の指定カラム（複数）の存在確認
Schema::table($table, $callback)	既存テーブルの編集
Schema::create($table, $callback)	新規テーブルの作成・編集
Schema::drop($table)	テーブルの削除
Schema::dropIfExists($table)	テーブルの削除
Schema::rename($from, $to)	テーブル名の変更

▶テーブルの作成・編集

　テーブル新規作成の Schema::create メソッド、既存テーブル変更の Schema::table メソッドは第 1 引数にテーブル名、第 2 引数にクロージャを取り、クロージャには Illuminate\Database\Schema\Blueprint インスタンスが引数として引き渡されます。
　Illuminate\Database\Schema\Blueprint クラスには、テーブル操作のためのメソッドが用意されており、そのメソッド群を使いテーブルの構造を記述します。

　例えば、次表の authors テーブル（表 3.7）を作成するメソッドの記述は、下記の通りです（リスト 3.11）。

表 3.7：authors テーブル構造

カラム	型	制約	備考
id	AUTO_INCREMENT	PRIMARY KEY	
name	VARCHAR(50)	NOT NULL	漢字名
created_at	TIMESTAMP	NOT NULL	作成日時
updated_at	TIMESTAMP	NOT NULL	更新日時

リスト 3.11：authors テーブル作成のスキーマビルダ

```
Schema::create('authors', function (Blueprint $table) {
    $table->increments('id');
    $table->string('name', 50);
    $table->timestamps();
});
```

テーブル構造の記述に利用できる主なメソッドは次表の通りです（表3.8）。公式ドキュメント（http://laravel.com/docs/5.1/migrations#writing-migrations）にも詳細に記載されているので、参照してください。

表 3.8：Blueprint クラスの主なメソッド

メソッド	内容
`$table->bigIncrements('id');`	BIGINT 型、UNSIGNED で自動増加カラム（プライマリキー）を追加
`$table->bigInteger('votes');`	BIGINT 型カラムを追加
`$table->binary('data');`	BLOB 型カラムを追加
`$table->boolean('confirmed');`	BOOLEAN 型カラムを追加
`$table->char('name', 4);`	桁数を指定して CHAR 型カラムを追加
`$table->date('created_at');`	DATE 型カラムを追加
`$table->dateTime('created_at');`	DATETIME 型カラムを追加
`$table->decimal('amount', 5, 2);`	DECIMAL 型カラムを最大桁数と小数点の右側の桁数を指定して追加
`$table->double('column', 15, 8);`	DOUBLE 型カラムを最大桁数と小数点の右側の桁数を指定して追加
`$table->enum('choices', ['foo', 'bar']);`	ENUM 型カラムを追加
`$table->float('amount');`	FLOAT 型カラムを追加
`$table->increments('id');`	INTEGER 型、UNSIGNED で自動増加カラム（プライマリキー）を追加
`$table->integer('votes');`	INTEGER 型カラムを追加
`$table->json('options');`	JSON 型カラムを追加（PostgreSQL のみ）
`$table->jsonb('options');`	JSONB 型カラムを追加（PostgreSQL のみ）
`$table->mediumInteger('numbers');`	MEDIUMINT 型カラムを追加
`$table->mediumText('description');`	MEDIUMTEXT 型カラムを追加
`$table->morphs('taggable');`	Eloquent で扱う Polymorphic Relation 用の INTEGER 型、STRING 型のカラムを追加
`$table->nullableTimestamps();`	NULL を許可する形で timestamps() を実行
`$table->rememberToken();`	認証で利用する remember_token を VARCHAR(100) として作成
`$table->smallInteger('votes');`	SMALLINT 型カラムを追加.
`$table->softDeletes();`	論理削除用の deleted_at カラムを追加
`$table->string('email');`	VARCHAR 型のカラムを追加
`$table->string('name', 100);`	VARCHAR 型のカラムを長さ指定で追加
`$table->text('description');`	TEXT 型カラムを追加
`$table->time('sunrise');`	TIME 型カラムを追加
`$table->tinyInteger('numbers');`	TINYINT 型カラムを追加
`$table->timestamp('added_on');`	TIMESTAMP 型カラムを追加
`$table->timestamps();`	created_at と updated_at カラムを追加

▶カラムの属性操作

テーブルの各カラムに対して、null値を許容するかなど属性を操作するメソッドがあります。

下記に例として、nameカラムをnull許可とする場合（リスト3.12）、価格など数値型のカラムをunsignedとする場合（リスト3.13）を示します。

リスト3.12：nullable
```
$table->string('name', 50)->nullable();
```

リスト3.13：unsigned
```
$table->integer('price')->unsigned();
```

カラム属性を操作する主なメソッドは次表の通りです（表3.9）。

表3.9：カラム属性を操作するメソッド

メソッド	内容
->after('column')	カラムを引数で指定したカラムの直後に配置（MySQLのみ）
->nullable()	カラムにNULL値の挿入を許可
->default($value)	カラムのデフォルト値を指定
->unsigned()	数値型のカラムを符号なしに

▶インデックスの追加

テーブルにインデックスを付与するには、次表にあげるメソッドを利用します（表3.10）。配列でカラム名を引数に渡すと、複合インデックスを作成できます。

表3.10：インデックス追加のメソッド

メソッド	内容
->primary('id');	プライマリキーを指定
->primary(['first', 'last']);	複合プライマリキーを指定
->unique('email');	ユニークキーを追加
->index('state');	通常のインデックスを追加

各メソッドは、カラム定義にチェーンメソッドとして記述することも可能です。例えば、nameカラムにインデックスを付与する場合は、次のように記述できます（リスト3.14）。

リスト3.14：インデックス追加
```
// stringメソッドとindexメソッドを別々に記述
```

```
$table->string('name', 50);
$table->index('name');

// チェーンメソッドで記述
$table->string('name', 50)->index();
```

▶インデックス名の指定

インデックスの名前は、デフォルトでは [テーブル名]_[カラム名]_[インデックスの種類] が使われます。本項の例では authors_name_index となりますが、デフォルト以外の名前を指定したい場合は引数で指定します（リスト 3.15）。

リスト 3.15：インデックス名の指定

```
$this->index('name', 'my_key_name');
$table->string('name', 50)->index('my_key_name'); // インデックスの名前を指定
```

▶インデックスの削除

インデックスを削除する場合は、引数にインデックス名を指定して下表にあげるメソッドを利用します（表 3.11）。

表 3.11：インデックス削除のメソッド

メソッド	内容
->dropPrimary('authors_id_primary');	プライマリキーを削除
->dropUnique('tags_name_unique')	ユニークキーを削除
->dropIndex('authors_name_index');	通常のインデックスを削除

▶外部キー制約の追加

テーブルの値をもとに別テーブルのカラム値を制限することを、「外部キー制約」と呼びます。これをスキーマビルダで記述することも可能です。

例えば、books テーブルの author_id カラムを authors テーブルの id カラムに含まれる値に制限するには、次の通りに記述します（リスト 3.16）。

リスト 3.16：外部キー制約の追加

```
Schema::table('books', function ($table) {
    $table->integer('author_id')->unsigned();
    $table->foreign('author_id')->references('id')->on('authors');
});
```

また、onUpdate と onDelete メソッドを使い、親テーブル（ここでは authors テーブル）のデータが削除・更新された場合に、子テーブル（books テーブル）のデータの処理方法も指定できます。例えば、親テーブル更新時には連動して子テーブルのデータも更新し、親テーブル削除時はエラーとするには、次の通りに記述します（リスト 3.17）。

リスト 3.17：onUpdate・onDelete 指定

```
Schema::table('books', function ($table) {
    $table->integer('author_id')->unsigned();
    $table->foreign('author_id')
        ->references('id')
        ->on('authors')
        ->onUpdate('cascade')
        ->onDelete('restrict');
});
```

3-2-5 シーダー

　データベースを使ったアプリケーションを開発する際には、一般的にテストデータが必要となります。また、本番運用時にマスターデータなど初期データが必要なケースもあります。このようなテストデータや初期データの生成には様々な方法がありますが、Laravel では Seeder クラスを使ってデータをデータベースに流し込む方法が用意されています。

▶ db:seed コマンド

　シーダーの実行には、artisan の db:seed コマンドを使います。db:seed コマンドを実行すると、標準では database/seeds ディレクトリにある DatabaseSeeder.php の run メソッドが実行されます。

　DatabaseSeeder クラスの run メソッド内に、テーブルへのデータ挿入の手続きを記述し、db:seed コマンドで必要なデータ挿入を実行する手順です。一般的には、DatabaseSeeder クラスの run メソッド内に直接データ挿入のコードは記述せず、テーブルごとの Seeder クラスは別に作成し、各 Seeder クラスを call メソッドで呼び出すように実装します。

　例えば、authors テーブルや phones テーブルへのデータ挿入の記述は、次のコード例に示す DatabaseSeeder.php となります（リスト 3.18）。

リスト 3.18：DatabaseSeeder.php

```php
<?php
use Illuminate\Database\Eloquent\Model;
use Illuminate\Database\Seeder;

class DatabaseSeeder extends Seeder
{
    public function run()
    {
        Model::unguard(); // ① Eloquent の Mass Assignment 制約を解除

        $this->call(AuthorTableSeeder::class);
        $this->call(PhoneTableSeeder::class);
    }

    /**
     * ② 外部キー制約を持ったテーブルを truncate（削除）するため
     *
     * @param $table
     */
    public static function truncateTable($table)
    {
        DB::statement('SET foreign_key_checks = 0');
        DB::table($table)->truncate();
        DB::statement('SET foreign_key_checks = 1');
    }
}
```

　run メソッドで、authors テーブルにデータを投入する AuthorTableSeeder と、phones テーブルにデータを投入する PhoneTableSeeder を実行します。

　データ追加時には、Eloquent の create メソッドでまとめてデータを追加したいケースも多々あるため、Model::unguard で（①）、Eloquent の Mass Assignment 制約を解除しています（「3-5-5 Mass Assignment」参照）。

　また、MySQL 利用時にデータベースに外部キー制約をかけている場合、各シーダーファイル内で truncate メソッドを呼ぶとエラーが発生します。

　上記の例では、DatabaseSeeder クラスに static メソッド truncateTable を用意して（②）、truncate（削除）する前に DB::statement('SET foreign_key_checks = 0') で制約を解除し、truncate が終わると元に戻しています。

このメソッドを各テーブルのシーダーファイルで呼ぶことでデータをクリアし、db:seedを実行するたびに同じデータが生成されるようにします。

▶各テーブルのシーダーファイルの作り方

テーブルごとのシーダーを作成するには、make:seederコマンドを使います（リスト3.19）。指定するファイル名に特に決まりはありませんが、例えば、authorsテーブルへデータを挿入する場合はAuthorTableSeederなどと、内容が分かりやすいファイル名にしましょう。

リスト3.19：make:seederコマンド

```
$ php artisan make:seeder AuthorTableSeeder
```

コマンドを実行すると、database/seeds/AuthorTableSeeder.phpが作成されます。ファイルには、Illuminate\Database\Seederクラスを継承するAuthorTableSeederクラスが作成されるので、そのクラスのrunメソッド内にデータ挿入の処理を記述します。

runメソッドには、データ削除の処理を先に記述し、その後にデータ挿入の処理を記述します。データ挿入の記述に特に決まりはありませんが、本項ではDBファサードとEloquentを利用する方法を紹介します。

▶DBファサードやEloquentを利用する例

authorsテーブルへのデータ挿入を例にして、DBファサードとEloquentを利用する方法を説明します。下記に示すAuthorTableSeeder.phpでは、authorsテーブルへ合計20件のデータを投入します（リスト3.20）。ここで使用している日付ライブラリのCarbonについては、「3-5-8 日付の扱い」（P.134）で説明します。

リスト3.20：AuthorTableSeeder.php

```php
<?php
use Illuminate\Database\Seeder;

class AuthorTableSeeder extends Seeder
{
    public function run()
    {
        // データのクリア
```

```php
        DatabaseSeeder::truncateTable('authors');

        // ① DBファサードを利用したデータの挿入
        $authors = [];
        $now = \Carbon\Carbon::now();
        for ($i = 1; $i <= 10; $i++) {
            $authors[] = [
                'name' => '著者名' . $i,
                'furigana' => 'フリガナ' . $i,
                'romaji' => 'Romaji' . $i,
            ];
        }
        foreach ($authors as $author) {
            $author['created_at'] = $now;
            $author['updated_at'] = $now;
            DB::table('authors')->insert($author);
        }

        // ② Eloquentを利用したデータの挿入
        for ($i = 11; $i <= 20; $i++) {
            \App\Author::create([
                'name' => '著者名' . $i,
                'furigana' => 'フリガナ' . $i,
                'romaji' => 'Romaji' . $i,
            ]);
        }
    }
}
```

　次節「3-3 DBファサード」（P.100）で説明するDBファサードを利用する例では、10件分のデータ配列を作成して、DB::table('authors')->insert()を使って、データを挿入します（①）。

　そして、後述の「3-5 Eloquent ORM」（P.121）で説明するEloquentを利用する例では、Eloquentのcreateメソッドを利用して、10件分のデータを挿入します（②）。

▶シーダーの実行

`db:seed` コマンドで、データの挿入を実行します（リスト 3.21）。

リスト 3.21：db:seed
```
$ php artisan db:seed
Seeded: AuthorTableSeeder
Seeded: PhoneTableSeeder
Seeded: PublisherTableSeeder
Seeded: BookTableSeeder
```

なお、特定のシーダーファイルだけを実行したい場合は、`--class` オプションでクラス名を指定します。また、すべてのマイグレーションを巻き戻した後、マイグレーションの再実行からデータ挿入までを一度実行するには、`migrate:refresh --seed` コマンドが利用できます（リスト 3.22）。

リスト 3.22：db:seed class オプション、migrate:refresh seed オプション
```
$ php artisan db:seed --class=AuthorTableSeeder
$ php artisan migrate:refresh --seed
```

DBファサード

Section 03-03 / Chapter 03

データベースへの処理の実装には、後述するクエリビルダやEloquent ORMの積極的な利用をお勧めしますが、複雑なクエリの発行など直接SQL文を実行したい場合はDBファサードを利用します。DBファサードには、クエリビルダやEloquent ORMと合わせて利用することも多いトランザクション関連のメソッドなどが含まれます。

3-3-1 DBファサードを利用したクエリ実行

DBファサードでクエリ実行に使われるメソッドを次表に示します（表3.12）。

表3.12：クエリ実行に使われるメソッド

メソッド	説明	戻り値	型
DB::select()	selectクエリを実行	結果の配列	Array
DB::insert()	insertクエリを実行	実行結果	Boolean
DB::update()	updateクエリを実行	影響のあった行数	Integer
DB::delete()	deleteクエリを実行	影響のあった行数	Integer
DB::statement()	その他のクエリを実行	実行結果	Boolean

▶ DB::select

select文の発行にはDB::selectメソッドを利用します。selectメソッドの戻り値は、クエリの実行結果の配列です（リスト3.23）。

リスト3.23：DB::select

```
$results = DB::select('select * from authors');
foreach ($results as $result) {
    echo $result->name;
}
```

クエリにプレースホルダを利用する場合は、第2引数に配列を渡すことで、プリペアドステー

トメントを実行できます。また、2行目に示す通り（①）、名前付きパラメータを利用することも可能です（リスト 3.24）。

リスト 3.24：プレースホルダの利用
```
$results = DB::select('select * from authors where name=?', ['John']);
$results = DB::select('select * from authors where name=:name', ['name' => 'John']); // ①
```

　前述の「3-1 データベースの接続設定」（P.080）で解説した通り、接続設定で参照系（read）と更新系（write）を別の接続に設定している場合、select メソッドでは参照系へのコネクションが自動的に利用されます。参照系ではなく、強制的に更新系のコネクションを利用する場合は、DB::selectFromWriteConnection メソッドを使います（リスト 3.25）。

リスト 3.25：更新系コネクションの選択
```
$results = DB::selectFromWriteConnection(
    'select * from authors where name=:name', ['name' => 'John']
);
```

▶ DB::insert

　insert 文を実行します。実行結果が Boolean で返却されます（リスト 3.26）。

リスト 3.26：DB::insert
```
DB::insert('insert into users(name, age) values(?, ?)', ['John', 42]);
```

▶ DB::update

　update 文を実行します。内部的に PDOStatement::rowCount が呼ばれて、影響を受けた行数が返却されます（リスト 3.27）。

リスト 3.27：DB::update
```
DB::update('update users set age=? where name=?', [42, 'John']);
```

▶ DB::delete

　delete 文を実行します。内部的には PDOStatement::rowCount が呼ばれ、影響を受けた行数が返却されます（リスト 3.28）。

リスト 3.28：DB::delete

```
DB::delete('delete from users where name=?', ['John']);
```

▶ DB::statement

一般的な SQL 文を実行します。実行結果が Boolean で返却されます（リスト 3.29）。

リスト 3.29：DB::statement

```
DB::statement('drop table `users`');
```

3-3-2　接続するデータベースの指定

　DB ファサードでは、特に指定しない限り、config/database.php で指定している default の接続先にクエリを発行します。接続先データベースを切り替えるには、DB::connection メソッドを使って、設定ファイルで設定している接続名を指定します。

　例えば、mysql と mysql_second の 2 つ接続が設定されており、default に mysql が指定されている場合、それぞれへのクエリ発行は下記の通りです（リスト 3.30）。

リスト 3.30：DB::connection

```
DB::select('select * from users');                           // mysqlへクエリ発行
DB::connection('mysql_second')->select('select * from users'); // mysql_secondへクエリ発行
```

3-3-3　トランザクション

　トランザクション処理の実装には、DB::transaction メソッドを使います（リスト 3.31）。
　引数のクロージャ内に一連のデータベース処理を記述すれば、処理中に例外が発生すると自動的にロールバックされ、処理が成功すると自動的にコミットされるので、手動でロールバックやコミット処理を記述する必要はありません。

リスト 3.31：DB::transaction

```
DB::transaction(function () {
    DB::insert('insert into logs(name) values(?)', ['John']);
    DB::update('update users set point = point + 1 where name=?', ['John']);
});
```

なお、手動でトランザクションをコントロールしたい場合は、下表にあげたトランザクション関連のメソッドを使い（表3.13）、下記の通りに記述します（リスト3.32）。

表3.13：トランザクション関連メソッド

メソッド	内容
DB::beginTransaction()	トランザクションを開始する
DB::commit()	トランザクションをコミットする
DB::rollback()	トランザクションをロールバックする

リスト3.32：手動でのトランザクション実装

```
DB::beginTransaction();
try {
    DB::insert('insert into logs(name) values(?)', ['John']);
    DB::update('update users set point = point + 1 where name=?', ['John']);
    DB::commit();
} catch (\Exception $e) {
    DB::rollBack();
    throw $e;
}
```

3-3-4 その他の便利なメソッド

後述のクエリビルダやEloquentを利用する場合、実際に実行されたクエリを確認したいケースがあります。その際は下記に示す通り、DB::enableQueryLogとDB::getQueryLogを利用して、実際に実行されたクエリを確認できます（リスト3.33～3.34）。

リスト3.33：DB::enableQueryLogとDB::getQueryLog

```
DB::enableQueryLog();
$authors =
        Author::with('books')->where('name', 'like', '著者%')->skip(5)->take(3)->get();
foreach ($authors as $author) {
    $author->books->all();
}
var_dump(DB::getQueryLog());
```

リスト3.34：実行されたクエリ

```
    0 =>
```

```
      array (size=3)
        'query' => string 'select * from `authors` where `authors`.`deleted_at` is null and
                   `name` like ? limit 3 offset 5' (length=95)
        'bindings' =>
          array (size=1)
            0 => string '著者%' (length=7)
        'time' => float 0.26
  1 =>
    array (size=3)
      'query' =>
        string 'select * from `books` where `books`.`author_id` in (?, ?, ?)' (length=60)
      'bindings' =>
        array (size=3)
          0 => int 6
          1 => int 7
          2 => int 8
      'time' => float 0.43
```

更新系クエリの実行時など、生成されるクエリを実行せず確認するには、DB::pretend を利用します（リスト 3.35 ～ 3.36）。

リスト 3.35：DB::pretend

```
$sqls = DB::pretend(function() {
    Book::whereAuthorId(1)->update(['title' => DB::raw("concat('*', title)")]);
});
var_dump($sqls);
```

リスト 3.36：生成される SQL

```
array (size=1)
  0 =>
    array (size=3)
      'query' => string 'update `books` set `title` = concat('*', title),
                         `updated_at` = ? where `author_id` = ?' (length=87)
      'bindings' =>
        array (size=2)
          0 => string '2015-08-20 12:18:23' (length=19)
          1 => int 1
      'time' => float 0.01
```

Section 03-04

クエリビルダ

Chapter 03

　Laravelのクエリビルダは秀逸です。ほとんどすべてのSQLはクエリビルダで記述できるので、積極的にクエリビルダの利用をお勧めします。クエリビルダのメリットを下記にあげます。

- 直感的に記述しても自動的にSQLインジェクション対策が実施される
- パラメータバインディングがSQL側と実行側に分かれないため視認性が高い
- チェーンメソッドで綺麗に記述できる（何をしているか分かりやすい）
- コードのメンテナンス性向上
- Eloquent ORM と組み合わせて利用可能
- Eloquent ORM 利用時はクエリビルダを併用する場合が多いため、普段からクエリビルダを使っておくと便利

　例えば、例示のSQL（リスト3.37）をLaravelのクエリビルダを利用して生成すると、下記の記述になります（リスト3.38）。

リスト3.37：SQL

```
SELECT books.isbn, books.title, authors.name, books.price
FROM books LEFT JOIN authors
ON books.author_id = authors.id
WHERE books.price >= 1000 AND books.published_date >= '2015-01-01'
ORDER BY books.published_date DESC
```

リスト3.38：クエリビルダを利用したSQLの実行

```
$results = DB::table('books')
    ->leftJoin('authors', 'books.author_id', '=', 'authors.id')
    ->where('books.price', '>=', 1000)
    ->where('books.published_date', '>=', '2015-01-01')
    ->orderBy('books.published_date', 'desc')
    ->select(['books.isbn', 'books.title', 'authors.name', 'books.price'])
    ->get();
```

3-4-1 テーブルからのデータ取得（基本編）

クエリビルダの始まりは DB::table メソッドです（リスト 3.39）。

リスト 3.39：DB::table
```
DB::table('authors');   // \Illuminate\Database\Query\Builder インスタンスが返る
```

DB ファサードの table メソッドを呼ぶと、Illuminate\Database\Query\Builder インスタンスが返却されるので、クエリビルダに定義されているメソッドをチェーンメソッドで繋ぎながら呼んでいきます。

▶取得する項目の指定 -- select

取得する項目の指定には、select メソッドを使います（リスト 3.40）。

リスト 3.40：select
```
DB::table('authors')->select('id', 'name', 'furigana');
// select `id`, `name`, `furigana` from `authors`
```

項目の指定に SQL 関数を使いたいケースでは、「3-4-11 SQL の直接記述」（P.117）で後述する DB::raw を利用して、該当部分を SQL で記述することも可能です（リスト 3.41）。

リスト 3.41：select 内に DB::raw を利用する例
```
DB::table('authors')
    ->select('id', 'name', 'furigana', DB::raw('date(created_at) as `date`'));
// select `id`, `name`, `furigana`, date(created_at) as `date` from `authors`
```

▶すべての結果を取得 -- get

クエリのすべての結果を取得するには、get メソッドを使います（リスト 3.42）。前節「3-3 DB ファサード」（P.100）で説明した DB::select と同様、結果は config/database.php の fetch キーで指定した配列です。デフォルトは PDO::FETCH_CLASS です。

リスト 3.42：get
```
$results = DB::table('authors')->select('id', 'name', 'furigana')->get();
foreach ($results as $result) {
    echo $result->name;
}
```

▶結果を 1 行だけ取得する -- first

前述の get メソッドはすべての結果を返しますが、1 行だけを取得するには first メソッドを使います（リスト 3.43）。発行される SQL に limit 1 が付与されます。

リスト 3.43：first
```
$author = DB::table('authors')->first(); // select * from authors limit 1
echo $author->name;
```

▶特定カラムの値だけを配列として取得 -- lists

すべての結果から、特定カラムの値だけを配列として取得するには、lists メソッドを使います（リスト 3.44）。

リスト 3.44：lists
```
$names = DB::table('authors')->lists('name');
foreach ($names as $name) {
    echo $name;
}
```

また、第 2 引数を利用して取得する配列のキーに、利用する値のカラム名を指定できます（リスト 3.45）。

リスト 3.45：lists で配列キーを指定する方法
```
$names = DB::table('authors')->lists('name', 'id');
foreach ($names as $id => $name) {
    echo $id;    // authors.id
    echo $name;  // authors.name
}
```

▶先頭 1 行のあるカラムの値だけを取得 -- value

特定カラムの値だけを 1 件取得するには、value メソッドが利用できます（リスト 3.46）。

リスト 3.46：value
```
$name = DB::table('authors')->value('name');    // select name from authors limit 1
echo $name;
```

▶結果を少しずつ処理 -- chunk

前述の全結果を取得する get メソッドは便利ですが、100 万行のデータを取得するケースなどメモリ不足になる場合もあります。そんな場合は chunk メソッドを利用します。chunk メソッドは、指定した数ごとに結果を取得して、その結果をクロージャに渡します。

authors テーブルを 100 件ごとに処理する例を、下記に示します（リスト 3.47）。また、クロージャ内で false を返せば、途中で処理を終了させることも可能です（リスト 3.48）。

リスト 3.47：chunk
```
DB::table('authors')->chunk(100, function($results){
    foreach ($results as $result) {
        echo $result->name;
    }
});
```

リスト 3.48：chunk の終了
```
DB::table('authors')->chunk(100, function($results){
    foreach ($results as $result) {
        echo $result->name;
        if ($result->name == 'laravel') {
            return false; // 終了
        }
    }
});
```

▶集計メソッド -- count・max・min・avg

集計結果を返すメソッドも用意されています（表 3.14）。count メソッドを使って books テーブルから書籍の件数を取得する例を下記に示します（リスト 3.49）。

表 3.14：集計メソッド

メソッド	内容
count()	件数
max()	最大
min()	最小
avg()	平均

リスト 3.49：count
```
$count = DB::table('books')->count();
```

下記の例は、booksテーブルから最高価格と最小価格、平均価格を取得する記述です。引数にカラムを指定します（リスト3.50）。

リスト3.50：max・min・avg

```
$max_price = DB::table('books')->max('price');
$min_price = DB::table('books')->min('price');
$avg_price = DB::table('books')->avg('price');
```

もちろん、集計関数は他のメソッドと組み合わせることも可能です。例えば、1,000円以上の書籍の冊数を数える場合は、下記の通りに記述します（リスト3.51）。

リスト3.51：絞り込んでからのcount

```
$count = DB::table('books')->where('price', '>=', 1000)->count();
```

3-4-2　検索条件の指定

実際のアプリケーションでは、テーブルのデータをそのまま取得するのではなく、WHERE句を利用した検索条件で対象を絞り込み、データを取得することのほうが多いでしょう。本項ではクエリビルダでの検索条件の指定を説明します。

▶基本のwhere

基本となるwhereを使い、where('カラム名','比較演算子','値')で検索条件を指定し、下記に示す通りに絞り込みます（リスト3.52）。なお、コード例のtoSqlメソッドは、クエリビルダが生成するSQL文を出力するメソッドです。

リスト3.52：where

```
DB::table('books')->where('price', '=', 1000)->toSql();
// select * from `books` where `price` = ?
DB::table('books')->where('price', '>=', 1000)->toSql();
// select * from `books` where `price` >= ?
DB::table('books')->where('price', '<>', 1000)->toSql();
// select * from `books` where `price` <> ?
DB::table('books')->where('title', 'like', 'PHP%')->toSql();
// select * from `books` where `title` like ?
```

演算子が `'='` の場合は、以下の省略形も利用可能です（リスト 3.53）。

リスト 3.53：where での '=' の省略
```
DB::table('books')->where('author_id', 1)->toSql();
// select * from `books` where `author_id` = ?
```

▶ whereBetween・whereNotBetween

whereBetween(カラム名 , 配列) と whereNotBetween(カラム名 , 配列) で、BETWEEN 句を利用できます（リスト 3.54）。

リスト 3.54：whereBetween・whereNotBetween
```
DB::table('authors')->whereBetween('id', [1, 5])->toSql();
// select * from `authors` where `id` between ? and ?
DB::table('authors')->whereNotBetween('id', [1, 5])->toSql();
// select * from `authors` where `id` not between ? and ?
```

▶ whereIn・whereNotIn

whereIn(カラム名 , 配列) と whereNotIn(カラム名 , 配列) で、IN 句を利用できます（リスト 3.55）。

リスト 3.55：whereIn・whereNotIn
```
DB::table('authors')->whereIn('id', [1, 3, 5])->toSql();
// select * from `authors` where `id` in (?, ?, ?)
DB::table('authors')->whereNotIn('id', [1, 3, 5])->toSql();
// select * from `authors` where `id` not in (?, ?, ?)
```

▶ whereNull・whereNotNull

whereNull(カラム名) と whereNotNull(カラム名) で、IS NULL 句と IS NOT NULL 句を利用できます（リスト 3.56）。

リスト 3.56：whereNull・whereNotNull
```
DB::table('authors')->whereNull('furigana')->toSql();
// select * from `authors` where `furigana` is null
DB::table('authors')->whereNotNull('furigana')->toSql();
// select * from `authors` where `furigana` is not null
```

▶ where系メソッドの連続

本項で説明するwhere系のメソッドをチェーンメソッドで続けた場合は、それぞれがandで接続されます（リスト3.57）。

リスト3.57：and where

```
DB::table('books')->where('price', '=', 1000)->where('author_id', '=', 1)->toSql();
// select * from `books` where `price` = ? and `author_id` = ?
```

「and」ではなく「or」で接続したい場合は、各メソッドの前に「or」を付与したメソッド、orWhereなどを利用します（リスト3.58）。

リスト3.58：or where

```
DB::table('books')->where('author_id', '>=', 100)
                ->orWhereNotBetween('price', [1000, 2000])->toSql();
// select * from `books` where `author_id` >= ? or `price` not between ? and ?
```

▶ whereのネスト

WHERE句をネストしたい場合、クロージャを使って記述します。例えば、下記のSQLを考えてみます（リスト3.59）。このSQLの場合は、orWhereメソッドの引数にクロージャを渡し、次の通りに記述できます（リスト3.60）。

リスト3.59：SQL

```
select * from books where title like '%入門' or
(price >= 1000 and publish_data >= '2013-01-01')
```

リスト3.60：whereのネスト

```
DB::table('books')
    ->where('title', 'like', '%入門')
    ->orWhere(function ($query) {
        $query->where('price', '>=', 1000)->where('published_date', '>=', '2013-01-01');
    })->toSql();
// select * from `books` where `title` like ? or (`price` >= ? and `published_date` >= ?)
```

3-4-3 JOIN

クエリビルダは JOIN 構文にも対応しています。

▶ inner join・left join・right join

inner join は、table(テーブル1)->join(テーブル2,テーブル1.key,'=',テーブル2.key) と記述します（リスト 3.61）。

リスト 3.61：inner join
```
DB::table('authors')->join('phones', 'authors.id', '=', 'phones.author_id')->toSql();
// select * from `authors` inner join `phones` on `authors`.`id` = `phones`.`author_id`
```

left join と right join には leftJoin と rightJoin を使います（リスト 3.62）。

リスト 3.62：left join・right join
```
DB::table('books')->leftJoin('authors', 'books.author_id', '=', 'authors.id')->toSql();
// select * from `books` left join `authors` on `books`.`author_id` = `authors`.`id`
DB::table('books')->rightJoin('authors', 'books.author_id', '=', 'authors.id')->toSql();
// select * from `books` right join `authors` on `books`.`author_id` = `authors`.`id`
```

▶ 複雑な JOIN

ON 句に複数カラムが使われるなど複雑なケースでは、クロージャを使って記述します（リスト 3.63）。また、join 時に対象を絞り込むために WHERE 句を使うことも可能です（リスト 3.64）。

リスト 3.63：クロージャを使った join
```
DB::table('users')
    ->join('contacts', function ($join) {
        $join->on('users.id', '=', 'contacts.user_id')
            ->orOn('users.name', '=', 'contacts.user_name');
    })->toSql();
// select * from `users` inner join `contacts` on `users`.`id` = `contacts`.`user_id`
// or `users`.`name` = `contacts`.`user_name`
```

リスト 3.64：クロージャを使って join 時に対象を絞り込む
```
DB::table('users')
    ->join('contacts', function ($join) {
```

```
        $join->on('users.id', '=', 'contacts.user_id')
            ->where('contacts.user_id', '>', 5);
    })->toSql();
// select * from `users` inner join `contacts` on `users`.`id` = `contacts`.`user_id`
// and `contacts`.`user_id` > ?
```

3-4-4 ソート・グルーピング・Limit と Offset

ソートやグルーピング、Limit、Offset も利用できます。

▶ orderBy

ソートは、orderBy (カラム名 , 方向) と記述します。複数カラムでのソートは、チェーンメソッドで繋げて記述します（リスト 3.65）。

リスト 3.65：ソート

```
DB::table('books')->orderBy('published_date', 'asc')->orderBy('price', 'desc')->toSql();
// select * from `books` order by `published_date` asc, `price` desc
```

▶ groupBy・having・havingRaw

クエリ結果のグルーピングには、groupBy と having を利用できます。books テーブルを年単位で計算して、もっとも高価な書籍の価格が 2,000 ～ 5,000 円までの年を抽出するには、下記の通りに記述します（リスト 3.66）。

リスト 3.66：groupBy・having

```
DB::table('books')
    ->select(DB::raw('year(published_date)'), DB::raw('max(price)'))
    ->groupBy(DB::raw('year(published_date)'))
    ->havingRaw('max(price) between ? and ?', ['2000', '5000'])
    ->toSql();
// select year(published_date), max(price) from `books`
// group by year(published_date) having max(price) between ? and ?
```

▶ take・skip

limit 構文の作成には take、offset を指定するには skip を利用します（リスト 3.67）。

リスト 3.67：take・skip
```
DB::table('authors')->take(10)->skip(20)->toSql();
// select * from `authors` limit 10 offset 20
```

3-4-5　UNION クエリ

UNION クエリは、$query1->union($query2) と記述します（リスト 3.68）。

リスト 3.68：union クエリ
```
$query1 = DB::table('authors')->select('name');
$query2 = DB::table('authors')->select('furigana');
$query1->union($query2)->toSql();
// (select `name` from `authors`) union (select `furigana` from `authors`)

// あるいは直接記述
DB::table('authors')->select('name')->union(DB::table('authors')
    ->select('furigana'))->toSql();
```

3-4-6　サブクエリ

サブクエリを記述するには where メソッドにクロージャを渡します。クロージャの引数には Illuminate\Database\Query\Builder インスタンスが渡されるので、インスタンスを使ってサブクエリ内の SQL を組み立てます（リスト 3.69）。

また、whereExists メソッドで WHERE EXISTS 句を作成できます（リスト 3.70）。

リスト 3.69：サブクエリ
```
DB::table('books')->whereIn('author_id', function($query) {
    $query->select('id')->from('authors')->where('name', 'like', '山田%');
})->toSql();
// select * from `books` where `author_id` in (select `id` from `authors` where `name` like ?)
```

リスト 3.70：whereExists

```
DB::table('authors')->whereExists(function ($query) {
    $query->select(DB::raw(1))
        ->from('books')
        ->whereRaw('books.author_id = authors.id');
})->toSql();
// select * from `authors` where exists
//(select 1 from `books` where books.author_id = authors.id)
```

3-4-7　データの挿入 -- insert

データの挿入には insert メソッドを利用します。 insert メソッドは、カラム名をキーとした配列を引数に取ります（リスト 3.71）。

リスト 3.71：insert

```
DB::table('authors')->insert(['name' => '山田太郎', 'furigana' => 'ヤマダタロウ']);
```

▶バルクインサート

複数データを一括で登録したい場合は、配列の配列を引数に渡します（リスト 3.72）。

リスト 3.72：バルクインサート

```
DB::table('authors')->insert([
    ['name' => '山田太郎', 'furigana' => 'ヤマダタロウ'],
    ['name' => '山田二郎', 'furigana' => 'ヤマダジロウ'],
    ['name' => '山田三郎', 'furigana' => 'ヤマダサブロウ'],
    ['name' => '山田花子', 'furigana' => 'ヤマダハナコ'],
    ['name' => '山田景子', 'furigana' => 'ヤマダケイコ'],
]);
// insert into `authors` (`name`, `furigana`) values (?, ?), (?, ?), (?, ?), (?, ?), (?, ?)
```

3-4-8 データの更新

データの更新には update メソッドを利用します。前述の insert メソッドと同様に、カラム名をキーとした配列を引数に取ります。where メソッドで対象を絞り込み update する、コード例を下記に示します（リスト 3.73）。

リスト 3.73：update

```
DB::table('books')->where('id', 1)->update(['price' => 10000]);
```

▶カラムを指定して値を増減 -- increment・decrement

数値型のカラムの値を増減するのに便利なメソッドが、increment と decrement メソッドです（リスト 3.74）。第 2 引数は増減値を指定しますが、第 3 引数には同時に更新したい他カラムの値を配列で指定することも可能です（リスト 3.75）。

リスト 3.74：increment・decrement

```
DB::table('books')->where('id', 1)->increment('price');
// update `books` set `price` = `price` + 1 where `id` = ?
DB::table('books')->where('id', 5)->decrement('price');
// update `books` set `price` = `price` - 5 where `id` = ?
```

リスト 3.75：increment・decrement、同時に他のカラムの更新

```
DB::table('books')->where('id', 1)->increment('price', 100, ['title' => 'タイトル']);
```

3-4-9 データの削除

データの削除には delete メソッドを使います。削除するデータを絞り込むには、delete メソッドを呼ぶ前に where メソッドで絞り込みます（リスト 3.76）。また、自動増加 ID をリセットしてテーブルのデータをすべて削除するには、truncate メソッドを利用します（リスト 3.77）。

リスト 3.76：delete

```
DB::table('books')->delete();
DB::table('books')->where('price', '<', 1000)->delete();
```

リスト 3.77：truncate

```
DB::table('books')->truncate();
```

3-4-10 悲観的ロック

データベースへの悲観的ロックには、sharedLock と lockForUpdate の 2 つのメソッドが用意されています。

sharedLock メソッドを使うと select した行に対して共有ロックをかけます。トランザクションが終了するまで更新できなくなります（リスト 3.78）。

リスト 3.78 : sharedLock

```
DB::table('authors')->sharedLock()->toSql();
// select * from `authors` lock in share mode
```

lockForUpdate メソッドを使うと、select した行に対して排他ロックをかけます。トランザクションが終了するまで、更新と読取りができなくなります（リスト 3.79）。

リスト 3.79 : lockForUpdate

```
DB::table('authors')->lockForUpdate()->toSql();
// select * from `authors` for update
```

3-4-11 SQL の直接記述 -- raw

SQL 関数を直接記述する場合は raw メソッドを利用します（リスト 3.80）。バッククォートが加えられるため、意図する SQL が発行されない場合などに利用します。

リスト 3.80 : raw

```
DB::table('books')
    ->select(DB::raw('year(published_date)'), DB::raw('max(price)'))
    ->groupBy(DB::raw('year(published_date)'))
    ->havingRaw('max(price) between ? and ?', ['2000', '5000'])
    ->toSql();
// select year(published_date), max(price) from `books`
//     group by year(published_date) having max(price) between ? and ?
```

3-4-12 主なメソッド一覧

本節で説明したクエリビルダに用意されている主なメソッドをまとめています。

▶ select 関連

表 3.15：select 関連メソッド

メソッド	内容
select($columns)	select するカラムを指定
selectRaw($expression, array $bindings)	select を SQL で直接記述して指定
distinct()	重複行を削除

▶ 集計関連

表 3.16：集計関連メソッド

メソッド	内容
count($col)	レコード数を取得
min($col)	最小値を取得
max($col)	最大値を取得
sum($col)	合計を計算
avg($col)	平均値を計算
groupBy($col)	グループ化
having($col, $operator, $value)	having 句を追加
orHaving($col, $operator, $value)	having 句を or で追加
orderBy($col, $direction)	order by 句を追加

▶ join 関連

表 3.17：join 関連メソッド

メソッド	内容
join($table, $one, $operator, $two)	INNER JOIN
leftJoin($table, $one, $operator, $two)	LEFT JOIN
rightJoin($table, $one, $operator, $two)	RIGHT JOIN

▶ where 系

表 3.18：where 関連メソッド

メソッド	内容
where($col, $operator, $value)	WHERE 句を追加
orWhere($col, $operator, $value)	WHERE 句を or で追加
whereRaw($sql, $bindings = [])	WHERE 句を SQL で直接記述して追加

メソッド	内容
orWhereRaw($sql, $bindings = [])	WHERE 句を SQL で直接記述して追加
whereBetween($col, $values)	WHERE BETWEEN 句を追加
orWhereBetween($col, $values)	WHERE BETWEEN 句を or で追加
whereNotBetween($col, $values)	WHERE NOT BETWEEN 句を追加
orWhereNotBetween($col, $values)	WHERE NOT BETWEEN 句を or で追加
whereNested($callback)	クロージャを渡してネストした WHERE 句を追加
whereExists($callback)	クロージャを渡して WHERE EXISTS 句を追加
whereIn($col, $values)	WHERE IN 句を追加
orWhereIn($col, $values)	WHERE IN 句を or で追加
whereNotIn($col, $values)	WHERE NOT IN 句を追加
orWhereNotIn($col, $values)	WHERE NOT IN 句を or で追加
whereNull($col)	WHERE IS NULL 句を追加
orWhereNull($col)	WHERE IS NULL 句を or で追加
whereNotNull($col)	WHERE IS NOT NULL 句を追加
orWhereNotNull($col)	WHERE IS NOT NULL 句を or で追加
whereDate($col, $operator, $value)	タイムスタンプカラムに対して where date($col)=? を追加
whereDay($col, $operator, $value)	タイムスタンプカラムに対して where day($col)=? を追加
whereMonth($col, $operator, $value)	タイムスタンプカラムに対して where month($col)=? を追加
whereYear($col, $operator, $value)	タイムスタンプカラムに対して where year($col)=? を追加

▶ offset・limit 関連

表 3.19：offset/limit 関連メソッド

メソッド	内容
skip($num)	offset 値の設定
take($num)	limit 値の設定

▶ union クエリ関連

表 3.20：union クエリ関連メソッド

メソッド	内容
union($query)	UNION クエリ
unionAll($query)	UNION ALL クエリ

▶ ロック関連

表 3.21：ロック関連メソッド

メソッド	内容
lockForUpdate()	排他ロックの発行
sharedLock()	共有ロックの発行

▶データ取得関連

表 3.22：データ取得関連メソッド

メソッド	内容
find($id)	プライマリキーで 1 件取得
value($col)	特定カラムを 1 件取得
first()	データを 1 行取得
get()	すべてのデータを取得
chunk($count, $callback)	指定の数ごとに結果を取得しクロージャに渡す
lists($col)	すべての結果のあるカラムの値だけを配列で取得
exists()	結果の存在有無を確認

▶データ更新関連

表 3.23：データ更新関連メソッド

メソッド	内容
insert($values)	データの挿入
insertGetId($values)	データを挿入し付与された auto increment 値を取得
update($values)	データの更新
increment($col, $amount = 1)	数値カラムを加算して更新
decrement($col, $amount = 1)	数値カラムを減算して更新
delete()	データの削除
truncate($table)	TRUNCATE TABLE の実行

▶その他

表 3.24：その他メソッド

メソッド	内容
DB::raw($expressions)	SQL を直接記述
useWritePdo()	更新系データベースへの接続を利用する
toSql()	SQL 文に変換

Eloquent ORM

Section 03-05 / Chapter 03

Laravel には「Eloquent ORM」と呼ばれる、アクティブレコードによる ORM（オブジェクト関係マッピング）が用意されています。各テーブルは Eloquent の「モデル」に紐付けられ、テーブルに対する抽出や挿入、更新などのクエリ操作は紐付けられたモデルを通して行います。

3-5-1 モデルの作成

Eloquent のモデルは、「artisan make:model」コマンドで作成します（リスト 3.81）。

リスト 3.81：モデルの作成

```
$ php artisan make:model Author
```

make:model コマンドを実行すると、app/ 以下にモデルファイル Author.php が作成されます（リスト 3.82）。

リスト 3.82：モデル app/Author.php

```php
<?php
namespace App;

use Illuminate\Database\Eloquent\Model;

class Author extends Model
{
    //
}
```

標準では、モデルファイルは上述の通り app ディレクトリに作成されますが、PSR-4 規約に準拠していれば、どこに配置しても構いません。例えば、app/Model 配下にモデルファイルを置くには、namespace を指定してファイルを配置します（リスト 3.83）。

リスト 3.83：配置場所の変更 app/Model/Author.php

```php
<?php
namespace App\Model;

use Illuminate\Database\Eloquent\Model;

class Author extends Model
{
    //
}
```

3-5-2　Eloquent モデルの規約およびその変更

　Eloquent モデルの規約では、対応するテーブル名や主キーのカラム名、タイムスタンプの扱いなど、一般的な設定がデフォルト値として設定されていますが、一部は設定を変更することも可能です。本項ではその主なものを紹介します。

▶テーブル名

　特に指定のない場合、テーブル名はクラス名の複数形をスネークケース（アンダースコアと英子文字を使用）で表したものです。クラス名が Author の場合は authors、AuthorType の場合は author_types というテーブル名に対応します。テーブル名を変更するには、下記コード例の通り、$table プロパティで指定します（リスト 3.84）。

リスト 3.84：テーブル名の変更 app/Author.php

```php
<?php
namespace App;

use Illuminate\Database\Eloquent\Model;

class Author extends Model
{
    protected $tables = 'my_authors';
}
```

▶主キー

デフォルトは id です。変更するには $primaryKey プロパティで指定します（リスト 3.85）。

リスト 3.85：主キーの変更 app/Author.php
```php
<?php
namespace App;

use Illuminate\Database\Eloquent\Model;

class Author extends Model
{
    protected $primaryKey = 'seq';
}
```

▶タイムスタンプ

Eloquent では、テーブルに created_at と updated_at カラムが存在することが前提となっており、これらのカラムを使って、データの作成日時と更新日時を自動的に記録します。作成日時や更新日時の記録機能を使いたくない場合は、$timestamps プロパティに false を指定します（リスト 3.86）。

リスト 3.86：タイムスタンプの挙動変更 app/Author.php
```php
<?php
namespace App;

use Illuminate\Database\Eloquent\Model;

class Author extends Model
{
    protected $timestamps = false;
}
```

▶タイムスタンプのフォーマット

タイムスタンプのフォーマットを変更したい場合は、$dateFormat プロパティで指定します。フォーマットのデフォルト値は「Y-m-d H:i:s」ですが、例えば、UNIX タイムスタンプを利用したい場合は次の通りに指定します（リスト 3.87）。

リスト 3.87：タイムスタンプのフォーマット変更 app/Author.php

```php
<?php
namespace App;

use Illuminate\Database\Eloquent\Model;

class Author extends Model
{
    protected $dateFormat = 'U';
}
```

▶変更可能なプロパティ

次表に変更可能な主なプロパティをあげます（表 3.25）。

表 3.25 変更可能な主なプロパティ

プロパティ	説明	デフォルト値
$connection	データベース接続	設定ファイル database.php で設定された規定値
$table	テーブル名	クラス名の複数形をスネークケースにしたもの
$primaryKey	プライマリキー	id
$timestamps	タイムスタンプ機能を利用するかどうか	true
$dateFormat	タイムスタンプのフォーマット	Y-m-d H:i:s
$incrementing	プライマリキーが自動増加かどうか	true

3-5-3 データの取得

モデルに紐付けられたテーブルですべての値を取得するには、all メソッドを利用します（リスト 3.88）。

リスト 3.88：all

```php
$authors = Author::all();
```

▶クエリビルダの利用

Eloquent モデルはクエリビルダを通して操作可能なため、前節「3-4 クエリビルダ」で説明したメソッドを使いクエリ操作が可能です。例えば、次に示すコード例の通り、where メソッドや get メソッドを利用できます（リスト 3.89）。

リスト3.89：クエリビルダの利用

```
$authors = Author::where('id', '<', 20)->get();
```

　ちなみに、「3-4-2 検索条件の指定」(P.109) で前述した where('name','=',' 山田太郎 ') などの WHERE 句は、Eloquent では where とプロパティ名をキャメルケースで繋げて、whereName(' 山田太郎 ') などと記述することも可能です。

▶取得結果への操作

　all や get など複数の結果を返すメソッドでは、Illuminate\Database\Eloquent\Collection のインスタンスが返却されるため、foreach でのループ処理が可能です（リスト 3.90）。

リスト3.90：結果への操作

```
foreach ($authors as $author) {
    echo $author->name;
}
```

　また、Collection[※2]クラスには多くの便利なメソッドが用意されているため、そのメソッドを使ったデータ操作も可能です。例えば、isEmpty メソッドを使って結果の有無を確認した上で、処理する例は下記の通りです（リスト 3.91）。

リスト3.91：Collection クラスメソッド例

```
$authors = Author::all();
$authors->count();              // count メソッドで結果の数をカウント
if ($authors->isEmpty()) {      // isEmpty メソッドで結果の有無を確認
    // 何らかの処理を行う
}
```

▶単一行の取得

　主キーでの検索など結果が 1 つであることが分かっている場合、get メソッドで取得すると、下記に示す通り、少々手間が掛かる処理となります（リスト 3.92）。

リスト3.92：1 件分の get

```
$authors = Author::where('id', '=', 10)->get();
$author = $authors[0];
```

（※2）Collection クラスのメソッドに関しては公式サイト参照（http://laravel.com/docs/5.1/collections#available-methods）。

これはfindメソッドで簡単に記述できます（リスト3.93）。クエリビルダでの「$author = Author::where('id', '=' ,10)->first();」と同じ意味となります。

リスト3.93：find
```
$author = Author::find(10);
```

主キー以外を使った検索では、firstメソッドを利用すると良いでしょう（リスト3.94）。

リスト3.94：first
```
$author = Author::whereName(' 山田たかし ')->first();
```

▶集約関数

クエリビルダの集約関数も、もちろん利用可能です。Eloquentで利用すると、より直感的な記述となります（リスト3.95）。

リスト3.95：集約関数
```
$count = Book::where('price', '>=', 1000)->count();
$max_price = Book::max('price');
$min_price = Book::min('price');
$avg_price = Book::avg('price');
```

3-5-4 データの挿入・更新

新しいデータを挿入する手順は、Eloquentモデルをnew→プロパティのセット→saveとなります（リスト3.96）。また、save時にはupdated_atとcreated_atフィールドが自動的に更新されます（リスト3.97）。

リスト3.96：データの挿入
```
$tag = new Tag();
$tag->name = 'PHP';
$tag->save();
```

リスト3.97：データの挿入結果（ddヘルパー関数で挿入結果を出力）
```
dd($tag->toArray());
//array:4 [▼
```

```
//     "name" => "PHP"
//     "updated_at" => "2015-10-01 15:17:32"
//     "created_at" => "2015-10-01 15:17:32"
//     "id" => 1
//]
```

▶ Update の基本

上述のデータを更新してみましょう。更新も挿入と同様に、該当データの取得後にプロパティをセットして save します（リスト 3.98）。

リスト 3.98：データの更新
```
$tag = Tag::find(1);
$tag->name = 'PHP';
$tag->save();
```

または、update メソッドで次の通りに記述することも可能です（リスト 3.99）。

リスト 3.99：update を使ったデータの更新
```
$tag = Tag::find(1)->update(['name' => 'PHP']);
```

更新時には、updated_at フィールドが自動的に更新されます（リスト 3.100）。

リスト 3.100：データの更新結果
```
dd($dd($tag->toArray());
//array:4 [▼
//     "name" => "PHP"
//     "updated_at" => "2015-10-01 15:19:32"
//     "created_at" => "2015-10-01 15:17:32"
//     "id" => 1
//]
```

▶ 複数データの更新

出版年月日が 10 年以上前の書籍すべてに対して、タイトルに '*' 印を付けるコードは下記の通りです。複数レコードに対しても update メソッドを利用できます（リスト 3.101）。

リスト 3.101：複数データ更新
```
Book::where('publish_date', '<=', Carbon::now()->subYears(10))
    ->update(['title' => DB::raw("concat('*', title)")]);
```

3-5-5 Mass Assignment

認証に利用するusersテーブルを考えてみましょう。下表でis_adminの値が1のユーザーは、システムに対する管理権限を持つと仮定します（表3.26）。

表 3.26：users テーブル

カラム	型	制約	備考
id	AUTO_INCREMENT	PRIMARY KEY	
username	VARCHAR(100)		ユーザー名
is_admin	TINYINT		管理者フラグ、default=0
created_at	TIMESTAMP		作成日時
updated_at	TIMESTAMP		更新日時

このテーブルにデータを追加する場合、createメソッドを使えば1行で処理を記述できます（リスト3.102）。しかし、実際に実行するとMassAssignmentExceptionが発生してしまいます。

リスト 3.102：create
```
User::create([
    'username' => 'user1',
]);
```

そこでMassAssignmentExceptionが発生する理由を考えてみましょう。下記コードからデータ更新があるケースを考えましょう（リスト3.103）。この場合、入力値にis_admin=1が含まれており、かつMass Assignmentに関する防御がなければ、意図せずに管理権限を持つユーザーを作成できることになります。

リスト 3.103：サンプルコントローラ
```
<?php
class ExampleController extends Controller
{
    public function postAddUser()
    {
```

```
        User::create(Input::all());
        //...
    }
}
```

MassAssignmentException とは、主に HTTP を経由して意図しないパラメータが送られてきた際に投げられる例外です。これは誤ってデータベースが更新されないように考えられた仕組みであり、Eloquent はデフォルトでは全プロパティに対して、Mass Assignment ができないようになっています。

そのため、create メソッドを使って新規データを作る場合、更新を許可するプロパティを指定する必要があります。その指定方法は、$fillable を使うホワイトリスト方式と $guarded を使うブラックリスト方式があります。

下記の $fillable を使ったホワイトリスト方式では、username が Mass Assignment できるようになります（リスト 3.104）。

リスト 3.104：$fillable

```
<?php
class User extends Model
{
    protected $fillable = [
        'username',
    ];
}
```

$guarded を使ったブラックリスト方式では、下記の通りに記述します（リスト 3.105）。

下記では、id、is_admin、created_at、updated_at 以外が Mass Assignment 可能になります。なお、$fillable と $guarded は同時に利用することはできません。

リスト 3.105：$guarded

```
<?php
class User extends Model
{
    protected $guarded = [
        'id',
        'is_admin',
```

```
            'created_at',
            'updated_at',
        ];
    }
```

3-5-6 データの削除

▶ delete

データの削除には delete メソッドを使います（リスト 3.106）。

リスト 3.106：delete
```
$author = Author::find(1);
$author->delete();
```

もちろん、対象を絞り込んでの削除も可能です（リスト 3.107）。

リスト 3.107：絞り込んでの delete
```
Author::where('id', '<', 20)->delete();
```

▶ destroy

主キーが分かっている場合は、直接 destroy メソッドが使えます。引数に主キーを指定します（リスト 3.108）。

リスト 3.108：destroy
```
Author::destroy(1);
Author::destroy([1, 3, 5]);      // 複数の場合は配列で指定
Author::destroy(1, 3, 5);        // これでも可
```

▶論理削除

実際にデータベースからデータを削除する「物理削除」だけではなく、Eloquent では「論理削除」も取り扱えます。論理削除とは、実際にデータベースからデータを削除するのではなく、データに削除フラグを立てて、削除した「ことにする」仕組みです。

Eloquent は deleted_at フィールドを利用して、このフィールドの値が null でなければ

データが削除されたものとして扱います。機能を有効にするには、Illuminate\Database\Eloquent\SoftDeletes トレイトを使うように記述して、deleted_at を $dates プロパティに追加します（リスト 3.109）。

リスト 3.109：論理削除の定義

```php
<?php
class Author extends Model
{
    // trait
    use SoftDeletes;

    /**
     * The attributes that should be mutated to dates.
     *
     * @var array
     */
    protected $dates = ['created_at', 'updated_at', 'deleted_at'];
}
```

また、テーブルそのものに deleted_at フィールドが必要です。スキーマビルダにはこのフィールドを追加・削除するメソッドが用意されているので、下記に示す migration ファイルを利用するなどして、テーブルにフィールドを追加しておきましょう（リスト 3.110）。

リスト 3.110：論理削除用のマイグレーション例

```php
<?php
class AddSoftDeleteToAuthors extends Migration
{
    public function up()
    {
        Schema::table('authors', function(Blueprint $table) {
            $table->softDeletes();
        });
    }

    public function down()
    {
        Schema::table('authors', function(Blueprint $table) {
            $table->dropSoftDeletes();
```

```
        });
    }
}
```

上記で、前述の`delete`メソッドや`destroy`メソッドでデータを削除した場合、実際にはデータは削除されず、`deleted_at`フィールドに削除日時が記録され、以降データを取得するメソッドでの結果にそのデータは含まれなくなります。

▶論理削除されたデータの取得

論理削除の機能を利用した場合、`get`メソッドなどでデータを取得すると、論理削除されているデータは取得されません。

論理削除されたデータも含めてデータを取得したい場合は`withTrashed`メソッドを使います。また、論理削除されているデータのみを取得したい場合は`onlyTrashed`メソッドが利用できます（リスト3.111）。

リスト3.111：論理削除済みデータの取得例

```
// 論理削除されたデータを除いた数
Author::all()->count();
// 論理削除されたデータを含んだ数
Author::withTrashed()->get()->count();
// 論理削除されたデータの数
Author::onlyTrashed()->get()->count();
```

また、特定のデータが論理削除されているかどうかをチェックするには、`trashed`メソッドを利用します（リスト3.112）。

リスト3.112：論理削除データの確認

```
$author = Author::find(1);
$author->trashed();                              //false
$author->delete();
$author = Author::find(1);                       //empty
$author = Author::withTrashed()->find(1);
$author->trashed();                              //true
```

▶論理削除データの復活、物理削除

論理削除されているデータを復活させるには restore メソッドを使います。また、該当データを物理削除するには forceDelete メソッドを利用します（リスト 3.113）。

リスト 3.113：論理削除データの復活、削除

```
Author::destroy([1, 2]);
$author = Author::withTrashed()->find(1);
if ($author->trashed() === true) {
    $author->restore();
}
$author = Author::withTrashed()->find(2);
if ($author->trashed() === true) {
    $author->forceDelete();
}
```

3-5-7 アクセサとミューテータ

Eloquent にはモデルのプロパティを取得・設定する際に、その内容を変更する機能があります。プロパティ取得時に使われるものを「アクセサ」、設定時に使われるものを「ミューテータ」と呼びます。

▶アクセサの設定 -- getXXXAttribute

アクセサを設定するには、「get プロパティ名 Attribute」でメソッドを定義します。

例えば、Author クラスの romaji プロパティにアクセサを設定するには、「getRomajiAttribute()」の名前でメソッドを記述します。

▶ミューテータの設定 -- setXXXAttribute

ミューテータを設定するには、「set プロパティ名 Attribute」でメソッドを定義します。

例えば、アクセサの例と同様に、Author クラスの romaji プロパティにミューテータを設定するには、setRomajiAttribute の名前でメソッドを記述します。

次に示すコード例では、取得時にアクセサ getRomajiAttribute が頭文字を大文字に変換し、設定時にミューテータ setRomajiAttribute がすべての文字を小文字にします（リスト 3.114）。

リスト3.114：アクセサとミューテータの定義

```php
<?php
class Author extends Model
{
    public function getRomajiAttribute($value)
    {
        return ucwords($value);
    }
    public function setRomajiAttribute($value)
    {
        $this->attributes['romaji'] = strtolower($value);
    }
}
```

3-5-8 日付の扱い

Eloquentは、デフォルトでcreated_atとupdated_atプロパティを、非常に強力な日時ライブラリ「Carbon」（http://carbon.nesbot.com）のインスタンスに変換します。

created_atやupdated_at以外のプロパティも、Carbonインスタンスとして扱いたい場合には、$datesプロパティに指定します。Bookクラスのpublished_dateもCarbonインスタンスとして扱いたい場合の指定例です（リスト3.115）。

リスト3.115：$datesプロパティの指定

```php
<?php
class Book extends Model
{
  protected $dates = ['created_at', 'updated_at', 'published_date'];
}
```

3-5-9 シリアライゼーション

定義したモデルを配列やJSONで取得するには、toArrayやtoJsonメソッドを利用します。toArrayメソッドの利用例を示します（リスト3.116）。

リスト 3.116 : toArray

```
Author::with('phone')->find(1)->toArray();
//Array
//(
//    [id] => 1
//    [prefecture_id] => 13
//    [name] => 著者名 1
//    [furigana] => フリガナ 1
//    [romaji] => Romaji1 Test
//    [created_at] => 2015-08-24 10:25:41
//    [updated_at] => 2015-08-24 10:25:41
//    [deleted_at] =>
//    [phone] => Array
//        (
//            [id] => 1
//            [author_id] => 1
//            [phone_number] => 09099990001
//            [created_at] => 2015-08-24 10:25:41
//            [updated_at] => 2015-08-24 10:25:41
//        )
//
//)
```

toJson では、PHP の `json_encode` 関数に指定できる JSON 関連の定数を引数に与えて、挙動を変更することも可能です（リスト 3.117）。

リスト 3.117 : toJson

```
Author::with('phone')->find(1)->toJson(JSON_PRETTY_PRINT|JSON_UNESCAPED_UNICODE);
//{
//    "id": 1,
//    "prefecture_id": 13,
//    "name": " 著者名 1",
//    "furigana": " フリガナ 1",
//    "romaji": "Romaji1 Test",
//    "created_at": "2015-08-24 10:25:41",
//    "updated_at": "2015-08-24 10:25:41",
//    "deleted_at": null,
//    "phone": {
//        "id": 1,
```

```
//            "author_id": 1,
//            "phone_number": "09099990001",
//            "created_at": "2015-08-24 10:25:41",
//            "updated_at": "2015-08-24 10:25:41"
//        }
//}
```

また、Collectionインスタンスが返却される場合にも利用できます（リスト3.118）。

リスト3.118：Collectionインスタンスに対するtoArray

```
Author::where('id', '<', 3)->toArray();
//Array
//(
//    [0] => Array
//        (
//            [id] => 1
//            [prefecture_id] => 13
//            [name] => 著者名1
//            [furigana] => フリガナ1
//            [romaji] => Romaji1 Test
//            [created_at] => 2015-08-24 10:25:41
//            [updated_at] => 2015-08-24 10:25:41
//            [deleted_at] =>
//        )
//
//    [1] => Array
//        (
//            [id] => 2
//            [prefecture_id] => 13
//            [name] => 著者名2
//            [furigana] => フリガナ2
//            [romaji] => Romaji2
//            [created_at] => 2015-08-24 10:25:41
//            [updated_at] => 2015-08-24 10:25:41
//            [deleted_at] =>
//        )
//)
```

▶ シリアライズに含めたくないパラメータを指定 -- $hidden・$visible

シリアライズするときに含めたくないパラメータは、$hidden プロパティを使って指定できます。上記の例でタイムスタンプ関連の値が不要であれば、下記の通りに指定します（リスト3.119）。

また、$hidden プロパティではなく、$visible プロパティに指定することで、含めたいものだけをホワイトリスト方式で登録することも可能です。

リスト3.119 : $hidden

```php
<?php
class Author extends Model
{
    protected $hidden = ['created_at', 'updated_at', 'deleted_at'];
}
```

▶ 存在しないカラムをプロパティとしてシリアライズ時に追加 -- $appends

元々テーブルには存在しないカラムを、プロパティとしてシリアライズ時に追加するには、$appends プロパティと前述のアクセサを組み合わせて実装します。

下記に示す例は、価格が10,000円以上の書籍の場合、is_expensive プロパティが true として返却されるように設定しています（リスト3.120）。

リスト3.120 : $appends

```php
class Book extends Model
{
    protected $appends = ['is_expensive'];

    public function getIsExpensiveAttribute()
    {
        return $this->attributes['price'] >= 10000;
    }
}

Book::where('id', '<', 3)->get()->toJson(JSON_PRETTY_PRINT|JSON_UNESCAPED_UNICODE);
//[
//    {
//        "id": 1,
//        "isbn": "9792732253106",
//        "title": "タイトル",
```

```
//          "price": 16020,
//          "pages": 538,
//          "published_date": "2002-10-14 00:00:00",
//          "author_id": 20,
//          "publisher_id": 139,
//          "created_at": "2015-08-24 10:25:45",
//          "updated_at": "2015-08-24 10:25:46",
//          "is_expensive": true
//      },
//
//          "id": 2,
//          "isbn": "9781893303430",
//          "title": "書籍名2",
//          "price": 2712,
//          "pages": 141,
//          "published_date": "1993-11-17 00:00:00",
//          "author_id": 9,
//          "publisher_id": 226,
//          "created_at": "2015-08-24 10:25:45",
//          "updated_at": "2015-08-24 10:25:46",
//          "is_expensive": false
//      }
//]
```

リレーション

サンプルデータベースでのテーブルを例にすると、出版社（publishers）は複数の書籍（books）やDVD（dvds）を出版し、著者（authors）は複数の書籍（books）を執筆するなど、データベースではしばしばテーブル同士に何らかの関連があります。Eloquentには、このテーブル同士の関連をモデルレベルで設定する仕組みとして「リレーション」が用意されています。

リレーションを利用すると、下記に示す通り、関連するデータの取得をより直感的によりシンプルに記述できます（リスト3.121）。

リスト3.121

```
// ある著者の執筆した書籍を取得、リレーションを使わない場合
$author = Author::find(1);
$books = Book::whereAuthorId($author->id)->get();

// ある著者の執筆した書籍を取得、リレーションを使った場合
$books = Author::find(1)->books;
```

Eloquentが扱えるリレーションには下記の6種類があります。本節では1〜4の各リレーションの設定や取得方法などを解説します。5〜6のPolymorphicリレーションはEloquent ORMが扱うことはできますが、利用頻度が低いため本書では解説しません。Polymorphicリレーションの詳細に関しては公式ドキュメントを参照してください。

1. One To One（1:1）
2. One To Many（1:多）
3. Many To Many（多:多）
4. Has Many Through（多:多）
5. Polymorphic Relations
6. Many To Many Polymorphic Relations

3-6-1 One To One

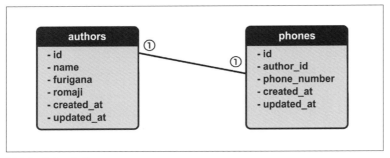

図 3.3 : 1:1 relation

著者 1 人に対して 1 つの電話番号があるとします。その場合は Author クラスに対して下記のように実装します（リスト 3.122）。

1. public メソッド phone を実装
2. メソッドは Eloquent モデルの hasOne メソッドに関連するモデルの名前を与えて、その戻り値を返却する

リスト 3.122 : hasOne

```php
<?php
class Author extends Eloquent
{
    public function phone()
    {
        return $this->hasOne(Phone::class);
    }
}
```

上記の実装で、関連するテーブルのレコードをモデルのプロパティのように取得できます（リスト 3.123）。このような方法を以降「動的プロパティ」による取得と呼びます。

リスト 3.123 : One to One リレーションの取得

```
$phone = Author::find(1)->phone;
```

▶ リレーションキーの変更

Eloquent は、デフォルトでリレーション先モデルの「(リレーション元モデル名)_id」カラムと、リレーション元モデルの id カラムを使ってリレーションを指定します。前述の例では、Phone モデル（リレーション先モデル）の user_id カラムと、User モデル（リレーション元モデル）の id カラムでリレーションを指定することになります。

この規約に沿わないカラムでリレーションを指定させる場合は、hasOne メソッドの第 2 引数と第 3 引数に、リレーション先モデルテーブルのカラム名とリレーション元モデルテーブルのカラム名を指定します（リスト 3.124）。なお、以降のリレーション設定でも、同様にリレーションキーの変更は可能です。

リスト 3.124：キーの変更
```
$this->hasOne('リレーション先クラス名','リレーション先カラム名','リレーション元カラム名');
```

▶ 逆向きのリレーション設定

電話番号からその著者を辿れるように逆向きのリレーションを設定すると、電話番号からその著者を取得できます。逆向きのリレーション設定には belongsTo メソッドを使います（リスト 3.125 〜 3.126）。

リスト 3.125：逆向きのリレーション設定
```php
<?php
class Phone extends Eloquent
{
    public function author()
    {
        return $this->belongsTo(Author::class);
    }
}
```

リスト 3.126：逆向きのリレーション設定
```
$author_name = Phone::find(1)->author->name;
```

3-6-2 One To Many

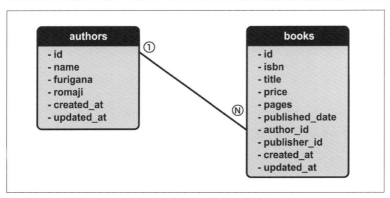

図 3.4：1:N relation

　本章で扱うサンプルデータベースでは著者が複数の書籍を執筆している可能性があります。この著者と執筆書籍の関係を 1 対多のリレーションと呼びます。この場合は、下記コード例に示す通り、`hasMany` メソッドを使って定義します（リスト 3.127）。

リスト 3.127：1 対多のリレーションの定義

```php
<?php
class Author extends Model
{
    public function books()
    {
        return $this->hasMany(Book::class);
    }
}
```

　動的プロパティとして取得した場合は、`Collection` インスタンスが返却されるので、下記のように操作できます（リスト 3.128）。

リスト 3.128：リレーションでの子モデルの取得

```php
$books = Author::find(1)->books;
foreach ($books as $book) {
    // do something
}
```

また、booksをメソッドとして呼ぶことでクエリビルダを取得できるので、次に示す通り、チェーンメソッドでクエリビルダのメソッドを繋げることも可能です（リスト 3.129）。

リスト 3.129：チェーンメソッドでクエリビルダのメソッドを繋げる

```
$books = Author::find(1)->books()->where('publish_data', '<=', '2015-01-01');
```

▶逆向きのリレーション設定

前述の 1 対 1 リレーションの場合と同様に、belongsTo メソッドを使い、下記の通りに定義します（リスト 3.130）。書籍からその著者データを取得できます（リスト 3.131）。

リスト 3.130：1 対多の逆向きのリレーション定義

```
<?php
class Book extends Model
{
    public function author()
    {
        return $this->belongsTo(Author::class);
    }
}
```

リスト 3.131：1 対多の逆向きのリレーション取得

```
$author_name = Book::find(1)->author->name;
```

3-6-3 Many to Many

例えば、「性別」「世代」「存命中かどうか」など、著者のタイプ（author_typesテーブル）を著者（authorsテーブル）に対して、いくつでも自由に設定できるケースを想定してください。このリレーションを Many to Many リレーションと呼びます。

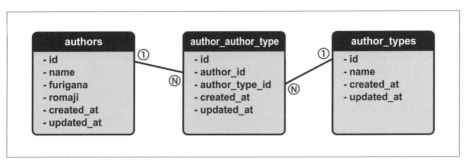

図 3.5：N:N relation

Many to Many リレーションでは、中間テーブルが必要となります。

規約では、中間テーブルの名前は関連するモデルの名前をスネークケースにして、アルファベット順にアンダースコアで繋げたものです。このケースでは author_author_type となります。

Many to Many リレーションは下記の通り、belongsToMany メソッドを利用して実装します（リスト 3.132 〜 3.133）。

リスト 3.132：多対多のリレーション定義

```
<?php
class Author extends Model
{
    public function types()
    {
        return $this->belongsToMany(AuthorType::class);
    }
}
```

リスト 3.133：多対多のリレーション取得

```
Author::find(1)->types()->lists('name');
// [0 => "男", 1 => "存命中"]
```

▶ 逆向きのリレーション設定

Many to Manyリレーションの場合は、逆向きのリレーション設定にもbelongsToManyメソッドを利用すると（リスト3.134）、次の通り、取得できます（リスト3.135）。

リスト3.134：多対多の逆向きのリレーション定義

```
<?php
class AuthorType extends Model
{
    public function authors()
    {
        return $this->belongsToMany(Author::class);
    }
}
```

リスト3.135：多対多の逆向きのリレーション取得

```
AuthorType::whereName('男')->authors()->lists('name');
// [0 => "山田太郎"]
```

▶ 中間テーブルのカラム取得

中間テーブルのcreated_atの値を取得して、著者にタイプが設定された日時を取得するケースなど、中間テーブルの値を参照するにはpivotプロパティを利用します（リスト3.136）。

リスト3.136：pivotを利用した中間テーブルのカラム取得

```
$types = Author::find(1)->types;
foreach ($types as $type) {
    $type->pivot->created_at;
}
```

▶ 中間テーブルタイムスタンプの自動解決

デフォルトでは中間テーブルのタイムスタンプは自動更新されません。

自動的に更新したい場合は、前述のコード例などのように、中間テーブルにタイムスタンプ用カラムを用意し、belongsToManyメソッドにチェーンメソッドでwithTimestampsメソッドを設定します。こうすることで、親クラスからリレーション先を更新する際に、自動的に中間テーブルのタイムスタンプが更新されます（リスト3.137）。

リスト 3.137：withTimestamps

```php
<?php
class Author extends Model
{
    public function types()
    {
        return $this->belongsToMany(AuthorType::class)->withTimestamps();
    }
}
```

3-6-4 Has Many Through

Has Many Through リレーションとは、あるテーブルを経由して別テーブルのデータを取得する間接的なリレーションのことです。

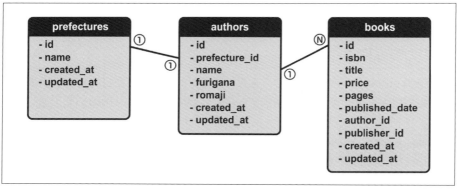

図 3.6：has many through relation

上図に示すリレーションを考えてみましょう（図 3.6）。books テーブルには prefectures に関する情報は存在しませんが、Has Many Through リレーションを設定すると、大阪府(id=27)出身の著者が執筆した書籍の数を数えることが可能になります（リスト 3.138）。

リスト 3.138：Has Many Through の利用例

```
Prefecture::find(27)->books->count();
```

リレーション定義には hasManyThrough メソッドを使います。第 1 引数が関連先クラス名、第 2 引数が経由するクラス名です（リスト 3.139）。

リスト 3.139：Has Many Through のリレーション定義

```php
<?php
class Prefecture extends Model
{
    public function books()
    {
        return $this->hasManyThrough(Book::class, Author::class);
    }
}
```

3-6-5 リレーション先のデータ取得

本章で既に解説した通り、Eloquent モデルに定義したリレーションは、動的プロパティもしくはメソッドで呼び出すことができます。結果に対して絞り込みなどの操作が必要ない場合は動的プロパティとして取得し、何らかの操作が必要な場合はメソッドとして取得することになります（リスト 3.140）。

リスト 3.140：動的プロパティとメソッド

```
$books = Author::find(1)->books; // すべての書籍を取得
$books = Author::find(1)->books()->where('publish_data', '>=', '2015-01-01');
                    // 出版日で絞り込み
```

▶リレーション先にデータがあるものだけを抽出

例えば、著書のある著者だけを取得するケースで、リレーション先のデータ有無を判定して取得する場合は、has メソッドを利用します（リスト 3.141 〜 3.142）。

リスト 3.141：has

```
$authors = Author::has('books')->get();
```

リスト 3.142：has 内での条件指定

```
// 3 冊以上著書がある著者の抽出
$authors = Author::has('books', '>=', 3)->get();
```

リレーション先のテーブルのカラムを指定するには、下記（books.price）の通り、ドット記法を使います（リスト 3.143）。また、whereHas メソッドを利用すれば、クロージャを渡すこともできます（リスト 3.144）。

リスト 3.143：has 内のドット記法

```
// 1000 円以上の著書がある著者の抽出
$authors = Author::has('books.price', '>=', 1000)->get();
```

リスト 3.144：whereHas にクロージャを渡す例

```
// タイトルが PHP で始まる著書がある著者の抽出
$authors = Author::whereHas('books', function($query) {
    $query->where('title', 'like', 'PHP%');
})->get();
```

3-6-6　N+1 問題と Eager Loading

　Eloquent モデルのリレーションの呼び出しは「Lazy Loading」と呼ばれ、実際にそのプロパティが呼び出されてから、はじめて SQL が実行されます。例えば、下記のコードを考えてみましょう（リスト 3.145）。

リスト 3.145：N+1 問題

```
$books = Book::all();
foreach ($books as $book) {
    // ここで毎回 select * from authors where id = $book->author_id が実行されてしまう
    $book->author->name;
}
```

　つまり、仮に books テーブルに 1,000 件のデータが存在する場合、上記コードを実行すると、authors テーブルへの問い合わせクエリが 1,000 回実行されることになります（リスト 3.146）。
　books への問い合わせクエリ（1 回）と、その取得件数分（N 回）の authors への問い合わせクエリが実行されてしまうことを「N+1 問題」と呼びます。これは、時に重大なパフォーマンス低下の問題を引き起こします。

リスト 3.146：N+1 問題実行される SQL

```
select * from books;
select * from authors where id = 1;
select * from authors where id = 2;
select * from authors where id = 3;
select * from authors where id = 4;
select * from authors where id = 5;
...
```

▶ Eager Loading

　この N+1 問題を解決するのが「Eager Loading」です。Eager Loading の手法は、リレーション元のモデルを取得直後に、関連する子モデルのデータすべてをあらかじめ取得して保持しておく、という考え方に基づいています

　Eager Loading には with メソッドを利用します。引数にはプロパティ名を指定します（リスト 3.147）。

リスト 3.147：Eager Loading

```
$books = Book::with('author')->get();
foreach ($books as $book) {
    echo $book->author->name;
}
```

　上記の通り、with メソッドを指定することで2つのクエリのみが実行されます（リスト 3.148）。1,001 回も実行されていたクエリが、2 回の実行のみで済みます。

リスト 3.148：Eager Loading 時に実行される SQL

```
select * from books
select * from authors where id in (1, 2, 3, 4, 5, ...)
```

▶ 複数リレーションの Eager Loading

　複数リレーションを Eager Loading する場合は、引数にリレーション先を並べて渡します（リスト 3.149）。

リスト 3.149：複数リレーションの Eager Loading

```
$books = Book::with('author', 'tags')->get();
foreach ($books as $book) {
    echo $book->author->name;
    echo $book->tags()->lists('name')->toJson();
}
```

▶ リレーション先に設定されたリレーションの Eager Loading

　リレーション先のそのまたリレーション先を Eager Loading したい場合は、ドット記法を利用します（リスト 3.150）。

リスト 3.150：複数リレーションの Eager Loading
```
$books = Book::with('author', 'tags', 'author.phone')->get();
foreach ($books as $book) {
    echo $book->author->name;
    echo $book->tags()->lists('name')->toJson();
    echo $book->author->phone->phone_number;
}
```

▶ Eager Loading の対象をクロージャで絞り込む

Eager Loading する対象データを絞り込むにはクロージャを利用します（リスト 3.151）。

リスト 3.151：Eager Loading 実行時にクロージャ
```
$authors = Author::with([
    'books' => function ($query) {
        $query->where('title', 'like', 'Laravel%')->orderBy('publish_date');
    }
])->get();

foreach ($authors as $author) {
    foreach ($author->books as $book) {
        echo $book->title;
    }
}
```

▶ Eager Loading の遅延実行

条件によっては Eager Loading を実行させたいケースでは、load メソッドを使ってタイミングをコントロールします（リスト 3.152）。

リスト 3.152：Eager Loading の遅延実行
```
$books = Book::all();
if (count($books) >= 10) { // 書籍が 10 冊以上の場合だけ Eager Loading
    $books->load('author');
}
```

遅延実行の場合も、クロージャで対象を絞り込むことが可能です（リスト 3.153）。

リスト 3.153：Eager Loading の遅延実行時にクロージャ
```
$books = Book::all();
if (count($books)) {
    $books->load(['author' => function($query) {
        $query->has('phone');
    }]);
}
```

3-6-7 リレーション先へのデータ更新

リレーション先へのデータ更新には、save あるいは create メソッドを使います。例えば、ある著者の新しい書籍を追加する場合は、下記の通りです（リスト 3.154）。

author_id を Book モデルに設定しなくても、Book モデルには親モデルの id が author_id に自動的に設定されて保存されます。

リスト 3.154：リレーション先へのデータ更新
```
$book = new Book();
$book->title = 'new book for author 2';
$book->isbn = str_random(13);
$book->price = 1200;
$book->pages = 182;
$book->publish_date = Carbon::parse('2015-1-1');
$book->publisher_id = 1;

$author = Author::find(2);
$author->books()->save($book);

// あるいは create() を利用
Author::find(2)->books()->create([
    'title' => 'new book for author 2',
    'isbn' => str_random(13),
    'price' => 1200,
    'pages' => 182,
    'published_date' => '2015-01-01',
    'publisher_id' => 1,
]);
```

また、複数の書籍を同時に保存したい場合は、saveMany あるいは createMany メソッドを利用します（リスト 3.155）。

リスト 3.155：リレーション先への複数データ更新

```php
$book1 = new Book();
$book1->title = 'new book for author 2';
$book1->isbn = str_random(13);
$book1->price = 1200;
$book1->pages = 182;
$book1->publish_date = Carbon::parse('2015-1-1');
$book1->publisher_id = 1;

$book2 = new Book();
$book2->title = 'new book 2 for author 2';
$book2->isbn = str_random(13);
$book2->price = 1200;
$book2->pages = 182;
$book2->publish_date = Carbon::parse('2015-1-1');
$book2->publisher_id = 1;

$author = Author::find(2);
$author->books()->saveMany([$book1, $book2]);

// あるいは createMany() を利用
Author::find(2)->books()->createMany([
    [
        'title' => 'new book for author 2',
        'isbn' => str_random(13),
        'price' => 1200,
        'pages' => 182,
        'published_date' => '2015-01-01',
        'publisher_id' => 1,
    ],
    [
        'title' => 'new book for author 2_2',
        'isbn' => str_random(13),
        'price' => 1500,
        'pages' => 382,
        'published_date' => '2015-05-01',
```

```
            'publisher_id' => 2,
        ]
    ]);
```

▶親モデル（belongsTo）の更新

子モデルがどの親モデルに所属するかを更新する場合は、`associate` メソッドを使います。例えば、ある書籍の著者を変更するコードは下記の通りです（リスト 3.156）。

リスト 3.156：belongsTo の更新
```
$book = Book::find(1);
echo $book->author->id;                  // もともとは author.id=1 が親モデルだとする

$author = Author::find(2);
$book->author()->associate($author);     // associate で、author.id=2 を親モデルとして更新
$book->save();

echo $book->author->id;                  // 2
```

▶多対多のリレーション先の更新

多対多のリレーション先を更新する際、リレーション先の ID が判明している場合に利用できる便利なメソッドがあります（表 3.27）。

表 3.27：多対多のリレーション更新メソッド

メソッド	引数	内容
attach()	リレーション先の ID、その配列	指定の ID のリレーション先データを追加
detach()	リレーション先の ID、その配列	指定の ID のリレーション先データを削除
detach()	なし	すべてのリレーション先データを削除
sync()	リレーション先の ID、その配列	すでにリレーション先データがあればそれを削除し、指定の ID のリレーション先データを追加

各メソッドの利用例は下記の通りです（リスト 3.157）。

リスト 3.157：多対多のリレーション先更新
```
$author = Author::find(1);
$author->types()->attach(1);               // type を追加
$author->types()->attach([2, 3, 4, 5]);    // type を追加、この時点で type は 1,2,3,4,5
```

```
$author->types()->detach(1);              // type を削除、この時点で type は 2,3,4,5
$author->types()->sync([2, 3]);           // type を同期、この時点で type は 2,3
$author->types()->detach();               // type をすべて削除、この時点で type は空
```

▶子モデル更新時に親モデルのタイムスタンプを更新

belongsTo や belongsToMany の関係にある子モデルを更新したタイミングで、親モデルのタイムスタンプを更新するには、下記の通り、子モデル側の $touches プロパティにリレーション先を指定します（リスト 3.158）。

リスト 3.158：親モデルのタイムスタンプ更新

```php
<?php
class Phone extends Eloquent
{
    protected $touches = ['author'];

    public function author()
    {
        return $this->belongsTo(Author::class);
    }
}
```

上記の通りに設定すると、電話番号の更新と共に電話番号を持つ親モデルの authors テーブルで、updated_at カラムの値も同時に更新されます（リスト 3.159）。

リスト 3.159：親モデルのタイムスタンプ更新設定

```
$phone = Phone::find(1);
$phone->phone_number = '090999999999';
$phone->save(); // このタイミングで `authors` テーブルの `created_at` も更新される
```

Chapter 04

フレームワークの機能

Laravel には、Web アプリケーションで一般的に利用される機能が数多く実装されています。例えば、認証やセッション、メール、ページネーション機能などです。この他にもキャッシュやイベントなど、自ら実装するには手間が掛かる機能もあらかじめ含まれています。本章では、上記の Web アプリケーション開発に役立つ機能を解説します。

Chapter 04
Section 04-01

認証

　Webアプリケーションでは、アクセスユーザーを識別して、許可されたユーザーのみに特定機能を提供する場面が数多くあります。例えば、Twitterでは、アクセスユーザーが認証されたユーザーであればツイートする機能が提供されます。また、認証ユーザーであれば自分自身の登録情報の変更も可能です。このようなアクセスユーザーに対する認証機能は、定型的な処理が多く、一般的にも利用されるため、数多くのフレームワークで提供されています。

　Laravelでは、下記にあげる4項目が認証機能として提供されています。本節では、Laravel標準で用意されている認証機能をベースに、アプリケーションで認証機能を利用する方法を説明します。なお、前述のcomposer create-projectコマンドやlaravelコマンドで構築した、Laravelアプリケーションにはあらかじめ認証機能が組み込まれるため、簡単に利用できます。

・ユーザー登録
・ユーザー認証
・ログイン／ログアウト
・パスワードリセット

　本書で解説するもの以外にも多くの認証機能が存在します。例えば、Basic認証やOAuth認証、スロットリングなどです。Auth::extendメソッドによる拡張、認証関連のコントラクト（インターフェイス）やトレイトを再利用することで任意の認証機能を実装することも可能です[※1]。また、認証機能の応用は公式マニュアル（http://laravel.com/docs/5.1/authentication）も参照してください。

（※1）認証機能の拡張は「8-5 認証機能のカスタマイズ」（P.400）で後述します。

4-1-1 仕様

Laravelで提供されている認証機能の仕様を確認しましょう。次表にあげる項目が、認証関連の情報をまとめたものです（表4.1）。

表4.1：認証関連の情報

項目	内容
ファサード	Auth
設定ファイル	config/auth.php
コントローラ （ログイン、ログアウト、ユーザー登録）	App\Http\Controllers\Auth\AuthController
コントローラ（パスワードリセット）	App\Http\Controllers\Auth\PasswordController
ミドルウェア（認証）	App\Http\Middleware\Authenticate
ミドルウェア（認証ユーザーリダイレクト）	App\Http\Middleware\RedirectIfAuthenticated
Eloquentクラス	App\User
ビューテンプレート（ユーザー登録）	resources/views/auth/register.blade.php
ビューテンプレート（ログイン）	resources/views/auth/login.blade.php
	resources/views/auth/authenticate.blade.php
ビューテンプレート （パスワードリセットメールアドレス入力）	resources/views/auth/password.blade.php
ビューテンプレート（パスワードリセット）	resources/views/auth/reset.blade.php
マイグレーション	database/migration/2014_10_12_000000_create_users_table.php
	database/migration/2014_10_12_100000_create_password_resets_table.php

▶データベーステーブル

はじめに認証機能に関連するデータベーステーブルを構築します。上表に記載した通り、認証機能に必要なマイグレーションファイルが用意されているので、下記の通り、「php artisan migrate」コマンドを実行します（リスト4.1）。

マイグレーションを実行すると、usersテーブルとpassword_resetsテーブルの2テーブルが作成されます。

リスト4.1：マイグレーションの実行

```
$ php artisan migrate
Migrated: 2014_10_12_000000_create_users_table
Migrated: 2014_10_12_100000_create_password_resets_table
```

▶ users テーブル

users テーブルはユーザー情報を格納するテーブルです。users テーブルの定義は下表の通りです（表 4.2）。ここでのポイントは email と password です。ログイン処理では、入力値がこれらのカラムの値に合致するか否かをチェックします。

また、email はパスワードリセットでも利用され、remember_token はトークンを使った自動ログインで利用されます。

表 4.2：users テーブル定義 [※2]

カラム	型	制約	備考
id	AUTO_INCREMENT	PRIMARY KEY	
name	VARCHAR(255)		ユーザー名
email	VARCHAR(255)	UNIQUE	メールアドレス
password	VARCHAR(60)		パスワード
remember_token	VARCHAR(100)	NULL 可	自動ログイン用トークン
created_at	TIMESTAMP		作成日時
updated_at	TIMESTAMP		更新日時

▶ password_resets テーブル

password_resets テーブルは、パスワードリセットに関する情報を格納するテーブルです。その定義は下表の通りです（表 4.3）。email はパスワードリセット用のメールを送信する宛先です。トークンはパスワードリセット時にユーザーを識別するもので、パスワードリセットメールに記載される URL に含まれます。created_at はレコードが追加された日時で、パスワードリセット操作が有効期間内であるかをチェックする際に利用されます。

表 4.3：password_resets テーブル定義

カラム	型	制約	備考
email	VARCHAR(255)		メールアドレス
token	VARCHAR(255)		パスワードリセットトークン
created_at	TIMESTAMP		作成日時

本項で説明した users テーブルと password_resets テーブルは共に、その定義はあくまでもサンプルであり、独自カラムを追加もしくは変更して、任意のテーブル構造を認証に使用できます。もちろん、サンプルのテーブル定義でアプリケーション要件を満たすのであれば、このまま利用しても問題はありません。

（※2）本表はデータベースが MySQL の場合です。他のデータベースでは型が異なる場合があります。

▶ Eloquent クラス

データベースにアクセスする Eloquent クラスとして、App\User クラスが用意されています。デフォルトの状態でそのまま利用できます。

▶ コントローラ

認証処理を行うコントローラには、App\Http\Controllers\Auth\AuthController と App\Http\Controllers\Auth\PasswordController の2つがあります。前者は、ユーザー登録とログイン、ログアウトを担当し、後者は、パスワードリセット（パスワードの再発行）を行います。どちらも実際の処理はトレイトに実装があるので、トレイトを流用すれば任意のコントローラで認証処理が実装できます。

▶ 実装が必要なもの

ビューテンプレートとルーティングに関しては、デフォルトでは提供されていないため、実装する必要があります。実装例は、「2-2 はじめてのアプリケーション」（P.034）と「Chap.08 Laravel の実践」（P.371）を参照してください。

4-1-2　認証機能の設定

認証機能は、設定を変更することで、柔軟に動作を変更できます。認証機能の設定には以下のようなものがあります。

▶ 設定ファイル

認証機能の多くの設定は config/auth.php で指定します。下記コードに設定例を示します（リスト 4.2）。項目の設定を変更することで認証機能の挙動を変更できます。

リスト 4.2：config/auth.php（コメント部分は省略）

```
<?php
return [
    'driver' => 'eloquent',
    'model' => App\User::class,
    'table' => 'users',
    'password' => [
```

```
            'email' => 'emails.password',
            'table' => 'password_resets',
            'expire' => 60,
        ],
    ];
```

model キーと table キーは、driver キーの値に紐付けられています。例えば、ユーザー情報を格納するテーブルを users から admin_users に変更する場合、driver キーが database の場合は、table キーを admin_users にします。driver キーが eloquent なら、model キーを App\AdminUser に変更、もしくは App\User の $table プロパティを admin_users に変更します。driver キーが eloquent のままで table キーの値を admin_users に変更しても、このテーブルは認証に利用されないので注意してください。

設定ファイルで利用する項目を次表にまとめます（表 4.4）。

表 4.4 : config/auth.php 設定項目

項目	定義可能な値	デフォルト値	内容
driver	database, eloquent	eloquent	認証ユーザーデータへアクセスするドライバ
model	Eloquent クラス名	App\User	Eloquent ドライバを使う場合、データ操作を行う Eloquent クラス名
table	テーブル名	users	Database ドライバを使う場合、ユーザーデータを格納するテーブル名
password['email']	ビューテンプレート名	emails.password	パスワードリセットメールのテンプレート
password['table']	テーブル名	password_resets	パスワードリセットトークンを格納するテーブル名
password['expire']	分数	60	パスワードリセットトークン有効時間（分）

▶メッセージファイル

ユーザー登録ページやログインページなどのフォームで、バリデーションエラーが発生した場合に表示されるメッセージは標準のままでは英語です。日本語に変更するには日本語用のメッセージファイルを作成する必要があります。メッセージファイルの日本語化は「4-6 ローカリゼーション」（P.205）を参照してください。本項では関連するメッセージファイルの紹介にとどめます。

パスワードリセット関連のメッセージは、resources/lang/en/passwords.php に格納されています。これを日本語化したファイルを、resources/lang/ja/passwords.php に設置します。下記に passwords.php を日本語化した例を示します（リスト 4.3）。

リスト 4.3：日本語化した passwords.php

```
return [
    'password' => 'パスワードは6文字以上で指定してください。パスワード確認は同じ値を入力してください。',
    'user'     => "メールアドレスに合致するユーザーが見つかりませんでした。",
    'token'    => 'パスワードリセットトークンが不正です。',
    'sent'     => 'パスワードリセットリンクをメールで送信しました。',
    'reset'    => 'パスワードをリセットしました。',
];
```

バリデーションのエラーメッセージは、resources/lang/en/validation.php です。こちらも同様に、resources/lang/ja/validation.php にコピーして日本語化します。

▶コントローラプロパティによる設定

AuthController や PasswordController のいくつかのプロパティを設定することで、認証機能の動きを変更できます。認証機能を変更するプロパティには、下表にあげるものがあります（表 4.5）。

表 4.5：認証機能に関連するコントローラプロパティ

プロパティ	デフォルト (未設定時の値)	内容
AuthController::$redirectPath	/home	ユーザー登録、ログイン後にリダイレクトする URI
AuthController::$redirectTo	/home	AuthController::$redirectPath と同じ。 $redirectPath と $redirectTo が指定されていれば、$redirectPath が優先される。
PasswordController::$redirectPath	/home	パスワードリセット後にリダイレクトする URI
PasswordController::$redirectTo	/home	PasswordController::$redirectPath と同じ。 $redirectPath と $redirectTo が指定されていれば、$redirectPath が優先される。
AuthController::$loginPath	/auth/login	ログイン処理でエラーが発生した際にリダイレクトする URI
AuthController::$redirectAfterLogout	/	ログアウト後にリダイレクトする URI
AuthController::$username	email	ログイン認証で利用する項目
PasswordController::$subject	Your Password Reset Link	パスワードリセット時に送信するメールの件名

4-1-3 Authファサードによる認証処理

　一般的な認証機能を利用するのであれば、標準のコントローラやEloquentモデルで十分です。しかし、アプリケーション側でより柔軟に処理したいケースでは、認証関連を処理するコンポーネントを直接利用して構築するのが良いでしょう。

　認証機能の各処理を直接実行するにはAuthファサードを利用します。本項ではAuthファサードの機能を説明しましょう。

▶ログイン

　ログイン処理にはAuth::attemptメソッドを利用します。第1引数に認証対象の値を連想配列で指定します。標準では`email`と`password`で認証するため、`email`と`password`キーを格納した連想配列を引数にします。ログインが成功すれば戻り値に`true`を返します。失敗した場合は`false`を返します。下記にAuth::attemptメソッドの例を示します（リスト4.4）。

リスト4.4：Auth::attemptメソッド

```php
$credentials = [
  'email' => $email,
  'password' => $password,
];
if (\Auth::attempt($credentials)) {
  // ログイン成功時処理
}
```

　引数に指定する連想配列のキーは、データベーステーブルからユーザー情報を取得する際の条件として利用されます。例えば、`users`テーブルに`active`カラムが存在し、値が`true`のユーザーのみをログイン可能にするには、連想配列に`active`キーを追加します（リスト4.5）。

リスト4.5：Auth::attemptメソッドで、認証条件を追加

```php
$credentials = [
  'email' => $email,
  'password' => $password,
  'active' => true, // <--- 追加
];
if (\Auth::attempt($credentials)) {
  // ログイン成功時処理
}
```

Auth::attemptメソッドの第2引数には自動ログイン用トークンの発行有無を指定します。trueを指定するとトークンが自動生成され、データベース（usersテーブルのremember_token）とクッキーに格納されます。ログインセッションの有効期限が切れた後でも、このトークンがクッキーに保存されていれば、自動でログイン処理が行われます。

標準ではfalseであるため、トークンは生成されません。下記の例では、第2引数にtrueを指定してトークンを発行しています（リスト4.6）。

リスト4.6：Auth::attemptメソッドで自動ログイントークンを発行

```
$credentials = [
  'email' => $email,
  'password' => $password,
];
if (\Auth::attempt($credentials, true)) {
  // ログイン成功時処理
}
```

attemptメソッドの第3引数にはログイン処理の有無を指定します。trueを指定するとログインを行います。falseを指定するとログイン可能かどうかのみをチェックして、ログイン自体は行いません。デフォルトにはtrueが指定されています。下記の例では、attemptメソッドの第3引数にfalseを指定して、ログイン可能かのチェックのみ実行しています（リスト4.7）。

リスト4.7：Auth::attemptメソッドでログイン可能かチェック

```
$credentials = [
  'email' => $email,
  'password' => $password,
];
if (\Auth::attempt($credentials, false, false)) {
  // ログイン可能（ログイン処理は行われていない）
}
```

▶ログインチェック

アクセスユーザーがログイン状態であるかの確認には、Auth::checkメソッドを利用します。このメソッドを実行すると、ログイン済みであればtrue、未ログインであればfalseを返します（リスト4.8）。

一方、Auth::guestメソッドを利用すると、アクセスユーザーが未ログインであればtrue、ログイン済みであればfalseを返します（リスト4.9）。

リスト4.8：Auth::check メソッド
```
if (\Auth::check()) {
    // ログイン済み
}
```

リスト4.9：Auth::guest メソッド
```
if (\Auth::guest()) {
    // 未ログイン
}
```

▶トークンによる自動ログインチェック

トークンによる自動ログインが実行されたかどうかを確認するには、Auth::viaRememberメソッドを利用します。トークンによる自動ログインであればtrue、そうでなければfalseを返します（リスト4.10）。

リスト4.10：Auth::viaRemember
```
if (\Auth::viaRemember()) {
    // トークンによる自動ログインを行った
}
```

▶ログインユーザー情報の取得

ログインしているユーザー情報の取得にはAuth::userメソッドを利用します。現在のリクエストがログイン済みであれば、ユーザー情報（通常はApp\Userクラスのインスタンス）を返します。未ログインであればnullを返します（リスト4.11）。

リスト4.11：Auth::user メソッド
```
$user = \Auth::user();
```

ログインユーザー情報を取得する方法には、Auth::userメソッドの他にもいくつかあります。ルーティングでURIに結合したクロージャやコントローラのメソッドの引数にタイプヒンティングでIlluminate\Http\Requestクラスを指定すると、このクラスのインスタンスが受け取れます。この引数のuserメソッドでユーザー情報を取得できます。

次にコード例を示します(リスト 4.12)。profile メソッドの引数に Illuminate\Http\Request クラスをタイプヒンティングで指定しています。この引数である $request の user メソッドを実行すると、ログインユーザー情報を取得できます (①)。

リスト 4.12:Illuminate\Http\Request クラスの user メソッド

```php
<?php
namespace App\Https\Controllers;

use App\Http\Controllers\Controller;
use Illuminate\Http\Request;

class ProfileController extends Controller
{
    public function profile(Request $request)
    {
        $user = $request->user(); // <--- ①
    }
}
```

同様に、Illuminate\Contracts\Auth\Authenticatable インターフェイスをタイプヒンティングで指定すると、ログインユーザー情報が引数として与えられます。下記のコード例では、profile メソッドの引数 $user にログインユーザー情報が格納されます(リスト 4.13)。

リスト 4.13:Illuminate\Http\Request クラスの user メソッド

```php
<?php
namespace App\Https\Controllers;

use App\Http\Controllers\Controller;
use Illuminate\Contracts\Auth\Authenticatable;

class ProfileController extends Controller
{
    public function profile(Authenticatable $user)
    {
        // $user がログインユーザーインスタンス
    }
}
```

▶任意のユーザーでのログイン

　任意のユーザーを指定してログインするには、Auth::login メソッド、Auth::loginUsingId メソッドを利用します。Auth::login メソッドではユーザーインスタンス[※3]を引数に指定し、Auth::loginUsingId メソッドではユーザーテーブル（users）の ID を引数に指定します。どちらも、指定されたユーザーでログインを行います。なお、これらのメソッドは、ユニットテストやファンクショナルテストなど、擬似的にログイン状態を作成する状況で便利に活用できます。

　下記に、Auth::login メソッドと Auth::loginUsingId メソッドのコード例を示します。いずれも users テーブルの id=1 のユーザーでログインしています（リスト 4.14）。

リスト 4.14：Auth::login メソッド / Auth::loginUsingId メソッド

```
// ログインユーザーインスタンスでログイン
$user = \App\User::find(1);
\Auth::login($user);

// IDでログイン
\Auth::loginUsingId(1);
```

▶現在のリクエスト内で有効なログイン

　REST API などで、現在のリクエスト内でのみ有効（ワンタイム）なログインを行うには、Auth::once メソッドや Auth::onceUsingId メソッドを利用します。
　Auth::once メソッドでは、Auth::attempt メソッドと同様に引数に認証情報を連想配列で指定します。Auth::onceUsingId メソッドではログインユーザーの ID を指定します。いずれもログインが成功すれば true、そうでなければ false を返します。

　下記にコード例を示します（リスト 4.15）。これは、Auth::once メソッドで認証情報を用いるケースと（①）、users テーブルの ID=1 のユーザーでログインする例です（②）。

リスト 4.15：Auth::once メソッド / Auth::onceUsingId メソッド

```
if (\Auth::once(['email' => $email, 'password' => $password])) { // <---①
    // ログイン後処理
}
```

[※3] \Illuminate\Contracts\Auth\Authenticatable インターフェイスを実装したインスタンス。通常は App\User クラス。

```
if (\Auth::onceUsingId(1)) { // <--- ②
    // ログイン後処理
}
```

▶ログアウト

　ログアウトには Auth::logout メソッドを利用します（リスト 4.16）。このメソッドを実行すると、セッション内のログイン情報がクリアされ、自動ログイン用にクッキーに保存されたトークンも破棄されます。同時に users テーブルに保存されている remember_token（自動ログイン用トークン）の値も更新されます。

リスト 4.16：Auth::logout メソッド

```
\Auth::logout();
```

Section 04-02
Chapter 04

キャッシュ

　キャッシュは、アプリケーションのデータを一時的に保存するなどして、主にパフォーマンスを向上させる目的で利用されます。Laravel では、「Memcached」（http://memcached.org）や「Redis」（http://redis.io）など、キャッシュストレージとして知られているシステムを統一されたインターフェイスで利用できます。本節ではキャッシュの利用方法を解説します。

　下表にキャッシュ関連の情報をまとめます（表4.6）。

表4.6：キャッシュ関連の情報[※4]

項目	内容
設定ファイル	config/cache.php
キャッシュストア	apc
	array
	database
	file（デフォルト）
	memcached
	redis
	null
	wincache
	xcache
ファサード	Cache

4-2-1　キャッシュストア

　前表にあげた通り、キャッシュデータを保持するストアとして、以下にあげる9種類のストレージがサポートされています。

- apc
- array

（※4）null や wincache、xcache は、config/cache.php には記載されていません。利用する場合は設定の追加が必要です。

- database
- file
- memcached
- redis
- null
- wincache
- xcache

どのキャッシュストアを利用するかは、`config/cache.php` の `default` キーで指定します。下記に示す通り、標準では環境変数 `CACHE_DRIVER` の値を利用します（リスト 4.17）。設定がなければ `file` を利用します。

リスト 4.17：キャッシュストアの設定
```
'default' => env('CACHE_DRIVER', 'file'),
```

他のキャッシュストアを利用したい場合は、`.env` ファイルなどで環境変数 `CACHE_DRIVER` に利用するキャッシュストアを指定します。下記ではキャッシュストアを `redis` に変更しています（リスト 4.18）。

リスト 4.18：.env でキャッシュストアの指定
```
CACHE_DRIVER=redis
```

続いて、各キャッシュストアを説明します。

▶ apc

PHP の拡張である「APCu」（https://pecl.php.net/package/APCu）をキャッシュストアに利用するには、APCu 拡張をインストールする必要があります。APCu は共有メモリにデータをストアするので高速に動作します。ただ、ストアされるデータは同じホストのみで共有されるので、複数ホストで同一キャッシュを共有することはできません。

▶ array

PHP の連想配列をキャッシュストアに利用します。PHP での処理が終了すると、ストアされた

データは破棄されるため、キャッシュの再利用はできません。一般的なアプリケーションで利用することはあまりないでしょう。しかし、自動テストの実行環境（testing）では、キャッシュを残さない方が良いので、このキャッシュストアが利用されます。

▶ database

データベースをキャッシュストアに利用します。データベースは複数ホストからアクセス可能なので、キャッシュデータを共有できます。また、ストアされたデータは永続化されるので、万が一、データベースが停止しても、再起動すればキャッシュデータは維持されます。

標準設定では、キャッシュデータは cache テーブルに格納されます。cache テーブルは、下記に示すマイグレーションで生成します（リスト 4.19）。

リスト 4.19：キャッシュデータを保存するテーブルを生成

```
\Schema::create('cache', function ($table) {
    $table->string('key')->unique();
    $table->text('value');
    $table->integer('expiration');
});
```

キャッシュデータを保存するテーブル名やデータベース接続設定は、config/cache.php の stores キーで設定します。同配列の database キーがデータベースに関する設定です。標準の設定は下記の通りです（リスト 4.20）。

リスト 4.20：データベースの設定

```
'database' => [
    'driver' => 'database',
    'table' => 'cache',
    'connection' => null,
],
```

上記の table キーはキャッシュデータを保存するテーブル名です。これを変更することで任意のテーブルにキャッシュデータを保存できます。

connection キーには、config/database.php の connections キーで設定されている接続先から、接続するデータベースを指定します。標準では null が設定されており、その場合は config/database.php の default キーで指定されている接続先が利用されます。

▶ file

ファイルをキャッシュストアに利用します。キャッシュデータはファイルに保存されます。標準では、storage/framework/cache ディレクトリ以下に、キャッシュデータを保存するファイルが生成されます。

この設定には、下記の通り、config/cache.php の stores キー内にある file キーに指定されています（リスト 4.21）。path キーがキャッシュデータを保存するファイルを格納するディレクトリです。この値を変更することで保存ディレクトリを変更可能です。

リスト 4.21：ファイルの設定

```
'file' => [
    'driver' => 'file',
    'path' => storage_path('framework/cache'),
],
```

▶ memcached

Memcached をキャッシュストアに利用します。Memcached はメモリ上にデータをストアするため高速に動作します。Memcached が停止すると、キャッシュデータは破棄されますが、一般的にキャッシュは一時データであるため、この特性はあまり問題にはなりません。また、複数のホストから接続できるので、複数ホスト間でキャッシュを共有可能です。なお、Memcached へのアクセスには、PHP 拡張の「Memcached」（http://php.net/manual/ja/book.memcached.php）が必要です。

Memcached への接続設定は、config/cache.php の stores キーにある memcached キーで行います。標準の設定は下記の通りです（リスト 4.22）。servers キーに接続する Memcached の情報を指定します。servers キーの値は配列で、複数の Memcached ホストを指定可能です。

リスト 4.22：Memcached の設定

```
'memcached' => [
    'driver' => 'memcached',
    'servers' => [
        [
            'host' => '127.0.0.1',
            'port' => 11211,
            'weight' => 100
        ],
```

```
        ],
    ],
```

同一ホストで Memcached を動作させて、UNIX ドメインソケットで接続する場合は、下記の通りに指定します（リスト 4.23）。host キーに接続するソケットへのパス、port キーに 0 を設定します。

リスト 4.23：Memcached の設定（UNIX ドメインソケット）

```
'memcached' => [
    'driver' => 'memcached',
    'servers' => [
        [
            'host' => '/path/to/memcached.sock',
            'port' => 0,
            'weight' => 100
        ],
    ],
],
```

▶ redis

Redis をキャッシュストアに利用します。Redis は Memcached と同様に高速に動作する一方、データがファイルにも保存されるため、万が一、Redis が停止してもデータは保持されます。また、レプリケーションが容易であるため、同じデータを複数ホストに分散して保持し、耐障害性を高めることが可能です。

Redis の利用には predis/predis パッケージが必要となります。下記の通り、Composer でインストールしましょう。

リスト 4.24：predis/predis のインストール

```
$ cd /path/to/laravel_application
$ composer require predis/predis ~1.0
```

Redis への接続設定は、config/cache.php の stores キーにある redis キーで行います。標準の設定は次の通りです（リスト 4.25）。connection キーには config/database.php の redis キーで設定されている接続先を指定します。実際の接続情報は config/database.php で設定し、config/cache.php ではどの設定を利用するかを指定します。

リスト 4.25：Redis の設定（config/cache.php）

```php
'redis' => [
    'driver' => 'redis',
    'connection' => 'default',
],
```

config/database.php の redis キーは下記の通りです（リスト 4.26）。default キーで Redis ホストへの接続先を指定しています。host キーに接続ホスト、port キーに接続ポート、database キーにデータベースインデックスを指定します。この default キーが上記コード（リスト 4.25）の connection キーで指定されているものです。

リスト 4.26：Redis の設定（config/database.php）

```php
'redis' => [
    'cluster' => false,
    'default' => [
        'host' => '127.0.0.1',
        'port' => 6379,
        'database' => 0,
    ],
],
```

▶ null

null は特殊なキャッシュストアで、処理を何も行いません。キャッシュを保存する操作を行っても、実際はどこにも保存されないので、開発中や自動テストなどのモック用途で利用します。

また、null の設定は config/cache.php の stores キーには存在しないため、下記の通り、null キーを追加する必要があります（リスト 4.27）。要素には連想配列を指定し、driver キーに null を設定します。

リスト 4.27：null の設定（追加）

```php
'null' => [
    'driver' => 'null',
],
```

▶ wincache

「Windows Cache Extension for PHP」(https://technet.microsoft.com/ja-jp/

library/Ff454157.aspx）は、WindowsおよびWindows Server上で動作するPHPのアクセラレータです。ユーザーデータのキャッシュ機能が搭載されているので、キャッシュストアとして利用します。インストール方法は公式サイト（https://technet.microsoft.com/ja-jp/library/Ff454157.aspx）を参照してください。

wincacheの設定は、config/cache.phpのstoresキーには存在しないので、下記の通り、wincacheキーを追加します（リスト4.28）。要素には連想配列を指定し、driverキーにwincacheを設定します。

リスト4.28：wincacheの設定（追加）
```
'wincache' => [
    'driver' => 'wincache',
],
```

▶ xcache

「XCache」（http://xcache.lighttpd.net/）は、高速に動作するPHPオペコードキャッシュです。搭載されているユーザーデータのキャッシュ機能をキャッシュストアとして利用します。LinuxなどのUnix環境のみならず、Windows環境向けのバイナリも用意されています。

インストール方法は、公式サイトのドキュメント（http://xcache.lighttpd.net/wiki/DocToc）を参照してください。

xcacheの設定は、config/cache.phpのstoresキーには存在しません。下記の通り、xcacheキーを追加して、要素には連想配列を指定し、driverキーにxcacheを設定します（リスト4.29）。

リスト4.29：xcacheの設定（追加）
```
'xcache' => [
    'driver' => 'xcache',
],
```

4-2-2 キャッシュの利用

キャッシュの操作は、Cache ファサードもしくはサービスコンテナの cache キーにバインドされているインスタンス（通常は Illuminate\Cache\CacheManager クラス）で行います。

本項では、Cache ファサードを利用したキャッシュの操作を説明します。

▶キャッシュの保存

キャッシュを保存するには Cache::put メソッドを利用します。第 1 引数にキャッシュを保存するキー、第 2 引数に保存する値を指定します。第 3 引数はキャッシュの有効期間を指定します。

キャッシュの有効期間は整数値（分）、もしくは DateTime クラスのインスタンスで有効期限を指定できます。下記はキー key に値 value を保存するコード例です（リスト 4.30）。

また、有効期間を設定せずにキャッシュを保存する場合は、Cache::forever メソッドを利用します（リスト 4.31）。

リスト 4.30：キャッシュを保存

```
// 有効期間を分で指定（1分間）
\Cache::put('key', 'value', 1);

// 有効期間を Carbon クラスで指定（1分後まで有効）
\Cache::put('key', 'value', \Carbon\Carbon::now()->addMinute());
```

リスト 4.31：キャッシュを保存（無期限）

```
\Cache::forever('key', 'value');
```

Cache::put メソッドは、同じキーのキャッシュが存在するしないに関わらず、上書きで保存しますが、同じキーのキャッシュが存在しない場合のみ保存するのが Cache::add メソッドです。指定する引数は Cache::put メソッドと同一です（リスト 4.32）。

Cache::add メソッドでは、同じキーのキャッシュが存在せずに保存した場合は true が、そうでなければ false が戻り値として返されます。

リスト 4.32：同じキーのキャッシュが存在しなければ保存

```
\Cache::add('key', 'value', 1);
```

▶キャッシュの取得

保存したキャッシュを取得するには Cache::get メソッドを利用します。第 1 引数に取得するキャッシュのキーを指定します。キーに対応するキャッシュが存在すればその値を、存在しなければ null を返します。下記がその取得例です（リスト 4.33）。

リスト 4.33：キャッシュを取得
```
$value = \Cache::get('key');
```

また、第 2 引数には指定キャッシュが存在しない場合のデフォルト値を指定できます。値ではなくクロージャを指定すると、指定されたクロージャが実行され、その戻り値がデフォルト値として利用されます。下記の例は、いずれも文字列「default」がデフォルト値となります（リスト 4.34）。

リスト 4.34：キャッシュを取得（デフォルト値あり）
```
$value = \Cache::get('key', 'default');

$value = \Cache::get('key', function () {
    return 'default';
});
```

▶キャッシュ取得と保存をまとめて実行

キャッシュを利用する場合、まずはキャッシュの存在を確認して、存在すればその値を利用します。存在しなければデータを生成してキャッシュに格納し、その値を利用します。この処理をコードで記述すると、下記の通りです（リスト 4.35）。

リスト 4.35：キャッシュを取得して、なければ保存
```
$key = 'key';
$value = \Cache::get($key);
if (is_null($value)) {
    $value = 'default';
    \Cache::put($key, $value);
}
```

上記の処理を一度に記述できるのが Cache::remember メソッドです。第 1 引数にはキャッシュを取得もしくは保存するキー、第 2 引数には Cache::put メソッドと同じく有効期間を指定しま

す。第 3 引数はキャッシュするデータを生成するクロージャを指定します。

下記のコード例では、キー key のキャッシュが存在すれば、その値が `$value` に格納されます。そのキャッシュが存在しなければ、第 3 引数に指定されているクロージャが実行され、その戻り値がキー key のキャッシュに保存され、`$value` に格納されます。キャッシュの有効期間は 10 分間に設定されています（リスト 4.36）

リスト 4.36：キャッシュを取得して、なければ保存（有効期限あり）
```
$value = \Cache::remember('key', 10, function () {
    return 'default';
});
```

また、キャッシュの有効期間が必要なければ、`Cache::rememberForever` メソッドを利用します（リスト 4.37）。

リスト 4.37：キャッシュを取得して、なければ保存（有効期限なし）
```
$value = \Cache::rememberForever('key', function () {
    return 'default';
});
```

▶キャッシュの存在確認

キャッシュの存在を確認するには、`Cache::has` メソッドを利用します。引数にキーを指定すると、キーに対応するキャッシュが存在すれば `true`、存在しなければ `false` を返します（リスト 4.38）。

リスト 4.38：キャッシュの存在を確認
```
if (\Cache::has('key')) {
    // 存在する
} else {
    // 存在しない
}
```

▶キャッシュの削除

保存されたキャッシュを削除するには、`Cache::forget` メソッドを利用します。引数に削除するキャッシュのキーを指定します（リスト 4.39）。

リスト4.39：キャッシュを削除
```
\Cache::forget('key');
```

すべてのキャッシュをクリアする場合はCache::flushメソッドを利用します（リスト4.40）。

リスト4.40：全キャッシュを削除
```
\Cache::flush();
```

▶キャッシュを取得して削除

保存されたキャッシュを取得後に削除するには、Cache::pullメソッドを利用します。引数に取得するキャッシュのキーを指定します。下記の例では、キーkeyの値を取得して返し、キャッシュをクリアします（リスト4.41）。

リスト4.41：キャッシュを取得して、削除
```
$value = \Cache::pull('key');
```

▶キャッシュストアを指定して操作

複数のキャッシュストアを利用している場合、特定のキャッシュストアを指定した操作が可能です。キャッシュストアの指定にはCache::storeメソッドを利用します。引数にはキャッシュストアを指定します。

Cache::storeメソッドに続けて、キャッシュ操作のメソッドを繋げると、指定キャッシュストアに対するキャッシュ操作を実行できます。

下記コードでは、Cache::storeメソッドでredisを指定して、redisキャッシュストアに対してgetメソッドでキャッシュを取得しています（リスト4.42）。

リスト4.42：キャッシュストアを指定
```
$value = \Cache::store('redis')->get('key');
```

▶キャッシュに保存した値の加減算

Cacheクラスでは、キャッシュに保存した値の演算が可能です。加算にはCache::incrementメソッド、減算にはCache::decrementメソッドを利用します。

いずれのメソッドも第1引数に演算するキーを指定します。第2引数には加減算する値を指定します。第2引数は省略可能で、省略時は1が指定されたと見做されます。

下記の例では、Cache::increment メソッドと Cache::decrement メソッドを利用して、キャッシュの値の加減算を実行しています（リスト 4.43）。

リスト 4.43：キャッシュの値を加減算
```
\Cache::put('key', 1, 10);

\Cache::increment('key');
$value = \Cache::get('key'); // $value = 2

\Cache::increment('key', 10);
$value = \Cache::get('key'); // $value = 12

\Cache::decrement('key');
$value = \Cache::get('key'); // $value = 11

\Cache::decrement('key', 10);
$value = \Cache::get('key'); // $value = 1
```

▶キャッシュタグ

キャッシュタグは、関連するキャッシュをタグでグループ化する機能です。このグループ化機能を使うことで、同一タグが設定されている複数のキャッシュを一度に削除できます。ただし、キャッシュタグの機能は、キャッシュストアが database もしくは file の場合は利用できません。

キャッシュにタグを付与するには、Cache::tags メソッドを利用します。引数にタグを指定します。複数個のタグを指定でき、複数の引数を指定、もしくは第 1 引数を配列にしてタグを要素で指定します。また、tags メソッドに続けて put メソッドを実行すると、キャッシュがタグ付きで保存されます。

下記のコード例では、2 つのタグ tag1 と tag2 を組み合わせて、キー key のキャッシュを保存しています（リスト 4.44）。

リスト 4.44：キャッシュタグ付きでキャッシュを保存
```
// 複数のタグを引数で指定
\Cache::tags('tag1', 'tag2')->put('key', 1, 10);

// 複数のタグを配列で指定
\Cache::tags(['tag1', 'tag2'])->put('key', 1, 10);
```

キャッシュタグ付きで保存したキャッシュは、tagsメソッドでタグを指定して操作する必要があります。下記に、キャッシュタグ付きのキャッシュを操作する例を示します（リスト4.45）。

リスト4.45：キャッシュタグ付きキャッシュに対する操作

```
// キャッシュを取得
$value = \Cache::tags('tag1', 'tag2')->get('key');

// キャッシュの値を加算
\Cache::tags('tag1', 'tag2')->increment('key');

// キャッシュを削除
\Cache::tags('tag1', 'tag2')->forget('key');
```

キャッシュタグを付けたキャッシュは一度で削除可能です。同一のキャッシュタグが付いたキャッシュを削除するには、tagsメソッドに続けてflushメソッドを使います。

下記のコード例では、タグtag1が付いている全キャッシュを削除しています（リスト4.46）。①と②はtag1タグが付いているので削除されますが、③はtag1タグが付いていないため削除されずに、そのまま残ります。

リスト4.46：キャッシュタグ付きキャッシュを一度に削除

```
\Cache::tags('tag1', 'tag2')->put('key1', 1, 10);        // <--- ①
\Cache::tags('tag1')->put('key2', 2, 10);                // <--- ②
\Cache::tags('tag2')->put('key3', 3, 10);                // <--- ③

\Cache::tags('tag1')->flush();
```

Section 04-03
Chapter 04

エラーハンドリング

アプリケーションでは、入力値の検査違反やデータベースの整合性違反、外部リソースへの接続障害など、様々なエラーが発生します。エラーが発生した場合、エラーレスポンスの送信やログへの記録、メールでの通知などの処理を行うため、適切なハンドリングが必要です。本節では、エラーハンドリングを解説します。

エラーハンドリング関連の仕様は、下表の通りです（表4.7）。

表4.7：エラーハンドリング関連の仕様

項目	内容
環境変数	APP_DEBUG
エラーハンドラクラス	App\Exceptions\Handler
HTTPエラーヘルパー関数	abort()
エラービューテンプレート	resources/views/errors/STATUS_CODE.blade.php

4-3-1 エラー表示

開発環境でエラーが発生した場合、標準では画面にエラーの詳細が表示されます（図4.1）。開発時には便利なエラー表示ですが、アプリケーションの情報が公開されてしまうため、本番環境など、外部に公開する場合は好ましくありません。

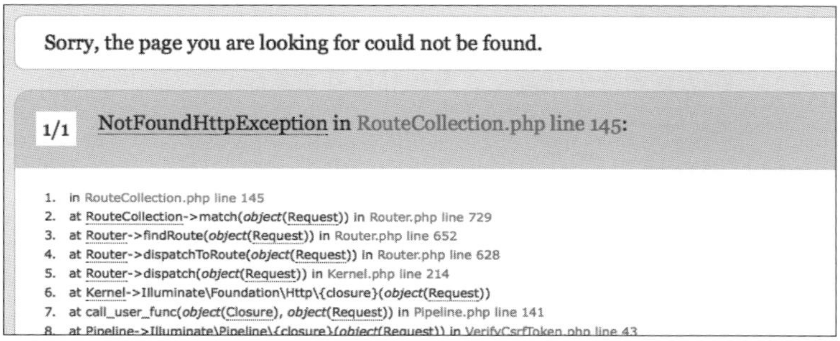

図4.1：デフォルトエラー表示

●フレームワークの機能

エラーの詳細画面は、config/app.php で設定されている app.debug の値が true の場合に表示されます。標準の config/app.php では環境変数 APP_DEBUG の値を参照する設定なので、.env ファイルなどで false に設定すると表示されません。あくまでも開発環境用の機能であるため、本番環境では必ず APP_DEBUG を false にしましょう。

4-3-2 エラーのハンドリング

アプリケーションで発生したエラーは、アプリケーション内でハンドリング（catch）されなければ、App\Exceptions\Handler クラスがハンドリングします。Laravel では、PHP エラーは例外に変換されるので、すべてのエラーは例外として捕捉されます。App\Exceptions\Handler クラスには report メソッドと render メソッドがあり、それぞれ異なる役割を受け持っています。

▶ report メソッド

report メソッドはログへの例外の記録や、「Rollbar」（https://rollbar.com/）や「Bugsnag」（https://bugsnag.com/）など、エラートラッキングサービスへの送信を担当します。下記が report メソッドです（リスト 4.47）。標準では基底クラスの report メソッドを実行するだけです。記録対象外でないかをチェックして例外をログに記録します。

リスト 4.47：report メソッド

```php
public function report(Exception $e)
{
    return parent::report($e);
}
```

記録対象外であるかは $dontReport プロパティで指定します。このプロパティは配列で、記録しない例外クラスを記述すると、合致する例外が発生しても記録されません。

次に示すコードが $dontReport プロパティです（リスト 4.48）。標準では、Symfony\Component\HttpKernel\Exception\HttpException クラス、Illuminate\Database\Eloquent\ModelNotFoundException クラスとその継承クラスが記録対象から除外されています。必要に応じて例外クラスを追加します。

リスト 4.48：$dontReport プロパティ

```
    protected $dontReport = [
        HttpException::class,
        ModelNotFoundException::class,
    ];
```

また、report メソッドに例外の記録処理を追加すると、任意のエラー通知を実装できます。

report メソッドの引数には発生した例外クラスのインスタンスが格納されているので、この値で処理を行うか否かを判定することも可能です。

下記のコードでは、例外 App\Exceptions\AppException を補足した場合、任意のエラー通知処理を実行します（リスト 4.49）。

リスト 4.49：report メソッドのカスタマイズ

```
    public function report(Exception $e)
    {
        if ($e instanceof \App\Exceptions\AppException) {
            // エラー通知処理
        }

        return parent::report($e);
    }
```

▶ render メソッド

render メソッドではエラー発生時の HTTP レスポンスを生成します。下記のコードが render メソッドの実装です（リスト 4.50）。

引数 $e が Illuminate\Database\Eloquent\ModelNotFoundException クラスのインスタンスであれば、Symfony\Component\HttpKernel\Exception\NotFoundHttpException クラスのインスタンスでラップして $e に格納します。続いて、基底クラスの render メソッドを呼びます。基底クラスでは、発生した例外が Symfony\Component\HttpKernel\Exception クラスとその継承クラスのインスタンスであれば、エラーページを出力し、そうでなければ専用のエラーレスポンスを出力します。

リスト 4.50：render メソッド

```
    public function render($request, Exception $e)
    {
        if ($e instanceof ModelNotFoundException) {
```

```
            $e = new NotFoundHttpException($e->getMessage(), $e);
        }

        return parent::render($request, $e);
    }
```

エラーページには、ビューテンプレート resources/views/errors/STATUS_CODE.blade.php が出力されます。STATUS_CODE は HTTP ステータスコードで、例えば、ステータスコードが 404 であれば、404.blade.php が出力されます。もし、ビューテンプレートが存在しない場合は、その他の例外と同じく専用のエラーレスポンスが出力されます。

404 のエラーページをカスタマイズするには、下記に示すようなエラーページを resources/views/errors/404.blade.php として配置します（リスト 4.51）。

リスト 4.51：エラーページ（404）のカスタマイズ
```
<html>
<head></head>
<body>
<div class="container">
  <div class="content">
    <div class="title">ページがありません。</div>
  </div>
</div>
</body>
</html>
```

report メソッドと同様、render メソッド内でも実装を追加すれば、任意のエラーレスポンスを返すことも可能です。下記のコード例では、例外 AppException が発生した場合にステータスコードを 500 に設定して、resources/views/errors/custom.blade.php をレスポンスとして返します（リスト 4.52）。

リスト 4.52：render メソッドのカスタマイズ
```
    public function render($request, Exception $e)
    {
        if ($e instanceof ModelNotFoundException) {
            $e = new NotFoundHttpException($e->getMessage(), $e);
        }
```

```
        // 追加したエラー処理
        if ($e instanceof AppException) {
            return response()->view('errors.custom', [], 500);
        }

        return parent::render($request, $e);
    }
```

▶捕捉エラーの判別

　App\Exceptions\Handler クラスの基底クラスである、Illuminate\Foundation\Exceptions\Handler クラスには、エラー処理に活用できる便利なメソッドが用意されています。下表にまとめます（表 4.8）。

表 4.8：エラー処理に便利なメソッド

メソッド	内容
isHttpException(\Exception $e)	$e が Symfony\Component\HttpKernel\Exception\HttpException クラスとその継承クラスのインスタンスかどうかを判定
shouldReport(\Exception $e)	$e が $dontReport プロパティに設定されていないかどうかを判定（通知すべき例外かどうか）
shouldntReport(\Exception $e)	$e が $dontReport プロパティに設定されているかどうかを判定（shouldReport メソッドの反対）

4-3-3　HTTP エラーの送出

　404 や 503 などの HTTP エラーを発生させたい場合、Symfony\Component\HttpKernel\Exception クラスもしくはその継承クラスをスローすることで実現できますが、abort ヘルパー関数を利用することも可能です（リスト 4.53）。

　abort ヘルパー関数は HTTP ステータスコードを引数に取ります。発生させたいステータスコードを指定すれば、内部で Symfony\Component\HttpKernel\Exception クラス、例えば、404 の場合は Symfony\Component\HttpKernel\Exception\NotFoundHttpException がスローされます。

リスト 4.53：abort ヘルパー関数

```
// 404
abort(404);
// 503
abort(503);
```

Section 04-04 ロギング

ログはアプリケーションの動作検証に有用な機能です。開発時にアプリケーションの動きをチェックすることはもちろん、本番運用開始後でも必要なログを記録し続けることで、エラー発生時の原因究明やパフォーマンスチューニングなど、アプリケーションを改善する際の大きな手掛かりとなります。本節ではこのログを出力するロギングを解説します。

下表にロギング関連の仕様をまとめます（表4.9）。

表4.9：ロギング関連の仕様

項目	内容
設定ファイル	config/app.php
設定キー	log
logの設定値	single
	daily（デフォルト）
	syslog
	errorlog
ファサード	Log
ログファイル（デフォルト）	storage/log/laravel.log

4-4-1 ロギングの設定

ロギングはconfig/app.phpで設定します。logキーの値でロギングの動作を指定します。設定できる項目はsingle、daily、syslog、errorlogの4種類で、デフォルト値にdailyが指定されています。本項では各項目をそれぞれ説明します。

▶ single

ログをstorage/log/laravel.logに出力します。出力先のファイルパスは固定であるため、本番環境などではログファイルのローテーション[※5]を考慮する必要があります。

[※5] ログが同一ファイルに記録され続けることで、ディスク容量の圧迫や書き込みができなくなることを防ぐため、適宜出力先のファイルを切り替えたり、古いログを削除したりすること。

▶ daily（デフォルト）

ログを storage/log/laravel-YYYY-MM-DD.log に出力します。

YYYY-MM-DD の部分は、ログ出力時の年月日になります。例えば、2015年05月10日に出力されたログは、laravel-2015-05-10.log に出力されます。1ファイルに1日分のログデータのみが出力されます。

なお、ログファイルは、標準では最新5日分が保持され、それ以前のファイルは削除されます。この保存ファイル数は、config/app.php に log_max_files キーを追加することで変更できます。下記コード例では、30日分のログファイル保持を指定しています（リスト4.54）。

リスト4.54：保持するログファイル数を指定
```
return [
    （略）
    'log_max_files' => 30,
    （略）
];
```

▶ syslog

ログを Syslog に出力します。ident に laravel、facility には LOG_USER が指定されます。syslogd や rsyslog、syslog-ng などの syslog デーモンでは、Laravel からの syslog 出力を記録するように適切に設定する必要があります。

▶ errorlog

ログを error_log 関数で出力します。php.ini などの設定で error_log に関する設定を指定することで出力先などを変更可能です。なお、error_log 関数については PHP マニュアルを参照してください（http://php.net/manual/ja/function.error-log.php）。

4-4-2 ログの出力

　ログの出力にはLogファサードを利用します。Logファサードには、出力するログレベルに合わせてメソッドが用意されているので、ログの内容に応じてメソッドを選択します（表4.10）。引数には、出力するログメッセージを指定します。

表4.10：ログレベルごとのメソッド

メソッド	レベル
Log::debug($error)	debug
Log::info($error)	info
Log::notice($error)	notice
Log::warning($error)	warning
Log::error($error)	error
Log::critical($error)	critical
Log::alert($error)	alert

　下記のコード例では、ログレベルをdebugに設定して、メッセージmessageを出力しています（リスト4.55）。実際に出力されるログは、次の通りです（リスト4.56）。

リスト4.55：debugでログ出力

```
\Log::debug('message');
```

リスト4.56：リスト4.55で出力されるログ

```
[2015-05-10 05:47:47] local.DEBUG: message
```

　ログを出力する際に第2引数に連想配列を指定すると、その値をログに出力できます。
　下記のコード例では、第2引数にキーcodeとidを持つ連想配列を指定しています（リスト4.57）。実際に出力されるログは次に示す通りで、メッセージの後ろに連想配列の内容が出力されていることが分かります（リスト4.58）。

リスト4.57：連想配列の値を合わせて出力する

```
\Log::debug('message', ['code' => 'ABC', 'id' => 1]);
```

リスト4.58：リスト4.57で出力されるログ

```
[2015-05-10 06:28:35] local.DEBUG: message {"code":"ABC","id":1}
```

4-4-3 ロギングのカスタマイズ

Laravelのロギングでは、「monolog」(https://github.com/Seldaek/monolog)パッケージが利用されています。このmonologのインスタンスを直接操作し、柔軟にロギングの処理を変更することが可能です。

monologのインスタンスを取得するには、Log::getMonologメソッドを利用します。

下記のコード例では、Log::getMonologメソッドでmonologのインスタンスを取得し、pushProcessorメソッドでメモリ使用量を出力するプロセッサ[※6]を追加しています（リスト4.59）。この状態でLog::debugメソッドを実行すると、次に示す通り、メモリ使用量（memory_usage）がログに出力されます（リスト4.60）。

リスト4.59：monologインスタンスを取得してカスタマイズ
```
$monolog = \Log::getMonolog();
$monolog->pushProcessor(new \Monolog\Processor\MemoryUsageProcessor());
\Log::debug('message');
```

リスト4.60：リスト4.59でメモリ使用量を追加したログ
```
[2015-05-10 06:51:39] local.DEBUG: message  {"memory_usage":"2.75 MB"}
```

monologの機能はとてもパワフルです。直接インスタンスを操作することで、その機能を十分に活用できます。

（※6）ここでのプロセッサとは、monologにおいて出力するログの加工を行うプログラムです。

Section 04-05
Chapter 04

イベント

　Laravelはフレームワークの様々な処理を実行した際にイベントを発行します。イベントをフックして、フレームワークの処理に合わせ任意の実装を差し込めます。また、アプリケーションごとに任意のイベントを作成し、任意のタイミングで発行することも可能です。
　イベント関連の仕様は下表の通りです（表4.11）。本節ではイベント関連の情報を解説します。

表4.11：イベント関連の仕様

項目	内容
ファサード	Event
ヘルパー関数	event()
イベントディレクトリ	app/Events/
イベントハンドラディレクトリ	app/Listeners/
サービスプロバイダ	App\Providers\EventServiceProvider

4-5-1　イベントのリスナー

　冒頭で触れた通り、フレームワークでは様々な処理の実行前や実行後にイベントが発行されます。フレームワークで発行される主なイベントは下表の通りです（表4.12）。
　各イベントには名称が付けられており、どういったイベントなのか推測できます。イベントをフックする際はイベント名を利用して、そのイベントに対する処理を実装します。イベントに反応して実行されるコードをリスナーと呼びます。

表4.12：フレームワークで発行される主なイベント

種別	イベント名	発行タイミング
認証	auth.attempt	認証処理開始時
認証	auth.login	ログイン成功時
認証	auth.logout	ログアウト処理時
キャッシュ	cache:clearing	キャッシュクリア処理前
キャッシュ	cache:cleared	キャッシュクリア処理後
Artisanコマンド	artisan.start	Artisanコマンド実行開始後

種別	イベント名	発行タイミング
データベース	illuminate.query	クエリ発行後
データベース	connection.＋コネクションクラス名	トランザクション（BEGIN, COMMIT, ROLLBACK）クエリ発行後
ブートストラップ	bootstrapping:＋半角スペース＋ブートストラップクラス名	ブートストラップ起動処理前
ブートストラップ	bootstrapped:＋半角スペース＋ブートストラップクラス名	ブートストラップ起動処理後
カーネル	kernel.handled	カーネルハンドル終了時
ロケール	locale.changed	ロケール設定時
ログ	illuminate.log	ログ出力前
メール	mailer.sending	メール送信前
キュー	illuminate.queue.looping	常駐ジョブワーカープロセスのメインループ内
キュー	illuminate.queue.failed	ジョブ実行エラー時
キュー	illuminate.queue.stopping	ジョブワーカー停止時
ルーター	router.matched	ルーター実行前
ビュー	composing:＋半角スペース＋ビュー名	コンテンツレンダリング前
ビュー	creating:＋半角スペース＋ビュー名	ビュークラス生成時

　下記のコード例では、データベースへクエリを発行した際に発行されるイベント illuminate.query のリスナーを定義しています（リスト 4.61）。

　イベントリスナーを実装するには Event::listen メソッドを利用します。listen メソッドの第 1 引数にフックするイベント名、第 2 引数にはイベントが発行された際に実行する処理を指定します。コード例ではクロージャを指定しています。イベントごとに指定されるクロージャの引数を利用することで、イベントの情報を参照できます。

リスト 4.61：illuminate.query イベントをフックする
```
\Event::listen('illuminate.query', function ($query, $bindings, $time, $database) {
    \Log::info($query . ' ' . json_encode($bindings));
});
```

　上記のコードを実行後、データベースへクエリを発行すると下記のログが記録されます。発行された SQL 文とバインドされた変数の値が出力されています（リスト 4.62）。

リスト 4.62：ログに記録されたデータベースクエリ
```
[2015-05-16 09:46:28] local.INFO: select * from `users` where `email` = ? limit 1
["a@a.com"]  // 実際は 1 行のログ
```

▶リスナーにクラスを指定

リスナーにはクロージャの他にクラスを指定できます。文字列で「クラス名＋＠＋メソッド名」を指定すると、該当クラスのメソッドがリスナーとなります。例えば、下記の通りに指定すると、`foo` イベント発生時には、`FooListener` クラスの `listener` メソッドがリスナーとして実行されます（リスト 4.63）。

リスト 4.63：リスナーにクラスとメソッドを指定
```
\Event::listen('foo', 'FooListener@listener');
```

リスナーに指定するクラスのメソッド名は省略も可能です。省略した場合は、当該クラスの `handle` メソッドが実行されます。例えば、下記の通りに指定すると、`foo` イベント発生時には、`FooListener` クラスの `handle` メソッドがリスナーとして実行されます（リスト 4.64）。

リスト 4.64：リスナーにクラスを指定（メソッド名を省略）
```
\Event::listen('foo', 'FooListener');
```

▶イベントに複数リスナーを登録

1つのイベントに複数のリスナーを登録することも可能です。複数登録時、通常はリスナーの登録順に実行されますが、リスナーに優先度を指定することで実行順を制御できます。優先度は `listen` メソッドの第3引数で指定します。整数値で指定し、大きい数字が指定されたリスナーが先に実行されます。

下記コード例では、同じ `kernel.handled` イベントに対して、3個のリスナーを定義しています（リスト 4.65）。`kernel.handled` イベントはフレームワークから発行され、HTTPカーネルの処理が完了したタイミングで発行されます。各リスナーには第3引数に優先度を指定します。

リスト 4.65：優先度を指定してリスナーを定義
```
\Event::listen('kernel.handled', function ($request, $response)
    { \Log::info('kernel.handled:1'); }, 1);
\Event::listen('kernel.handled', function ($request, $response)
    { \Log::info('kernel.handled:3'); }, 3);
\Event::listen('kernel.handled', function ($request, $response)
    { \Log::info('kernel.handled:2'); }, 2);
```

ブラウザから上記のアプリケーションへアクセスすると、内部で kernel.handled イベントが発生し、リスナーの処理が実行されます。リスナーではログを記録し、優先度と同じ数字をイベント名の後ろに付加します。

下記が実行した結果です（リスト 4.66）。リスナーの定義順とは異なり、優先度が高いリスナーから順に実行されていることが分かります。

リスト 4.66：優先度順に実行
```
[2015-05-17 05:00:21] local.INFO: kernel.handled:3
[2015-05-17 05:00:21] local.INFO: kernel.handled:2
[2015-05-17 05:00:21] local.INFO: kernel.handled:1
```

▶ファサードの listen メソッドによるリスナー登録

フレームワークで発行されるイベントのフックは、Event::listen メソッドを使う以外に、各イベントに関連するファサードに定義されているメソッドも利用できます（表 4.13）。

表 4.13：ファサードの listen メソッドで登録できるイベント

イベント名	listen メソッド
illuminate.query	DB::listen(Closure $callback)
illuminate.log	Log::listen(Closure $callback)
illuminate.queue.looping	Queue::looping($callback)
illuminate.queue.failed	Queue::failing($callback)
illuminate.queue.stopping	Queue::stopping($callback)

例えば、illuminate.query イベントであれば、DB ファサードの listen メソッドにリスナーの処理を渡すことで、イベントリスナーとして登録されます。前掲のリスト 4.61（P.191）と同じリスナーを登録する場合は、下記の通りになります（リスト 4.67）。

リスト 4.67：listen メソッドでリスナー登録
```
\DB::listen(function ($query, $bindings, $time, $database) {
    \Log::info($query . ' ' . json_encode($bindings));
});
```

4-5-2 イベントの発行

イベントはアプリケーションから発行できます。発行するイベントもアプリケーション独自で定義でき、イベントに対するリスナーも設定できます。

イベントの発行には Event::fire メソッドを利用します。第 1 引数にイベント名、第 2 引数にリスナーに渡す値を指定します。複数の値を指定する場合は連想配列に格納します。イベントを発行する例を下記に示します（リスト 4.68）。コード例では、foo_event イベントを発行して、値に 2 つの文字列を渡しています。

リスト 4.68：任意のイベントを発行
```
\Event::fire('foo_event', ['value1', 'value2']);
```

イベントの発行方法として event ヘルパー関数を利用することもできます。Event::fire メソッドと同等の動きをし、下記に示す通りに記述できます（リスト 4.69）。

リスト 4.69：event ヘルパー関数によるイベントの発行
```
event('foo_event', ['value1', 'value2']);
```

上記の foo_event のリスナーを下記に示します（リスト 4.70）。foo_event イベントを受け取って、渡された値をログに記録しています。

リスト 4.70：foo_event イベントのリスナー
```
\Event::listen('foo_event', function ($payload1, $payload2) {
    \Log::info('foo_event', [$payload1, $payload2]);
});
```

上述のリスト 4.68 を実行すると、foo_event イベントが発行され、下記に示すログが記録されます（リスト 4.71）。

リスト 4.71：リスト 4.68 実行時に記録されるログ
```
[2015-05-17 05:55:14] local.INFO: foo_event ["value1","value2"]
```

4-5-3 イベント操作メソッド

イベントを操作するメソッドは、前述の listen メソッド（P.191）や fire メソッド（P.194）以外にも下記にあげるものが用意されています。いずれも Event ファサードのメソッドとして利用できます。

▶ listen($events, $listener, $priority = 0) メソッド

前述の通り、$events で指定されたイベントのリスナーとして、$listener を登録します。

第1引数の $events には配列を指定でき、配列要素の全イベントに対して、$listener をリスナーとして登録します。

▶ hasListeners($eventName) メソッド

$eventName で指定されたイベントのリスナーが登録されているかを bool 値で返します。登録されていれば true を、そうでなければ false を返します。

▶ until($event, $payload = array()) メソッド

fire メソッドと同じくイベントを発行します。fire メソッドとの違いは、複数リスナーが登録されている場合、リスナーが null 以外の値を返すと、以降のリスナーは実行されません。

until メソッドは fire メソッドの第3引数に true を指定することで実現されているので、fire メソッドでも同様の登録ができます。

▶ fire($event, $payload = array(), $halt = false) メソッド

前項で説明した通り、イベントを発行します（P.194）。

▶ firing() メソッド

直近で発行されたイベント名を返します。

▶ forget($event) メソッド

$event で指定されたイベントに関するリスナーを削除します。

4-5-4 EventServiceProvider によるリスナー管理

　Event ファサードによるリスナー登録は、アプリケーションの任意の箇所で実行できます（もちろんイベント発行前に登録する必要があります）。しかし、リスナーの登録処理がアプリケーションの各所に散乱していると、登録されているリスナーの把握が困難になります。そのため、EventServiceProvider にリスナー登録処理をまとめると、一元的な管理が可能です。

　下記に示す通り、App\Providers\EventServiceProvider クラスでは、2 つの方法でイベントリスナーを登録できます（リスト 4.72）。1 つは $listen プロパティによる指定（①）、もう 1 つが boot メソッド内での listen メソッドの実行です（②）。

リスト 4.72：EventServiceProvider

```php
<?php
namespace App\Providers;

use Illuminate\Contracts\Events\Dispatcher as DispatcherContract;
use Illuminate\Foundation\Support\Providers\EventServiceProvider as ServiceProvider;

class EventServiceProvider extends ServiceProvider
{
    protected $listen = []; <--- ①

    public function boot(DispatcherContract $events) <--- ②
    {
        parent::boot($events);

        //
    }
}
```

▶ $listen プロパティによるリスナー登録

　$listen プロパティには連想配列を記述します。キーにイベント名、値にイベントに対するリスナーを要素とした配列で指定します。指定されたリスナーは EventServiceProvider によって登録されます。

下記が、$listen プロパティでリスナーを指定している例です（リスト 4.73）。foo イベントには FooListener（の handle メソッド）、bar イベントには BarHandler（の handle メソッド）と HogeHandler の action メソッドが、リスナーとして登録されます。

リスト 4.73：$listen プロパティでのリスナー指定

```
protected $listen = [
    'foo' => [
        'FooListener',
    ],
    'bar' => [
        'BarHandler',
        'HogeHandler@action',
    ],
]
```

▶ boot メソッド内でのリスナー登録

$listen プロパティで指定されたリスナーは boot メソッド内で登録されます。具体的には下記コード例に示す通り、基底クラスの boot メソッドを呼ぶことで実行されます（リスト 4.74 ①）。

この boot メソッドはリスナーの登録を担当しているので、Event::listen メソッドによるリスナー登録も同メソッド内に記述すると良いでしょう。

下記コード例では、boot メソッドで 2 つのリスナーを登録しています（②、③）。boot メソッドに処理を追加する際は、基底クラスの呼び出し部分（①）を誤って削除しないように注意しましょう[※7]。

リスト 4.74：boot メソッド内でのリスナー登録

```
public function boot(DispatcherContract $events)
{
    parent::boot($events); // <--- ①

    //
    \DB::listen(function ($query, $bindings, $time, $database) { // <--- ②
        \Log::info($query . ' ' . json_encode($bindings));
    });
```

（※7）万が一、削除してしまうと、$listen プロパティの内容はリスナーとして登録されません。

```
        \Event::listen('kernel.handled', function ($request, $response) { // <--- ③
            \Log::info('kernel.handled');
        }, 1);
    }
```

4-5-5　イベントクラス

　本節ではイベントを発行する際、イベント名を文字列として指定しています。イベント名で指定する以外に、イベントクラスのインスタンスを指定して発行する方法もあります。この方法では、イベントクラスのインスタンスとして情報をカプセル化できるため、リスナーにはクラスインスタンスのみが渡されます。

▶イベントクラスとリスナークラスの生成

　イベントクラスとリスナークラスの生成には Artisan コマンドを使います。
　コマンドの実行前に、EventServiceProvider クラスの $listen プロパティにイベントとリスナーを指定します。イベントにはイベントクラス名、リスナーにはリスナークラス名を指定します。
　下記のコード例では、イベントクラスに App\Events\Foo クラス、そのリスナーには App\Listeners\FooListener クラスを指定しています（リスト 4.75）。

リスト 4.75：イベントクラスとリスナークラスの指定
```
protected $listen = [
    \App\Events\Foo::class => [
        \App\Listeners\FooListener::class,
    ],
];
```

　上記の状態で、「php artisan event:generate」コマンドを実行します（リスト 4.76）。コマンドを実行すると、イベントクラス（リスト 4.77）とリスナークラス（リスト 4.78）が雛形として生成されます。

リスト 4.76：php artisan event:generate コマンドの実行
```
$ php artisan event:generate
Events and handlers generated successfully!
```

次のコード例に示す通り、イベントクラスは App\Events\Event クラスを継承しています（リスト 4.77）。また、Illuminate\Queue\SerializesModels トレイトを use しています。イベントクラスのプロパティに Eloquent インスタンスがある場合、シリアライズするためのものです。

リスト 4.77：生成されるイベントクラス（コメントや不要な use 文は省略）

```php
<?php
namespace App\Events;

use Illuminate\Queue\SerializesModels;

class Foo extends Event
{
    use SerializesModels;

    public function __construct()
    {
        //
    }

    public function broadcastOn()
    {
        return [];
    }
}
```

また、下記雛形に示す通り、リスナークラスは POPO（Plain Old PHP Object）で handle メソッドを持っています（リスト 4.78）。

前述の通り、イベントを受け取った際に実行されるメソッドです。handle メソッドの引数には、イベントクラスである App\Events\Foo クラスがタイプヒンティングで指定されています。リスナーが実行される際は、このインスタンスが引数で渡されます。

リスト 4.78：生成されるリスナークラス（コメントや不要な use 文は省略）

```php
<?php
namespace App\Listeners;

use App\Events\Foo;
```

```
class FooListener
{
    public function __construct()
    {
        //
    }

    public function handle(Foo $event)
    {
        //
    }
}
```

▶イベントクラスに Eloquent インスタンスを格納してリスナーで利用する

生成されたイベントクラスに Eloquent インスタンスを渡して、リスナーで利用する例を説明します。

まず、イベントクラスのコンストラクタで App\User（Eloquent）クラスのインスタンスを渡します（リスト 4.79）。このインスタンスは $user プロパティに格納されるので、取得するためのゲッター（getUser メソッド）を実装します。

リスト 4.79：App\User クラスのインスタンスをイベントクラスで保持する

```php
<?php
namespace App\Events;

use App\User;
use Illuminate\Queue\SerializesModels;

class Foo extends Event
{
    use SerializesModels;

    protected $user;

    public function __construct(User $user)
    {
        $this->user = $user;
```

```
    }

    public function getUser()
    {
        return $this->user;
    }
    // (略)
}
```

リスナーの handle メソッドでは、Foo イベントクラスのインスタンスが渡されるので、あとは getUser メソッドを使えば、App\User クラスのインスタンスを操作できます。下記のコード例ではユーザー名を取得してログに出力しています。コンストラクタはここでは不要なので削除します（コード 4.80）。

リスト 4.80：イベントに含まれるユーザーインスタンスを利用
```
<?php
namespace App\Listeners;

use App\Events\Foo;

class FooListener
{
    public function handle(Foo $event)
    {
        \Log::info(\Event::firing() . ' name=' . $event->getUser()->name);
    }
}
```

▶イベントの発行

イベントクラスを使ってイベントを発行するには、Event::fire メソッドもしくは event ヘルパー関数を利用します。イベント名を使う場合との相違は、イベントクラスのインスタンスを第 1 引数とすることと第 2 引数を指定しないことです。イベント発行メソッドに指定した第 1 引数のインスタンスが、そのままリスナーの引数として渡されるからです。

次にイベントクラスを使ってイベントを発行するコード例を示します（リスト 4.81）。
App\User::find メソッドで App\User クラスのインスタンスを $user に格納します。この

コード例では、id=1 に name=Junko のレコードが登録されていることを想定しています。

続いて、イベントクラスのインスタンスを生成します。この時に $user をコンストラクタの引数として渡します。そして、Event::fire メソッドもしくは event ヘルパー関数にイベントクラスを渡して、イベントを発行します。

リスト 4.81：イベントクラスを使ったイベント発行

```
$user = \App\User::find(1); // $user->name = 'Junko'

$event = new \App\Events\Foo($user);

\Event::fire($event);
// もしくは
event($event);

// イベントクラスの生成とイベント発行を 1 行で実行
event(new \App\Events\Foo($user));
```

イベントを発行すると、リスナークラスである FooListener クラスの handle メソッドが実行されるため、下記に示すログが出力されます（リスト 4.82）。イベントクラスに格納した App\User クラスのインスタンスが参照されていることが分かります。

リスト 4.82：イベントインスタンスのユーザー名がログに出力される

```
[2015-05-20 04:22:15] local.INFO: App\Events\Foo name=Junko
```

4-5-6 イベントのサブスクライブ

複数イベントに対する処理を登録するには、サブスクライバを利用する方法があります。サブスクライバは複数のイベントに対するリスナーをクラスにまとめたものです。

次にサブスクライバのコード例を示します（リスト 4.83）。App\Events\Foo イベントクラスと kernel.handled イベントのリスナーを定義しています。

リスナーの定義は subscribe メソッドで行います（①）。引数には Illuminate\Events\Dispatcher クラスのインスタンス（Event ファサードで扱うインスタンスと同じ）が渡されるので、このインスタンスの listen メソッドでリスナーを登録します。リスナーにはサブスクライバ自身のメソッドを指定しています。

続いて、イベントのリスナーとして登録したメソッドを実装します。onFoo メソッド（②）は App\Events\Foo イベントのリスナー、onKernelHandled メソッド（③）は kernel.handled イベントのリスナーです。リスナーメソッド内の実装は、通常のリスナーと同じです。

リスト 4.83：複数のイベントに反応するサブスクライバ

```php
<?php
namespace App\Listeners;

use App\Events\Foo;
use Illuminate\Events\Dispatcher;
use Illuminate\Http\Request;
use Illuminate\Http\Response;

class AppEventSubscriber
{
    public function subscribe(Dispatcher $events) // <--- ①
    {
        $events->listen('App\Events\Foo', __CLASS__ . '@onFoo');
        $events->listen('kernel.handled', __CLASS__ . '@onKernelHandled');
    }

    public function onFoo(Foo $event) // <--- ②
    {
        \Log::info(__CLASS__ . ':' . \Event::firing());
    }

    public function onKernelHandled($request, $response) <--- ③
    {
        \Log::info(__CLASS__ . ':' . \Event::firing());
    }
}
```

サブスクライバの登録は Event::subscribe メソッドを実行します。引数には、サブスクライバのインスタンスもしくはサブスクライバのクラス名を渡します。この処理はリスナーと同様、EventServiceProvider クラスの boot メソッドに記述すると良いでしょう。

次に示すコード例では、Event::subscribe メソッドを実行すると、サブスクライバクラスの subscribe メソッドが実行され、それぞれのリスナーが登録されます（リスト 4.84）。

リスト 4.84：サブスクライバを登録

```php
public function boot(\Illuminate\Contracts\Events\Dispatcher $events)
{
    parent::boot($events);

    // サブスクライバインスタンスを、Event::subscribe メソッドで登録
    $subscriber = new \App\Listeners\AppEventSubscriber();
    \Event::subscribe($subscriber);
    // もしくはサブスクライバクラス名を指定しても良い
    \Event::subscribe(\App\Listeners\AppEventSubscriber::class);
}
```

Section 04-06

Chapter 04

ローカリゼーション

　ローカリゼーションは、アプリケーションで出力するメッセージの多言語対応です。日本語もしくは英語のみなど、単一言語で表現するアプリケーションでも有用なものです。Laravelのローカリゼーション最大のメリットは、メッセージを取得し出力するロジックと、実際に表現されるメッセージを別に管理可能なことです。メッセージは言語ファイルで管理されるため、メッセージを変更する場合は言語ファイルのみを編集して、ロジック部分に触れる必要はありません。言語ファイルと出力ロジックを別管理することで、柔軟なメッセージ管理が可能となります。

　本節で説明するローカリゼーションの各仕様は下表の通りです（表4.14）。

表4.14：ローカリゼーション関連の仕様

項目	内容
ファサード	Lang
ヘルパー関数	trans()、trans_choice()
設定ファイル	config/app.php（locale, fallback_locale）
設定変更	App::setLocale()
言語ファイルディレクトリ	resources/lang/ 言語名（enやjaなど）/

4-6-1　言語ファイル

　メッセージを定義する言語ファイルを作成します。resources/langディレクトリ以下に言語ごとのディレクトリを用意して、その中に言語ファイルを配置します。

　次図が言語ファイルの構成です（図4.2）。フレームワークが利用する言語ファイルが用意されています。標準では「en」（English：英語）のみが用意されています。

　日本語の言語ファイルを用意するなら、langディレクトリ以下に「ja」ディレクトリを作成して、「en」ディレクトリから言語ファイルをコピーします（図4.3）。

フレームワークの機能

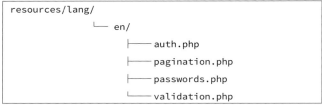

図 4.2：言語ファイル構成（デフォルト）

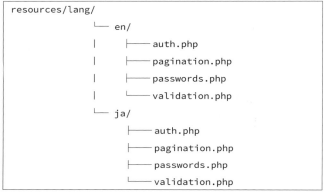

図 4.3：言語ファイル構成（日本語 ja を追加）

　ja ディレクトリに言語ファイルは配置されましたが、その内容は英語のままです。言語ファイルを編集して日本語へ変更します。本項では pagination.php を例に修正します。

　下記が pagination.php です（リスト 4.85）。en ディレクトリからコピーしたファイルそのものなので、記述は英語のままです。言語ファイルの内容は連想配列で、キーはメッセージを示す ID、値がメッセージ本文です。これはページネーションで表示されるメッセージで、「前へ」や「次へ」などリンクのラベルになります。

　言語ファイルを読み込む側がキーを利用するため、キーは変更せずに値の部分を差し替えることで、画面に出力されるメッセージが変わります。

リスト 4.85：pagination.php（英語）

```
<?php
return [
    'previous' => '&laquo; Previous',
    'next' => 'Next &raquo;',
];
```

enディレクトリからコピーしたpagination.phpを日本語に変更しましょう。下記に日本語に変更したpagination.phpを示します（リスト4.86）。

リスト4.86：pagination.php（日本語）

```php
<?php
return [
    'previous' => '&laquo; 前へ',
    'next' => '次へ &raquo;',
];
```

▶独自の言語ファイル

言語ファイルは任意のファイルを追加できます。本項では汎用のメッセージを格納するファイルとして、messages.phpを追加します。言語ファイルは利用するロケールディレクトリ配下に設置します。enロケールも利用する場合は、そちらにも同名のファイルを追加します（図4.4）。

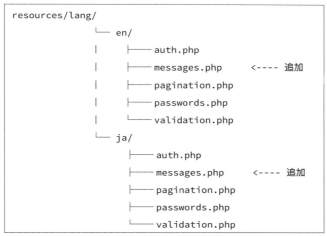

図4.4：messages.phpをenロケールとjaロケールに追加

次の通り、ロケールen（リスト4.87）とロケールja（リスト4.88）に対応するそれぞれのmessages.phpを用意します。いずれのファイルにも2つのキーを記述しています。

keyは単純にメッセージを定義しています。key_with_parameterはパラメータ付きメッセージで、:nameの部分はメッセージ取得時に渡された値と置換できます。なお、この動作に関しては、後述の「4-6-3 メッセージの取得」で解説します（P.209）。

リスト 4.87：messages.php（en）

```php
<?php
return [
    'key' => 'Hello!',
    'key_with_parameter' => 'My name is :name.'
];
```

リスト 4.88：messages.php（ja）

```php
<?php
return [
    'key' => 'こんにちは！',
    'key_with_parameter' => '私の名前は、:name です。'
];
```

4-6-2 ロケール設定

　前項の状態で画面を表示しても日本語表示にはなりません。アプリケーション自体が利用する言語（ロケール）が en のままだからです。ロケールを config/app.php で設定する必要があります。

　config/app.php でのロケール関連の設定は、locale キーと fallback_locale キーです（リスト 4.89）。アプリケーション全体でデフォルトとするロケールを locale キーで指定します。fallback_locale キーは、デフォルトロケールのメッセージ ID が言語ファイルに存在しない場合、代わりに利用するロケールです。標準ではいずれのキーにも en が指定されています。

リスト 4.89：config/app.php でのロケール設定

```
return [
(略)
    'locale' => 'en',
    'fallback_locale' => 'en',
(略)
];
```

　config/app.php の locale を ja に変更して日本語を使用します（リスト 4.90）。ただし、fallback_locale は ja ロケールのメッセージが存在しない場合に利用されるため、en のままにします。

リスト 4.90：ja をデフォルトロケールに変更
```
return [
(略)
    'locale' => 'ja',
    'fallback_locale' => 'en',
(略)
];
```

また、デフォルトロケールは App::setLocale メソッドでも設定できます（リスト 4.91）。

リスト 4.91：App::setLocale メソッド
```
\App::setLocale('ja');
```

4-6-3 メッセージの取得

　言語ファイルで設定したメッセージを取得するには、trans ヘルパー関数もしくは Lang ファサードを利用します。本節では Laravel 公式ドキュメントに合わせて trans ヘルパー関数を使い、ヘルパー関数の引数に取得するメッセージを指定します。メッセージは、メッセージファイルとキーをドットで連結した文字列で指定します。

　下記のコード例では、messages.key をメッセージとして指定しています（リスト 4.92）。これは messages.php の key キーを指し、前述の key キーの値（リスト 4.88）を返します。

リスト 4.92：メッセージの取得
```
trans('messages.key');
// こんにちは！
```

　メッセージにはパラメータを指定できます。前述の key_with_parameter キーがパラメータ付きメッセージです（リスト 4.88）。パラメータは trans ヘルパー関数の第 2 引数に連想配列で指定します。連想配列のキーには、メッセージ本文で置換変数として定義されているものを指定します。

　次に示すコード例では、パラメータとして name キーとその値を指定しています（リスト 4.93）。trans ヘルパー関数を実行すると、メッセージ本文内にある置換変数がパラメータの値に置換されます。パラメータの利用により、言語ファイルにはメッセージのテンプレートを定義し、

trans ヘルパー関数実行時に動的に値を置換できます。

リスト 4.93：パラメータ付きメッセージの取得
```
trans('messages.key_with_parameter', ['name' => '太郎']);
// 私の名前は、太郎です。
```

　trans ヘルパー関数の実行時に、引数に指定されたメッセージが言語ファイルに存在しない場合は、指定された文字列をそのまま返します。引数で指定したメッセージが言語ファイルにない場合を次に示します（リスト 4.94）。messages.nothing は存在しないので、そのままメッセージとして返されます。言語ファイル自体が存在しない場合も同様です。

リスト 4.94：指定されたメッセージが存在しない場合
```
trans('messages.nothing');
// messages.nothing

trans('nothing');
// nothing
```

　また、trans ヘルパー関数の第 4 引数にロケールを指定すると、任意のロケールでメッセージを取得できます。下記のコード例では、ロケール en のメッセージを取得しています（リスト 4.95）。

リスト 4.95：en ロケールでメッセージを取得
```
trans('messages.key', [], null, 'en');
// Hello!
```

Section 04-07

Chapter 04

メール

　Laravelのメール機能は、PHPのメールライブラリとして有名な「Swift Mailer」（http://swiftmailer.org）をベースにしています。PHPの`mail`関数や`sendmail`コマンド、SMTPなどベーシックなものはもちろん、「Mailgun」や「Mandrill」、「Amazon SES」などクラウドベースのメールサービスにも対応しています。

　本節では、要件に応じてメールの送信手段を変更できるメール機能を説明します。なお、メール関連の仕様は下表の通りです（表4.15）。

表4.15：メール関連の仕様

項目	内容
ファサード	`Mail`
メールテンプレートディレクトリ	`resources/views/emails/`
設定ファイル	`config/mail.php`
対応ドライバ	`smtp`（デフォルト）
	`mail`
	`sendmail`
	`mailgun`（Mailgun）
	`mandrill`（Mandrill）
	`ses`（Amazon SES）
	`log`

4-7-1　設定

　メール機能は`config/mail.php`で設定します。本項では各設定項目を説明します。

▶ driverキー

　メール送信を担うドライバを指定します。対応しているドライバは、前表の通りです（表4.15）。`env`ヘルパー関数で`MAIL_DRIVER`の値を取得して利用するので、環境変数や`.env`ファイルで指定します。デフォルト値は`smtp`です。

▶ host キー

　SMTP サーバのホストを指定します。env ヘルパー関数で MAIL_HOST の値を参照するので、環境変数や .env ファイルで指定します。デフォルト値は smtp.mailgun.org です（Mailgun で提供されているホスト）。

▶ port キー

　SMTP サーバへ接続するポートを指定します。env ヘルパー関数で MAIL_PORT の値を参照するので、環境変数や .env ファイルで指定します。デフォルト値は 587 です（Mailgun で提供されているポート）。

▶ from キー

　送信元メールアドレスを指定します。連想配列として address キーにメールアドレス、name キーに名前を指定します。メール配信時に送信元の指定も可能ですが、指定がない場合は、この値が利用されます。本節では、下記の通り設定します（リスト 4.96）。

リスト 4.96：from キーの設定

```
return [
    // (略)
    'from' => ['address' => 'admin@example.com', 'name' => '管理者'],
    // (略)
];
```

▶ encryption キー

　メール送信時の暗号化プロトコルを指定します。env ヘルパー関数で MAIL_ENCRYPTION の値を参照するので、環境変数や .env ファイルで指定します。デフォルト値は tls です。

▶ username キー

　SMTP サーバが認証を要求する際に利用するユーザー名を指定します。後述の password とペアで設定します。env ヘルパー関数で MAIL_USERNAME の値を参照するので、環境変数や .env ファイルで指定します。

▶ password キー

SMTP サーバが認証を要求する際に利用するパスワードを指定します。env ヘルパー関数で MAIL_PASSWORD の値を参照するので、環境変数や .env ファイルで指定します。

▶ sendmail キー

sendmail ドライバ利用時のメール送信コマンドを指定します。「/usr/sbin/sendmail -bs」がデフォルト値として指定されています。必要に応じて、sendmail コマンドのパスやオプションを変更します。

▶ pretend キー

pretend キーを有効にすると、実際にはメールは送信せず、ログにメールの内容を記録します。bool 値で指定し開発時に主に利用されます。デフォルト値は false です。

▶ 開発時の設定

開発時は、実際にメールを送信するのではなく、メール送信の内容をログで確認できる方が便利です（最終的には実際のメール送信テストも必須です）。本節では、ドライバを明示的に指定していない場合は、log を利用しています。

4-7-2 メールの送信

メールの送信には Mail ファサードを利用します。Mail::send メソッドを利用してメールを送信します。本項では、各メール形式ごとに送信方法を説明します。

▶ HTML メール

Mail::send メソッドによるメール送信は、デフォルトでは HTML メールとして送信されます。文字エンコーディングは UTF-8 です。メール本文のテンプレートはビューテンプレートと同じく、下記に示す通り、resources/views 以下に設置し、resources/views/emails/hello.blade.php のファイルパスで保存します（リスト 4.97）。

リスト 4.97：メールテンプレート（resources/views/emails/hello.blade.php）

```
こんにちは！{{ $name }}さん。
```

メールテンプレートの内容はビューテンプレートと同様に、Blade記法で記述できます。Mail::sendメソッド実行時に任意の値を渡し、メールテンプレート内で値を参照できます。前述のコード例では$nameの値を出力します（リスト4.97）。

上記のテンプレートを送信するコードを次に示します（リスト4.98）。
Mail::sendメソッドの第1引数には、メールテンプレートファイルをresources/viewsディレクトリからの相対パスで指定し、拡張子は省略して指定します。コード例では前述のリスト4.97のテンプレートを指定しています。

第2引数はメールテンプレートへ渡す値を連想配列で指定します[※7]。nameキーの値はテンプレートでは$nameとして参照します。第3引数にクロージャを指定します。クロージャには引数にIlluminate\Mail\Messageクラスのインスタンスが渡されるので、これを利用して送付先や件名などを指定します。

クロージャ内で送付先を指定するにはtoメソッド（第1引数にメールアドレス、第2引数に名前）、件名を指定するにはsubjectメソッド（引数で件名を指定）を利用します。各メソッドは自身のインスタンスを返すので、メソッドチェーンで記述できます。

リスト4.98：メール送信のコード例
```
use Illuminate\Mail\Message;

\Mail::send('emails.hello', ['name' => '太郎'], function (Message $message) {
    $message->to('foo@example.com', '太郎')
        ->subject('お知らせ');
});
```

上記のコード例を実行すると、次に示すログが出力されます（リスト4.99）。ドライバにlog以外を指定すれば、この内容のメールが送信されます。SubjectヘッダとToヘッダには、クロージャ内で指定した値がエンコードされています。また、本文ではメールテンプレートの内容に、指定した値が埋め込まれて出力されていることが分かります。

リスト4.99：送信されたメール（ログ）
```
[2015-06-07 07:52:47] testing.DEBUG: Message-ID:
                           <cd2eb2efb8ba34512aebdcc5bc3551ce@swift.generated>
Date: Sun, 07 Jun 2015 07:52:47 +0000
Subject: =?utf-8?Q?=E3=81=8A=E7=9F=A5=E3=82=89=E3=81=9B?=
```

[※7] messageキーはフレームワークが利用するため、ここでは指定できません。

```
From: =?utf-8?Q?=E7=AE=A1=E7=90=86=E8=80=85?= <admin@example.com>
To: =?utf-8?Q?=E5=A4=AA=E9=83=8E?= <foo@example.com>
MIME-Version: 1.0
Content-Type: text/html; charset=utf-8
Content-Transfer-Encoding: quoted-printable


こんにちは！太郎さん。
```

なお、Mail::send メソッドの第3引数のクロージャで渡される $message には多様なメソッドが用意されています。メール送信に関する様々な指定が可能です。下表に主要なメソッドをあげます（表4.16）。

表4.16：$message の主なメソッド

メソッド	内容
from($address, $name = null)	From ヘッダを指定
sender($address, $name = null)	Sender ヘッダを指定
to($address, $name = null)	To ヘッダを指定
cc($address, $name = null)	Cc ヘッダを指定
bcc($address, $name = null)	Bcc ヘッダを指定
replyTo($address, $name = null)	Reply-To ヘッダを指定
subject($subject)	Subject ヘッダ（件名）を指定
priority($level)	X-Priority ヘッダを指定
attach($pathToFile, array $options = [])	添付ファイルを指定

▶ ISO-2022-JP メール

Laravel のメール機能は標準では UTF-8 のメールを送信しますが、昨今のメールクライアントであれば特段の問題はありません。ただし、古いメールクライアントに向けてメールを送信するケースでは、ISO-2022-JP に変換して送信する必要に迫られる可能性があります。

ISO-2022-JP メールを送信するには、下記コード例に示す通り、SwiftMailer の初期設定で設定します（リスト4.100）。この設定は1度だけ実行すれば良いので、App\Providers\AppServiceProvider の boot メソッドなどに記述すると良いでしょう。

リスト4.100：SwiftMailer の初期設定

```
public function boot()
{
    \Swift::init(function () {
```

```
        \Swift_DependencyContainer::getInstance()
            ->register('mime.qpheaderencoder')
            ->asAliasOf('mime.base64headerencoder');

        \Swift_Preferences::getInstance()->setCharset('ISO-2022-JP');
    });
}
```

　Mail::send メソッドに渡すクロージャ内でも指定します。下記にコード例とログを示します（リスト 4.101 ～ 4.102）。setCharset メソッドで文字エンコーディングを、setEncoder メソッドでエンコーダを指定します。$message のメソッドを利用することで、多様なメール形式に対応できます。

リスト 4.101：ISO-2022-JP メールの送信

```
use Illuminate\Mail\Message;

\Mail::send('emails.hello', ['name' => '太郎'], function (Message $message) {
    $message->to('foo@example.com', '太郎')
        ->subject('お知らせ')
        ->setCharset('ISO-2022-JP')
        ->setEncoder(new Swift_Mime_ContentEncoder_PlainContentEncoder('7bit'));
});
```

リスト 4.102：ISO-2022-JP メール（ログ）

```
[2015-06-07 10:30:01] testing.DEBUG: Message-ID:
                         <96f8e2e0e4942de2a0a2d8c4cfc5e05d@swift.generated>
Date: Sun, 07 Jun 2015 10:30:01 +0000
Subject: =?ISO-2022-JP?B?GyRCJCpDTiRpJDsbKEI=?=
From: =?ISO-2022-JP?B?GyRCNElNfTxUGyhC?= <admin@example.com>
To: =?ISO-2022-JP?B?GyRCQkBPOhsoQg==?= <foo@example.com>
MIME-Version: 1.0
Content-Type: text/html; charset=ISO-2022-JP
Content-Transfer-Encoding: 7bit

ESC$B$3$s$K$A$O!*B@O:$5$s!#ESC(B
```

▶ HTML メールとテキストメール（マルチパート）

　HTML メールが解釈できないメールクライアントを想定して、HTML メールとテキストメールをマルチパートで送信可能です。下記にそのコード例とログを示します（リスト 4.103 〜 4.104）。

　`Mail::send` メソッドの第 1 引数を配列で指定します。最初の要素には、HTML メールのテンプレート、次の要素には、テキストメールのテンプレートを指定します。コード例では同じテンプレートを指定しています。

リスト 4.103：HTML メールとテキストメールを送る

```
use Illuminate\Mail\Message;

\Mail::send(['emails.hello', 'emails.hello'], ['name' => '太郎'],
    function (Message $message) {
        $message->to('foo@example.com', '太郎')
            ->subject('お知らせ');
});
```

リスト 4.104：HTML メールとテキストメール（ログ）

```
[2015-06-07 09:00:37] testing.DEBUG: Message-ID:
                        <e2333ff94169e0be9189ce5dea4d4ab2@swift.generated>
Date: Sun, 07 Jun 2015 09:00:37 +0000
Subject: =?utf-8?Q?=E3=81=8A=E7=9F=A5=E3=82=89=E3=81=9B?=
From: =?utf-8?Q?=E7=AE=A1=E7=90=86=E8=80=85?= <admin@example.com>
To: =?utf-8?Q?=E5=A4=AA=E9=83=8E?= <foo@example.com>
MIME-Version: 1.0
Content-Type: multipart/alternative;
 boundary="_=_swift_v4_1433667637_56e9558fba057781127dc9612520ac17_=_"

こんにちは！太郎さん。


Content-Type: text/plain; charset=utf-8
Content-Transfer-Encoding: quoted-printable

こんにちは！太郎さん。
```

▶テキストメール

　テキストメールのみを送信する場合は、`Mail::send` メソッドの第 1 引数を連想配列にして、`text` キーにメールテンプレートを指定します。下記にコード例とログを示します（リスト 4.105 〜 4.106）。第 1 引数を連想配列にして、`text` キーにメールテンプレートを指定しています。

リスト 4.105：テキストメール送信

```
use Illuminate\Mail\Message;

\Mail::send(['text' => 'emails.hello'], ['name' => '太郎'],
    function (Message $message) {
        $message->to('foo@example.com', '太郎')
            ->subject('お知らせ');
});
```

リスト 4.106：テキストメール（ログ）

```
[2015-06-07 10:56:40] testing.DEBUG: Message-ID:
                     <12d81bfb2e93845e915aaf5f2be64770@swift.generated>
Date: Sun, 07 Jun 2015 10:56:40 +0000
Subject: =?utf-8?Q?=E3=81=8A=E7=9F=A5=E3=82=89=E3=81=9B?=
From: =?utf-8?Q?=E7=AE=A1=E7=90=86=E8=80=85?= <admin@example.com>
To: =?utf-8?Q?=E5=A4=AA=E9=83=8E?= <foo@example.com>
MIME-Version: 1.0
Content-Type: multipart/alternative;
 boundary="_=_swift_v4_1433674600_40d7e7a52179bb91e885b7a599a3ea43_=_"


Content-Type: text/plain; charset=utf-8
Content-Transfer-Encoding: quoted-printable

こんにちは！太郎さん。
```

▶メール本文を直接指定

　メールテンプレートを使わず、メール本文を指定して送信するには、`Mail::raw` メソッドを利用します。第 1 引数にメール本文、第 2 引数に `Mail::send` メソッドと同じクロージャを指定します。次にコード例とログを示します（リスト 4.107 〜 4.108）。メール本文を文字列で指定しています。

リスト 4.107：メール本文を指定して送信

```
use Illuminate\Mail\Message;

\Mail::raw('こんにちは！', function (Message $message) {
    $message->to('foo@example.com', '太郎')
        ->subject('お知らせ');
});
```

リスト 4.108：Mail:raw メソッドによるメール（ログ）

```
[2015-06-07 10:58:39] testing.DEBUG: Message-ID:
                        <4a3161b1d0f5715b2c1e037ccf12ec1c@swift.generated>
Date: Sun, 07 Jun 2015 10:58:39 +0000
Subject: =?utf-8?Q?=E3=81=8A=E7=9F=A5=E3=82=89=E3=81=9B?=
From: =?utf-8?Q?=E7=AE=A1=E7=90=86=E8=80=85?= <admin@example.com>
To: =?utf-8?Q?=E5=A4=AA=E9=83=8E?= <foo@example.com>
MIME-Version: 1.0
Content-Type: multipart/alternative;
 boundary="_=_swift_v4_1433674719_1253f9e63971ec758154c3a95d6cdfbd_=_"


Content-Type: text/plain; charset=utf-8
Content-Transfer-Encoding: quoted-printable

こんにちは！
```

▶添付ファイル付きメール

　添付ファイル付きメールを送信する場合は、`Mail::send` メソッドの第 3 引数のクロージャ内で、`$message` の `attach` メソッドで添付ファイルを指定します。

　下記にコード例とログを示します（リスト 4.109 ～ 4.110）。`attach` メソッドの第 1 引数には添付ファイルのパスを指定します。コード例では、`laravel-logo.png` ファイルを指定しています。

リスト 4.109：添付ファイルを送信

```
use Illuminate\Mail\Message;

\Mail::send('emails.hello', ['name' => '太郎'], function (Message $message) {
    $message->to('foo@example.com', '太郎')
```

```
        ->subject(' お知らせ ');

    $message->attach(__DIR__ . '/laravel-logo.png');
});
```

リスト 4.110：添付ファイル付きメール（ログ）

```
[2015-06-07 11:53:08] testing.DEBUG: Message-ID:
                                <751d65e12ba9be7d3aa3f423174aca16@swift.generated>
Date: Sun, 07 Jun 2015 11:53:08 +0000
Subject: =?utf-8?Q?=E3=81=8A=E7=9F=A5=E3=82=89=E3=81=9B?=
From: =?utf-8?Q?=E7=AE=A1=E7=90=86=E8=80=85?= <admin@example.com>
To: =?utf-8?Q?=E5=A4=AA=E9=83=8E?= <foo@example.com>
MIME-Version: 1.0
Content-Type: text/html;
 boundary="_=_swift_v4_1433677988_6cfe2baa343c50611f3f6b4380976ed5_=_"

こんにちは！太郎さん。


Content-Type: image/png; name=laravel-logo.png
Content-Transfer-Encoding: base64
Content-Disposition: attachment; filename=laravel-logo.png

（略）
```

　attach メソッドの第 2 引数を指定すると、添付ファイルのファイル名や MIME タイプを設定できます。第 2 引数は連想配列で、`as` キーにファイル名、`mime` キーには MIME タイプを指定します。下記のコード例では、ファイル名を `foo.png`、MIME タイプを `application/octet-stream` と指定しています（リスト 4.111）。

リスト 4.111：添付ファイルのファイル名、MIME タイプを指定

```
use Illuminate\Mail\Message;

\Mail::send('emails.hello', ['name' => ' 太郎 '], function (Message $message) {
    $message->to('foo@example.com', ' 太郎 ')
        ->subject(' お知らせ ');

    $options = ['as' => 'foo.png', 'mime' => 'application/octet-stream'];
    $message->attach(__DIR__ . '/laravel-logo.png', $options);
});
```

▶インライン添付ファイル付きメール

メール本文内に画像などのファイルを差し込むには、メールテンプレートで $message の embed メソッドを実行します。$message はフレームワークで設定される変数で、Illuminate\Mail\Message クラスのインスタンスが格納されています。embed メソッドには、引数にインライン添付ファイルパスを指定します。

下記にメールテンプレートの例を示します。$file を Mail::send メソッドで与えられる想定で、embed メソッドの引数として指定しています（リスト 4.112）。

リスト 4.112：インライン添付ファイル付きメールテンプレート（inline.blade.php）

```
こんにちは！
<img src="<?php echo $message->embed($file); ?>">
```

embedData メソッドを利用すると、添付ファイルデータをファイルパスではなく、直接指定することが可能です。下記のコード例では、$data を添付ファイルの内容、$filename をファイル名、$mime を MIME タイプとしています（リスト 4.113）。

リスト 4.113：添付ファイルデータを直接指定

```
こんにちは！
<img src="<?php echo $message->embedData($data, $filename, $mime); ?>">
```

下記がインライン添付ファイル付きメールを送信するコード例とログです（リスト 4.114 〜 4.115）。上記のリスト 4.112 をメールテンプレートとして、第 2 引数で file キーにファイルパスを指定しています。

リスト 4.114：インライン添付ファイル付きメールを送信

```
use Illuminate\Mail\Message;

$file = __DIR__ . '/laravel-logo.png';
\Mail::send('emails.inline', ['file' => $file], function (Message $message) {
    $message->to('foo@example.com', '太郎')
        ->subject('お知らせ');
});
```

リスト 4.115：インライン添付ファイル付きメール（ログ）

```
[2015-06-07 12:10:12] testing.DEBUG: Message-ID:
                    <e58d027e8bd5227630dc5b42d253e8fd@swift.generated>
```

```
Date: Sun, 07 Jun 2015 12:10:12 +0000
Subject: =?utf-8?Q?=E3=81=8A=E7=9F=A5=E3=82=89=E3=81=9B?=
From: =?utf-8?Q?=E7=AE=A1=E7=90=86=E8=80=85?= <admin@example.com>
To: =?utf-8?Q?=E5=A4=AA=E9=83=8E?= <foo@example.com>
MIME-Version: 1.0
Content-Type: text/html;
 boundary="_=_swift_v4_1433679012_407d6f1d67171e628f00b1d799feb883_=_"

こんにちは！
<img src="cid:4f10dcccffaaea4f17cb9ed848089a38@swift.generated">


Content-Type: image/png; name=laravel-logo.png
Content-Transfer-Encoding: base64
Content-Disposition: inline; filename=laravel-logo.png
Content-ID: <4f10dcccffaaea4f17cb9ed848089a38@swift.generated>


（略）
```

4-7-3　クラウドメールサービスとの連携

　メールサーバの運営は手間が掛かるため、クラウドサービスを利用することも多々あります。本節の最後にクラウドサービスと連携してメールを送信する設定を説明します。クラウドサービスとの連携には、SMTPドライバによる連携と専用ドライバによる連携があります。

▶ SMTPドライバによる連携

　「SendGrid」（https://sendgrid.com）などSMTPによる連携が可能なサービスでは、ドライバに smtp を指定して、サービスから提供されている認証情報を設定します。

　下記にSMTPでSendGridと連携する設定を示します（リスト4.116）。MAIL_USERNAME と MAIL_PASSWORD は、SendGridから発行されたものを指定します。

リスト4.116：SMTPによるSendGrid連携（.env）

```
MAIL_DRIVER=smtp
MAIL_HOST=smtp.sendgrid.net
MAIL_PORT=587
```

```
MAIL_USERNAME=xxxxxxxxxxxx
MAIL_PASSWORD=xxxxxxxxxxxx
MAIL_ENCRYPTION=tls
```

▶専用ドライバによる連携

「Mailgun」や「Mandrill」、「Amazon SES」は専用ドライバが用意されているので、環境変数（もしくは .env ファイル）MAIL_DRIVER に利用するドライバを指定します。これらのドライバの利用には、HTTP ライブラリ「Guzzle」（https://github.com/guzzle/guzzle）が必要です。

Guzzle は、下記に示す通り、composer コマンドでインストールします。

リスト 4.117：Guzzle のインストール
```
$ composer require "guzzlehttp/guzzle" "~5.3|~6.0"
```

Amazon SES を利用する際は「Amazon SDK for PHP」（https://github.com/aws/aws-sdk-php）も必要です。Guzzle と同様、composer コマンドでインストールします（リスト 4.118）。

リスト 4.118：Amazon SDK for PHP のインストール
```
$ composer require "aws/aws-sdk-php" "~3.0"
```

それぞれのサービスの設定は config/services.php で行います。mailgun、mandrill、ses キーが用意されているので、利用サービスの認証情報などを設定します。しかし、認証情報を config/services.php に直接記述することは好ましくないので、下記に示す通り、実際の値は環境変数や .env ファイルに設定して、env ヘルパー関数で取得するのが良いでしょう（リスト 4.119）。

リスト 4.119：mandrill の認証情報を env ヘルパー関数で取得するように変更
```
'mandrill' => [
    'secret' => env('MANDRILL_SECRET', ''),
],
```

ページネーション

Webアプリケーションでのリスト表示の際に頻繁に利用される機能が、表示件数をページ単位に区切って表示するページネーションです。当然のように存在しますが、実装には配慮が必要で手間が掛かります。Laravelでは標準で搭載されているページネーションを利用することで簡単に実装可能です。本節ではページネーションを解説します。

4-8-1　ページネーションデータの取得

ページネーションは、アプリケーションでデータベースなどから取得するレコードをページネーションに対応した形式（レコード数や取得位置を考慮したもの）で取得する必要があります。

ページネーション対応のデータを取得するには、クエリビルダもしくはEloquentの利用、または自ら実装する方法があります。本項ではクエリビルダとEloquentの利用を説明します。自ら実装するカスタムページネーションに関しては、「4-8-4 カスタムページネータ」で後述します。

▶クエリビルダ

クエリビルダでページネーションを実装するにはpaginateメソッドを利用します。whereメソッドやorderByメソッドなどでデータ取得のクエリを構築して、最後にpaginateメソッドを実行します。paginateメソッドの引数にはページ内で取得する件数を指定します。引数を省略すると15件として処理されます。

クエリビルダによるページネーションのコード例を示します（リスト4.120）。
paginateメソッドの引数に2を指定して、1ページ2件のレコードを取得します。paginateメソッドが返すIlluminate\Pagination\LengthAwarePaginatorクラスのインスタンスをビューに渡して、ビューテンプレートにてページネーション関連の処理に利用します。

ページネーションに限りませんが、クエリ発行時には必ずorderByメソッドで並び順を指定します。指定しないと並び順が不定になり、同一ページ番号でも実行ごとに取得データが異なるケー

スがあります。なお、orderByメソッドで指定するカラムはアプリケーション要件によって変わりますが、idなどレコードに一意な値を指定することで並び順を固定できます。

ページ数の指定は、クエリ文字列のpage値（?page=N）が自動的に利用されます。後述するBladeでページネーションを表示すると、ページネーション関連のリンクはpage値が付加され、アプリケーション側は意識せずにページ移動が可能になります。

リスト 4.120：クエリビルダによる paginate メソッド

```
public function index()
{
    $paginator = DB::table('users')->orderBy('id')->paginate(2);
    return view('user.index', ['users' => $paginator]);
}
```

paginateメソッドで取得できるLengthAwarePaginatorクラスは、ページ数リンクによるページ移動などを考慮してテーブル全体の件数を取得するなど、必要な情報を算出します。

単に［次へ］［前へ］リンクのみが必要な場合は、simplePaginateメソッドを利用すれば、必要最低限な情報のみが算出されます。テーブルのレコード数が膨大な場合に特に効果的です。

simplePaginateメソッドは、Illuminate\Pagination\Paginatorクラスのインスタンスを返します。下記にsimplePaginateメソッドのコード例を示します。simplePaginateメソッドで取得したインスタンスをビューテンプレートに渡しています（リスト4.121）。

リスト 4.121：クエリビルダによる simplePaginate メソッド

```
public function index()
{
    $paginator = DB::table('users')->orderBy('id')->simplePaginate(2);
    return view('user.index', ['users' => $paginator]);
}
```

▶ Eloquent

Eloquentでもページネーションによるデータ取得が可能です。クエリビルダと同様に、paginateメソッドとsimplePaginateメソッドを利用します。

下記に Eloquent を利用した paginate メソッドのコード例を示します（リスト 4.122）。

通常の Eloquent によるクエリの最後に paginate メソッド（もしくは simplePaginate メソッド）を指定します。

リスト 4.122：Eloquent による paginate メソッド

```
public function index()
{
    $paginator = \App\User::orderBy('id')->paginate(2);
    return view('user.index', ['users' => $paginator]);
}
```

4-8-2　Blade によるページネーションの表示

ビューテンプレートにセットされたページネータインスタンスを利用して、取得したレコードを表示します。ページ送りやページ数による移動リンクも配置します。

ページネータインスタンスが、IteratorAggregate インターフェイスを implements しているので、取得レコードを foreach 文で順に取得できます。下記コード例では $users がページネータインスタンスです（リスト 4.123）。$users を foreach で走査して、その内容（$user->name）を出力します。

下部では、$users の render メソッドを実行してページ移動リンクを出力します。render メソッドの実行で、［前へ］［次へ］リンクや特定ページ移動のリンクが出力されます。各リンクには、移動先のページ数を指定した page クエリ文字列が URI に含まれます。

なお、このメソッドの出力は HTML タグのため、エスケープしないように {!! !!} で囲みます。

リスト 4.123：Blade での表示

```
<div class="container">
  @foreach ($users as $user)
    {{ $user->name }}
  @endforeach
</div>

{!! $users->render() !!}
```

▶リンク先 URI の変更 - setPath メソッド

`render` メソッドで出力される URI は、自身の URI に `page` クエリ文字列を追加したものです。`setPath` メソッドで任意の URI に変更できます。`setPath` メソッドは設定する URI を引数として指定します。

下記のコード例では、`setPath` メソッドで URI に `foo/bar` を指定しています（リスト 4.124）。ビューテンプレートで、`render` メソッドを実行すると、「http://example.com/foo/bar?page=N」を URI とするリンクが出力されます。

リスト 4.124：setPath メソッドによる URI 指定

```
public function index()
{
    $paginator = \App\User::orderBy('id')->paginate(2);
    $paginator->setPath('foo/bar');

    return view('user.index', ['users' => $paginator]);
}
```

▶リンク先 URI にパラメータ追加

`render` メソッドが出力する URI にクエリ文字列パラメータを追加するには、`appends` メソッドを利用します。引数に追加するパラメータを連想配列で指定します。ソート項目や検索条件を動的に変更する場合に便利です。次のコード例では、`appends` メソッドで「foo=bar」パラメータを URI へ追加します（リスト 4.125）。

リスト 4.125：appends メソッドによるパラメータ追加

```
{!! $users->appends(['foo' => 'bar'])->render() !!}
```

ハッシュフラグメントを URI に追加する場合は `fragment` メソッドを利用します。引数に文字列で追加するハッシュフラグメントを指定します。次に示す `fragment` メソッドのコード例では、`foo` をハッシュフラグメントに指定し、`#foo` が追加された URI を出力します（リスト 4.126）。

リスト 4.126：fragment メソッドによるハッシュフラグメント追加

```
{!! $users->fragment('foo')->render() !!}
```

▶ページネータのメソッド

ページネータインスタンスには、下表にあげるメソッドが用意されています（表4.17）。必要に応じてビューテンプレートで利用すると良いでしょう。

表4.17：ページネータのメソッド

メソッド	内容
count()	現在のページの件数を返す
currentPage()	現在のページ番号を返す
hasMorePages()	次のページがあるかどうか
lastPage()	最後のページ番号を返す（simplePaginateメソッドでは無効）
nextPageUrl()	次ページのURIを返す
perPage()	ページあたりの件数を返す
total()	総件数を返す（simplePaginateメソッドでは無効）
url($page)	$pageをページ番号としたURIを返す

4-8-3 JSONによるページネーション

ページネータインスタンスはIlluminate\Contracts\Support\Jsonableインターフェイスを実装しているので、toJsonメソッドでJSON形式へ簡単に変換できます。

次に示すコード例では、コントローラでページネータインスタンスをそのまま返します（リスト4.127）。このようにすると、フレームワークが自動的にtoJsonメソッドを実行します。

toJsonメソッドはページネーションの内容をJSON形式で返すので、これをHTTPレスポンスとして出力します。

リスト4.127：JSONによる出力

```
public function index()
{
    return \App\User::orderBy('id')->paginate(2);
}
```

toJsonメソッドで出力されるJSONを次に示します（リスト4.128）。ページネーションに関連する値がJSONの中に含まれており、ページネーションインスタンスに含まれるデータ（リスト）がdataプロパティに格納されています。

リスト 4.128：出力された JSON
```json
{
    "total":3,
    "per_page":2,
    "current_page":1,
    "last_page":2,
    "next_page_url":"http:\/\/localhost\/?page=2",
    "prev_page_url":null,
    "from":1,
    "to":2,
    "data":[
        {
            "id":1,
            "name":"name1"
            （略）
        },
        {
            "id":2,
            "name":"name2"
            （略）
        },
    ]
}
```

4-8-4 カスタムページネータ

クエリビルダやEloquentで、paginateメソッドやsimplePaginateメソッドを使わなくても、直接ページネータインスタンスを生成することも可能です。次に示すコード例では、配列をリストに見立てて、ページネータインスタンスを生成しています（リスト4.129）。

リスト 4.129：独自のデータをページネータインスタンスに格納
```php
<?php
namespace App\Http\Controllers;

use Illuminate\Pagination\LengthAwarePaginator;
use Illuminate\Pagination\Paginator;

class CustomPaginationController extends Controller
```

```php
{
    public function index()
    {
        $array = [
            (object)['name' => 'foo'],
            (object)['name' => 'bar'],
            (object)['name' => 'baz'],
        ];

        $perPage = 2;

        // ページ番号
        $page = max(0, Paginator::resolveCurrentPage() - 1); // <--- ①

        // ページ内の要素を取得
        $sliced = array_slice($array, $page * $perPage, $perPage); // <--- ②

        // ページネータインスタンス生成
        $paginator = new LengthAwarePaginator( // <--- ③
            $sliced,
            count($array),
            $perPage,
            null,
            [
                'page' => $page,
                'path' => Paginator::resolveCurrentPath(),
            ]
        );

        return view('user.index', ['users' => $paginator]);
    }
}
```

　現在のページ番号を取得します（①）。ページ番号の取得には、Illuminate\Pagination\Paginator::resolveCurrentPageメソッドを利用します。このメソッドでは、クエリストリングpageパラメータの値をページ番号とします。他のパラメータを利用する場合は、このメソッドの引数にパラメータ名を指定します。

取得したページ番号を使って、`$array`から現在のページで利用する要素を取得しています（②）。要素の取得にはarray_slice関数を利用して、結果を`$sliced`へ格納しています。

Illuminate\Pagination\LengthAwarePaginatorクラスのコンストラクタに、ページに該当する要素を含んだ配列、データの総件数、ページ単位の件数、オプションを渡して、インスタンスを生成します（③）。オプションにはpageキーとpathキーがあります。

pageキーの値は、［次へ］リンクの出力時などリンク先URIのクエリストリングでページ番号として利用されます。pathキーの値はURI生成に利用するパスを指定します。この値には、現在のパスを取得するIlluminate\Pagination\Paginator::resolveCurrentPathメソッドの戻り値を利用します。

コード例で生成したページネータインスタンスは、クエリビルダやEloquentのpaginateメソッドで取得したものと同様、ビューテンプレートで利用できるので、viewヘルパー関数でビューテンプレートに渡します。

上記の通り、独自にページネータインスタンスを生成すれば、任意の値をページネーション対象として利用できます。

Section 04-09 セッション

HTTPはステートレスなプロトコルなので、ログイン情報やリクエスト認証トークンなど、クライアントの状態を複数のリクエスト間で維持するには、セッションを利用します。PHPのデフォルトでは、セッションはファイルに保存されますが、Laravelでは、多様なバックエンドをセッションストアとして利用できます。セッションとクッキー関連の仕様を下表にまとめます（表4.18）。本節ではLaravelのセッション関連を解説します。

表4.18：セッション関連の仕様

項目	内容
ファサード	Session
ヘルパー関数	session()
設定ファイル	config/session.php
対応ドライバ	file（デフォルト）
	cookie
	database
	apc
	memcached
	redis
	array

4-9-1 設定

セッション関連は config/session.php で設定します。各設定項目を個別に解説します。

▶ default キー

利用するセッションストアのデフォルトドライバを指定します（リスト4.130）。envヘルパー関数で SESSION_DRIVER の値を参照するため、環境変数や .env ファイルで指定します。デフォルト値は file です。

リスト 4.130：default キー
```
'driver' => env('SESSION_DRIVER', 'file'),
```

ここで指定できるドライバには、下記の「array」「file」「cookie」「database」「memcached」「redis」などがあります。それぞれ説明しましょう。

array

セッション情報を連想配列に格納します。永続化されないため、テスト実行時などに利用するドライバです。

file

セッション情報を files キーで設定したディレクトリ（デフォルトは storage/framework/sessions）にファイルとして保存します。デフォルトで選択されるドライバです。

cookie

セッション情報をクッキーに保存します。漏洩や改竄を防ぐためセキュアクッキーを利用し値も暗号化されます。

database

セッション情報をデータベースに保存します。利用にはセッション情報を保存する sessions テーブルが必要です。sessions テーブルは、「php artisan session:table」コマンドを実行してマイグレーションファイルを生成し、マイグレーションを実行することで生成します（リスト 4.131）。なお、データベースへの接続情報は、config/database.php の default キーの設定が利用されます。

リスト 4.131：sessions テーブルの生成
```
$ php artisan session:table
Migration created successfully!

$ php artisan migrate
Migrated: 2015_06_16_062902_create_session_table
```

memcached

セッション情報を memcached に保存します。memcached ドライバを利用するには、PHP 拡張の「Memcached」(http://php.net/manual/ja/book.memcached.php) が必要です。

Memcached への接続情報は、config/cache.php の stores キー内にある memcached キーの設定が利用されます。

redis

セッション情報を Redis に保存します。ドライバの利用には predis/predis パッケージをインストールする必要があります (https://github.com/nrk/predis)。

下記に示す composer コマンドでインストールします（リスト4.132）。Redis への接続情報は、config/database.php の redis キーの設定が利用されます。

リスト 4.132：predis/predis のインストール

```
$ composer require predis/predis "~1.0"
```

▶ lifetime、expire_on_close キー

セッションクッキーの有効時間を示す設定です。lifetime キーはセッションクッキーの有効期間を分単位で指定します（デフォルトは120）。expire_on_close キーは、ブラウザを閉じた時にセッションクッキーを無効にするかを示すフラグです。true を指定するとブラウザを閉じた時にセッションクッキーを破棄します（デフォルトは false）。

▶ encrypt キー

セッション情報を保存する時に暗号化するかを指定します。true を指定すると、セッション情報は暗号化されて保存されます。セッション情報をアプリケーションが読み込む際は、自動的に復号されるので、アプリケーション側では通常セッションと同様に利用できます。デフォルトは false で暗号化されません。

▶ files キー

前述の file ドライバを利用する際に、セッション情報を保存するディレクトリを指定します。storage_path('framework/sessions') (storage/framework/sessions) がデフォルト値です。

▶ connection キー

databaseドライバもしくはredisドライバを利用する場合、config/database.phpのconnectionsキーのどのコネクションを接続先として利用するかを指定します。デフォルト値のnullでは、デフォルトの接続先（databaseドライバならconfig/database.phpのdefaultキー、redisドライバならredisキー）が利用されます。

▶ table キー

databaseドライバを利用する場合、セッション情報を保存するテーブル名を示します。デフォルト値はsessionsが設定されています。

▶ lottery キー

古いセッション情報を破棄する処理を実行するかどうかの抽選確率として、2つの要素の配列を指定します。抽選処理のコード例を下記に示します（リスト4.133）。

$config['lottery']の値が、lotteryキーの値です。デフォルトでは[2, 100]と設定されているため、Laravelが処理したHTTPリクエストのうち、2/100の確率で古いセッション情報を破棄します。

リスト 4.133：lottery キーを使った抽選処理

```
protected function configHitsLottery(array $config)
{
    return mt_rand(1, $config['lottery'][1]) <= $config['lottery'][0];
}
```

▶ cookie キー

セッションクッキー（セッションIDを格納するクッキー）の名前を示します。デフォルト値はlaravel_sessionです。

▶ path キー

セッションクッキーのパスを示します。デフォルト値は「/」です。

▶ domain キー

セッションクッキーのドメインを示します。デフォルト値は null です。

▶ secure キー

セッションクッキーに secure 属性を付与するかを指定します。secure 属性が付与されたクッキーは HTTPS 接続でないと送信されません。デフォルト値は false です。

4-9-2 セッションの操作

セッションの操作は Illuminate\Session\Store クラスのインスタンスを利用します。このインスタンスはサービスコンテナにバインドされており、Illuminate\Http\Request クラスの session メソッド、session ヘルパー関数、Session ファサードで取得できます。

下記にコントローラでのセッション操作のコード例を示します（リスト 4.134）。上述の各方法でセッション値を取得しています。いずれも同じインスタンスで get メソッドを実行し、取得できる値も同一です。

リスト 4.134：コントローラでのセッション操作

```
use Illuminate\Http\Request;

public function index(Request $request)
{
    $name = $request->session()->get('name'); // セッション値取得
    $name = session('name'); // セッション値取得
    $name = \Session::get('name'); // セッション値取得
    // （略）
}
```

▶ 値の取得

セッションから値を取得するには get メソッドを利用します。第 1 引数にはセッションから値を取得する対象キーを指定します。第 2 引数にはセッション内に指定したキーが存在しない場合に返すデフォルト値を設定します。

下記に get メソッドのコード例を示します（リスト 4.135）。

name キーが存在しない場合は文字列 default を返します（①）。デフォルト値をクロージャにすると（②）、name キーが存在しない場合はクロージャが実行され、その戻り値を返します。コード例では文字列 default_closure が返されます。

第 1 引数のキーはドット区切りで指定でき、多次元の連想配列の要素を取得します。③の場合は level1 キーの値が連想配列となっており、その中の level2 キーの値を取得しています。

リスト 4.135：get メソッドによるセッション値の取得

```
use Illuminate\Http\Request;

    public function index(Request $request)
    {
        $name = $request->session()->get('name', 'default');    // <--- ①
        $name = $request->session()->get('name', function () {  // <--- ②
            return 'default_closure';
        );

        $name = $request->session()->get('level1.level2', 'default'); // <--- ③
        // （略）
    }
```

ヘルパー関数でセッション値を取得する場合は session ヘルパー関数を利用します。引数は前述の get メソッドと同様です。下記にそのコード例を示します（リスト 4.136）。

なお、session ヘルパー関数を引数なしで実行すると、Illuminate\Session\Store クラスのインスタンスが取得できるため、get メソッドを実行して値を取得することも可能です。

リスト 4.136：session ヘルパー関数よるセッション値の取得

```
    public function index()
    {
        $name = session('name', 'default');
        $name = session('name', function () {
            return 'default_closure';
        );
        // （略）

        // Illuminate\Session\Store クラスのインスタンスを取得して get メソッドを実行
        $name = session()->get('name', 'default');
    }
```

セッションに格納されたすべての値[※8]を取得するには、allメソッドを利用します。次に示すコード例では、allメソッドでセッションのすべての値を取得します（リスト4.137）。

リスト4.137：allメソッドによるセッション取得

```
use Illuminate\Http\Request;

    public function index(Request $request)
    {
        $sessions = $request->session()->all();
        // （略）
    }
```

セッション取得と同時に、該当キーの値を削除するのがpullメソッドです。getメソッドと同様に、第1引数にキー、第2引数にデフォルト値を指定します。

下記にコード例を示します（リスト4.138）。コード例ではnameキーの値を取得します。キーがセッションに存在すればキーの値が返され、セッションからnameキーが削除されます。

リスト4.138：pullメソッドによるセッション取得と削除

```
use Illuminate\Http\Request;

    public function index(Request $request)
    {
        $name = $request->session()->pull('name', 'default');
        // （略）
    }
```

▶値の保存

セッションに値を保存するにはputメソッドを利用します。第1引数に値を保存するキーを指定し、第2引数に保存する値を指定します。下記に示すコード例では、nameキーに文字列fooをセッションに保存しています（リスト4.139）。getメソッドと同様に、第1引数のキーはドット区切りで多次元の連想配列へ値を格納できます。

リスト4.139：putメソッドでセッションに値を保存

```
use Illuminate\Http\Request;
```

[※8] もちろん、アクセスユーザーのセッション内に限定されます。

```
public function index(Request $request)
{
    $request->session()->put('name', 'foo');
    // （略）
}
```

sessionヘルパー関数で値を保存する場合、引数に連想配列を渡します。連想配列のキーがセッションに値を格納するキー、値が保存する値です。下記に示すコード例では、nameキーに文字列fooをセッションに保存します（リスト4.140）。

リスト 4.140：sessionヘルパー関数でセッションに値を保存

```
public function index()
{
    session(['name' => 'foo']);
    // （略）
}
```

pushメソッドを利用すると、セッションに格納されている配列に要素を追加できます。第1引数に要素を追加する対象キーを指定し、第2引数に追加する値を指定します。

下記に示すコード例では、keyキーに対して、value1とvalue2を配列要素として追加します。keyキーには、value1とvalue2を要素とする配列が格納されます（リスト4.141）。

リスト 4.141：pushメソッドによる要素の追加

```
use Illuminate\Http\Request;

public function index(Request $request)
{
    $request->session()->push('key', 'value1');
    $request->session()->push('key', 'value2');
}
```

▶キーの存在確認

セッションに値が存在するか確認するには、hasメソッドを利用します。存在を確認したいキーを引数に指定します。キーが存在すればtrueを返します。存在しない場合はfalseを返します。

次に示すコード例では、nameキーがセッションに存在するかを確認しています（リスト4.142）。

リスト 4.142：has メソッドによるキーの確認

```
use Illuminate\Http\Request;

    public function index(Request $request)
    {
        if ($request->session()->has('name')) {
            // name キーが存在すれば実行
        }
        // （略）
    }
```

▶値の削除

　セッションに保存された値を削除するには forget メソッドを利用します。削除したいキーを引数に指定します。セッション内のすべての値を削除する場合は flush メソッドを利用します。

　下記にコード例を示します（リスト 4.143）。forget メソッドで name キーの値を削除し（①）、flush メソッドでセッション内のすべての値を削除しています（②）。

リスト 4.143：forget メソッド、flush メソッドによる値の削除

```
use Illuminate\Http\Request;

    public function index(Request $request)
    {
        $request->session()->forget('name'); // <--- ①

        $request->session()->flush(); // <--- ②
        // （略）
    }
```

▶セッション ID を再生成

　セッション ID の再生成には regenerate メソッドを利用します。引数に true を指定すると古いセッション ID に紐付いたセッションを直ちに破棄します。デフォルト値は false で、古いセッション ID に紐付いたセッションはそのままです[※9]。

　下記に示すコード例では、regenerate メソッドの引数に true を渡して、セッション ID の

[※9] 通常のセッションと同じく、時間が経過すればガーベージコレクションによって削除されます。

再生成と共に古いセッション ID に紐付いたセッションを破棄します（リスト 4.144）。

リスト 4.144：regenerate メソッドによるセッション ID の再生成

```
use Illuminate\Http\Request;

    public function index(Request $request)
    {
        $request->session()->regenerate(true);
        // （略）
    }
```

4-9-3　次のリクエストだけ有効なセッション

　セッションには、フラッシュデータと呼ばれる次のリクエスト終了時に自動で削除される特殊なデータがあります。フラッシュデータは、フォームでのエラーメッセージを表示する際などに利用されます。フラッシュデータに値を保存するには flash メソッドを利用します。引数は前述の put メソッドと同様です。

　下記に示すコード例では、key キーに値 value を格納しています。flash メソッドで格納された値は、次のリクエストが終了するとセッションから自動的に削除されます（リスト 4.145）。

リスト 4.145：flash メソッドによるフラッシュデータの保存

```
use Illuminate\Http\Request;

    public function index(Request $request)
    {
        $request->session()->flash('key', 'value');
        // （略）
    }
```

　フラッシュデータは通常、次のリクエスト終了時に削除されますが、reflash メソッドや keep メソッドを利用すると、そのリクエストでは削除せずに、さらに次のリクエストまで保持できます。
　reflash メソッドは、すべてのフラッシュデータを次のリクエストまで保持します。keep メソッドは引数で指定したキーのみ、次のリクエストまで保持します。

reflashメソッドとkeepメソッドのコード例を示します（リスト4.146）。

reflashメソッドはフラッシュデータ全体を次のリクエストまで保持するため、引数は必要ありません。keepメソッドでは`name`キーを指定しており、`name`キーのフラッシュデータのみを次のリクエストまで持ち越します。

リスト4.146：reflashメソッド、keepメソッドで、フラッシュデータを保持

```
use Illuminate\Http\Request;

    public function rememberAll(Request $request)
    {
        $request->session()->reflash();
        // （略）
    }

    public function rememberName(Request $request)
    {
        $request->session()->keep('name');
        // （略）
    }
```

Chapter
05

フレームワークの拡張

Laravelには数多くの機能が用意されていますが、アプリケーションを構築していく上では、既存機能を拡張したり、新たな機能を追加して利用したい場面があります。
Laravelではフレームワークの拡張も十分に考慮されており、機能の拡張や追加が容易です。本章ではフレームワークの拡張を解説します。

Section 05-01

サービスコンテナ

　フレームワークを拡張するには、フレームワーク自身を理解することが近道です。そして、フレームワークとしてのLaravelを理解する上で、もっとも重要な機能はサービスコンテナです。本節ではサービスコンテナを解説します。

5-1-1　サービスコンテナとは

　フレームワークは数多くのクラスで構成され、クラスが協調することで動作します。また、アプリケーションのコントローラやミドルウェア、モデルなども同様にクラスです。こうした様々なクラスのインスタンスを管理するのがサービスコンテナです。

　サービスコンテナはそれぞれのインスタンスやインスタンス化の方法を保持し、インスタンスが要求されると、所定の手順に従ってインスタンスを生成して返します。また、シングルトン[※1]のように実行プロセス中で1つのインスタンスを共有したい場合、サービスコンテナにキャッシュすることで、同じインスタンスを取得できます。

　上述の通り、フレームワークやアプリケーションの動作に必要なインスタンスをサービスコンテナが与えてくれます。そのため、インスタンスを必要とするクラスでは、サービスコンテナに問い合わせることで、目的のインスタンスを取得できます。

　また、サービスコンテナの重要な役割にDI（Dependency Injection／依存性の注入）があります。クラスが必要とするインスタンス（依存）を外部から引数などで渡す（注入）概念で、注入するインスタンスの生成やクラスへの注入をサービスコンテナが担当します。

▶サービスコンテナの利用

　サービスコンテナの実体は、Illuminate\Foundation\Applicationクラスです。このクラスはIlluminate\Contracts\Foundation\Applicationコントラクトを実装しています。

[※1] GoF（Gang of Four）デザインパターンのSingletonパターン。

また、`Illuminate\Container\Container`クラスを継承しており、サービスコンテナとしての機能の多くはこのクラスに実装されています。

サービスコンテナの操作は、`Illuminate\Foundation\Application`クラスのインスタンスに対してメソッドを実行します。同クラスのインスタンスを取得するには、下記コード例の通り、複数の方法があります（リスト5.1）。

なお、HTTPカーネルやコンソールカーネルなど一部のクラスは、プロパティにサービスコンテナのインスタンスを保持しています。

リスト5.1：サービスコンテナのインスタンスを取得

```
// app ヘルパー関数から取得
$app = app();

// Application::getInstance メソッドから取得
$app = \Illuminate\Foundation\Application::getInstance();

// App ファサードから取得
$app = \App::getInstance();
```

▶サービスコンテナの基本

サービスコンテナを利用する上で、理解しておくべき概念が2つあります。

サービスコンテナはインスタンスの生成を担うため、目的とするインスタンスの生成方法を知っておく必要があります。サービスコンテナへインスタンスの生成方法を登録することを「バインドする（bind／binding）」と呼びます。また、指定されたインスタンスを生成して返すことを「解決する（resolve／resolving）」と呼びます。

サービスコンテナへ生成方法をバインドする際も、指定したインスタンスを解決する際も、どのインスタンスを対象としているのかを文字列で指定します。多くの場合、この文字列にはクラス名やインターフェイス名の完全修飾名[※2]を利用します。

完全修飾名での指定は、目的とするインスタンスが分かりやすいことがメリットです。後述するDI（依存性の注入）の際は、タイプヒンティングのクラス名やインターフェイス名で目的のインスタンスを指定するため、この方法が有効となります（P.255）。ただ、これは強制ではないので、バインド側と解決側で同一文字列を指定するのであれば、任意の文字列を利用できます。

（※2）名前空間をすべて含む名前。例えば、`\Illuminate\Foundation\Application`など。`::class`記法で取得することが多い。

下記にサービスコンテナへのバインドと解決の例を示します（リスト 5.2）。コード例では、Foo クラスのインスタンスをサービスコンテナで取得しています。

①がバインドの例です。サービスコンテナの bind メソッドを利用しています。
　bind メソッドでは、Foo クラスのクラス名に対するインスタンスの生成処理をクロージャで指定しています。このクロージャでは生成したインスタンスを戻り値として返します。

②が解決の例です。サービスコンテナで解決するために make メソッドを利用しています。
　make メソッドでは、解決対象の文字列を引数で指定します。コード例では、Foo クラスのクラス名を指定しているので、①でバインドしたクロージャが実行され、その戻り値（Foo クラスのインスタンス）が返されます。

リスト 5.2：バインドと解決の例

```
use Illuminate\Contracts\Foundation\Application;
use Monolog\Logger;
use Psr\Log\LoggerInterface;

class Foo
{
    protected $logger;

    public function __construct(LoggerInterface $logger)
    {
        $this->logger = $logger;
    }
}

app()->bind(Foo::class, function (Application $app) {    // <--- ①
    $logger = new Logger('my_log');
    return new Foo($logger);
});

$foo = app()->make(Foo::class);                           // <--- ②
```

5-1-2 サービスコンテナへのバインド

インスタンスの生成方法をサービスコンテナへバインドする方法を下表にまとめます（表5.1）。それぞれバインドの方法や解決時の挙動が異なります。本項では、各メソッドに関して解説します。

表5.1：バインドするメソッド

メソッド	内容	解決時の挙動
bind($abstract, $concrete = null, $shared = false)	$abstract に対するインスタンスの生成処理をバインドします。	逐次新しいインスタンスを返します。（$shared = true の場合は、singleton メソッドと同じ動き）
singleton($abstract, $concrete = null)	$abstract に対するインスタンスの生成処理をバインドします。	初回のみインスタンス生成を行い、そのインスタンスをキャッシュします。2回目以降はキャッシュしたインスタンスを返します。
bindIf($abstract, $concrete = null)	$abstract へのバインドがなければ、インスタンス生成処理をバインドします。	bind メソッドと同じ動き。
instance($abstract, $instance)	$abstract へ $instance をバインドします。	バインドした $instance をそのまま返します。
when($concrete)	コンテキストよるバインドを行います。	「5-1-4 サービスコンテナによる DI」参照。
alias($abstract, $alias)	$abstract への別名 $alias を設定します。	$alias の解決を行うと、$abstract の解決を行い、その結果を返します。
tag($abstract, $tags)	$tags で指定した文字列をグループ化して、$abstract をタグ名としてバインドします。	tagged メソッドで $abstract を解決すると、グループ化した文字列をそれぞれ解決して、取得したインスタンスを要素とした配列を返します。

▶ bind メソッド

bind メソッドではインスタンスの生成処理をバインドします。サービスコンテナへバインドする場合にもっとも利用するメソッドです。第1引数に文字列、第2引数にインスタンスの生成処理をクロージャで指定します。

次に bind メソッドのコード例を示します（リスト5.3）。

コード例では、Number クラスのクラス名に対してインスタンス生成処理（クロージャ）をバインドしています。クロージャでは、Number クラスのインスタンスを生成して、戻り値としています。この戻り値が、サービスコンテナで解決した際に返されます。ここでバインドしたクロージャは解決時に毎回実行されるため、常に新しいインスタンスを返します。

リスト 5.3：bind メソッド

```php
class Number
{
    protected $no;

    public function __construct($no = 0)
    {
        $this->no = $no;
    }

    public function getNo()
    {
        return $this->no;
    }
}

app()->bind(Number::class, function () {
    return new Number();
});

$number = app()->make(Number::class);    // 常に新しいインスタンスを取得
$no = $number->getNo();                  // 0
```

バインドされたクロージャは、解決時に指定されたパラメータを引数で受け取ることが可能です。クロージャには2つの引数が渡されます。第1引数にはサービスコンテナのインスタンス、第2引数には解決時に指定されたパラメータがそのまま与えられます。

下記にコード例を示します（リスト 5.4）。コード例では、クロージャで引数を受け取り、その引数を Number クラスのコンストラクタへ渡しています（①）。make メソッドでの解決時に第2引数で指定した配列が、クロージャの第2引数 $parameters に格納されます。

リスト 5.4：パラメータをバインドされたクロージャで利用

```php
use Illuminate\Contracts\Foundation\Application;

app()->bind(Number::class, function (Application $app, array $parameters) {
    return new Number($parameters[0]);              // <--- ①
});

$number = app()->make(Number::class, [100]);
$no = $number->getNo();                             // 100
```

▶ singleton メソッド

　singleton メソッドは bind メソッドと同じ引数を取りますが、サービスコンテナが解決したインスタンスはキャッシュされ、次回以降はキャッシュされたインスタンスを返します。

　下記に singleton メソッドのコード例を示します（リスト 5.5）。RandomNumber クラスは Number クラスを継承しており、コンストラクタでランダムな数値を生成して、Number クラスのコンストラクタへ渡します（①）。

　singleton メソッドで FixedRandomNumber を解決する処理をバインドしています（②）。クロージャ内では RandomNumber クラスのインスタンスを生成して返します。このクロージャが複数回呼び出されると、本来は毎回異なるプロパティ値を持つインスタンスが生成されます。

　サービスコンテナで FixedRandomNumber を 2 回解決しています（③）。1 回目の解決時にバインドされたクロージャが実行され、生成されたインスタンスが $number1 に返されます。この生成されたインスタンスはサービスコンテナでキャッシュされます。2 回目の解決では、キャッシュされたインスタンスをそのまま返します。

　結果として、$number1 と $number2 は同一インスタンスとなり、それぞれ同じプロパティ値を保持しています。

リスト 5.5：singleton メソッド

```
class RandomNumber extends Number
{
    public function __construct()
    {
        parent::__construct(mt_rand(1, 10000));      // <--- ①
    }
}

app()->singleton('FixedRandomNumber', function () {   // <--- ②
    return new RandomNumber();
});

$number1 = app('FixedRandomNumber');                  // <--- ③（1 回目）
$number2 = app('FixedRandomNumber');                  // <--- ③（2 回目）
// $number1->getNo() === $number2->getNo()
```

▶ instance メソッド

instance メソッドは、既に生成済みのインスタンスをサービスコンテナにバインドします。

下記に instance メソッドのコード例を示します（リスト 5.6）。あらかじめ生成した Number クラスのインスタンスをバインドします。インスタンスはサービスコンテナにキャッシュされるため、前述の singleton メソッドと同様、サービスコンテナの解決では同じインスタンスが返されます。

リスト 5.6：instance メソッド

```
$instance = new Number(1001);
app()->instance('SharedNumber', $instance);


$number1 = app('SharedNumber');
$number2 = app('SharedNumber');
// $number1->getNo() === $number2->getNo()
```

▶ bindIf メソッド

bindIf メソッドは、第1引数で指定された文字列に対するバインドが存在しない場合にバインドを行います。既に同名のバインドがあれば、何も行いません。引数の指定は bind メソッドと同じです。

下記に bindIf メソッドのコード例を示します（リスト 5.7）。Number100 に対して、bind メソッドと bindIf メソッドでバインドを行うコードです。ただ、bindIf メソッド（②）によるバインドは、既に同名でバインドされているため無効で、最初の bind メソッド（①）でバインドされたクロージャで解決が行われます。

リスト 5.7：bindIf メソッド

```
app()->bind('Number100', function () {            // <--- ①
    return new Number(100);
});
app()->bindIf('Number100', function () {          // <--- ②
    return new Number(200);
});

$number = app()->make('Number100');
$no = $number->getNo(); // 100
```

▶別名の設定

bindメソッドの第1引数に連想配列を指定すると、別名を設定できます。連想配列のキーに別名を指定する文字列を与え、値に別名を指定します。

bindメソッドで別名を指定するコード例を示します（リスト5.8）。FooクラスのクラスAlias名に対して、別名としてFooAliasを設定しています。FooAliasで解決すると、Fooクラスのクラス名として解決され、インスタンスを返します。

リスト5.8：bindメソッドで、別名を設定
```
app()->bind([Foo::class => 'FooAlias']);

$foo = app()->make('FooAlias');        // Fooクラスのクラス名で解決される
```

また、別名の指定にはaliasメソッドを利用する方法もあります。bindメソッドによる別名と同じ動作です。上述のbindによる別名設定は、内部的にaliasメソッドが実行されています。

aliasメソッドでは第1引数に別名を付与する文字列、第2引数にその別名を指定します。上述のコード例（リスト5.8）をaliasメソッドで記述すると、下記の通りです（リスト5.9）。

リスト5.9：aliasメソッドで、別名を設定
```
app()->alias(Foo::class, 'FooAlias');
```

▶別文字列による解決処理のバインド

bindメソッドの第2引数を文字列にすると、第1引数で指定した文字列を解決する際に、第2引数で指定した文字列を解決して、その結果を返します。例えば、インターフェイス名を解決する際に、そのインターフェイスを実装した具象クラスのインスタンスを返すことが可能です。

下記にコード例を示します。FooInterfaceインターフェイスのインターフェイス名に対して、Fooクラスのクラス名で解決するようにバインドしています（リスト5.10）。

リスト5.10：bindメソッドで、別の文字列として解決する処理をバインド
```
app()->bind(FooInterface::class, Foo::class);

$foo = app(FooInterface::class);        // Fooクラスのクラス名で解決される
```

別名の設定と別文字列による解決処理のバインドは似通っていますが、前者は別名を付与するだけで別名自体はバインドされません。一方、後者は生成処理をバインドします。バインドされた生成処理の中で、指定された別の文字列による解決を行います。

▶複雑なインスタンス構築のバインド

　生成するインスタンスが他クラスのインスタンスに依存していたり、初期処理を実行するなど、複雑な生成処理が必要なケースがあります。このような複雑な生成処理をクロージャにまとめ、サービスコンテナにバインドすると、生成処理を意識することなくインスタンスを生成できます。

　下記に示すコード例では、Bar クラスのインスタンス生成処理をサービスコンテナにバインドしています（リスト 5.11）。Bar クラスは Psr\Log\LoggerInterface インターフェイスに依存しているため、このインターフェイスを実装したインスタンスを与える必要があります。
　インスタンス生成処理を行うクロージャでは、まず Psr\Log\LoggerInterface を実装した Monolog\Logger のインスタンスを取得します（①）。続いて、取得したインスタンスを Bar クラスのコンストラクタに渡し（②）、Bar クラスのインスタンスを生成します。そして、初期化処理を行う setup メソッドを呼び、このインスタンスを返します（③）。
　Bar クラスを利用する際は、サービスコンテナで Bar クラスのクラス名を解決するだけで、自動で生成処理が実行され、インスタンスを取得できます。

リスト 5.11：bind メソッドで、複雑なインスタンス生成処理をバインド

```php
use Monolog\Logger;
use Psr\Log\LoggerInterface;

class Bar
{
    protected $logger;

    public function __construct(LoggerInterface $logger)
    {
        $this->logger = $logger;
    }

    public function setup()
    {
        // setup
    }
}

app()->bind(Bar::class, function (Application $app) {
    $logger = app()->make(Logger::class, ['my_log']);      // <--- ①
    $bar = new Bar($logger);                                // <--- ②
```

```
    $bar->setup();                                          // <--- ③

    return $bar;
});
```

▶タグによるグループ化

　タグは複数の文字列を 1 つのグループとしてまとめる機能です。タグ機能を使うと、複数の文字列に対する解決を一度に行えます。それぞれ取得したインスタンスは、配列に格納されて返されます。

　下記にタグを利用するコード例を示します（リスト 5.12）。
　タグを利用するには、まずサービスコンテナの tag メソッドでグループを作成します。コード例の①では、Foo クラスのクラス名と Bar クラスのクラス名をグループとして、タグ tagA に割り当てます。タグからインスタンスを取得するには、tagged メソッドを利用します。
　作成したタグ tagA を指定してインスタンスを取得します（②）。取得した値 $instances は配列で、Foo クラスと Bar クラスのインスタンスが格納されています。

リスト 5.12：タグで複数キーをまとめて解決
```
app()->tag([Foo::class, Bar::class], 'tagA');               // <--- ①

$instances = app()->tagged('tagA');                         // <--- ②
```

5-1-3　サービスコンテナによる解決

　サービスコンテナで解決してインスタンスを取得するには複数の方法があります。主に利用されるのは、サービスコンテナの make メソッドとヘルパー関数の app ヘルパー関数です[※3]。
　make メソッドでは引数に対象文字列を指定します。メソッドを実行すると指定文字列にバインドされた処理を実行して、その戻り値を返します[※4]。app ヘルパー関数も make メソッドと同様で、引数に文字列を指定すると、解決を行いインスタンスを返します。
　make メソッドと app ヘルパー関数のコード例は次の通りです（リスト 5.13）。make メソッドと app ヘルパー関数は共に、Number クラスのクラス名に対する解決を行い、インスタンスを取得しています。

（※3）app ヘルパー関数の内部では、サービスコンテナの make メソッドを呼び出しているので、実際は同じ処理といえます。
（※4）singleton メソッドや instance メソッドでバインドした文字列を解決すると、キャッシュしたインスタンスを返します。

リスト 5.13：make メソッドおよび app ヘルパー関数による解決

```
app()->bind(Number::class, function () {
    return new Number();
});

$number1 = app()->make(Number::class);
$number2 = app(Number::class);
```

　解決時にパラメータを指定して、バインドされたクロージャの引数に渡すことが可能です。その場合、パラメータは第 2 引数に配列として指定します。下記に示すコード例では、パラメータ付きで解決を行っています（リスト 5.14）。make メソッドと app ヘルパー関数は共に、第 2 引数にパラメータを指定しています。

リスト 5.14：パラメータ付きで解決

```
app()->bind(Number::class, function (Application $app, array $parameters) {
    return new Number($parameters[0]);
});

$number1 = app()->make(Number::class, [100]);
$number2 = app(Number::class, [100]);
```

　なお、パラメータなしの解決であれば、サービスコンテナのインスタンスを連想配列に見立て、キーに文字列を指定することで解決できます。次に示すコード例では、サービスコンテナのインスタンスから Number クラスのクラス名で解決を行っています（リスト 5.15）。

リスト 5.15：サービスコンテナインスタンスのキーで解決

```
$app = app();
$number = $app[Number::class];
```

▶バインドしていない文字列の解決

　サービスコンテナには、バインドしていない文字列を解決する機能があります。解決する文字列がクラス名、かつ、具象クラス（インスタンス化できるクラス）の場合、バインドされた処理がなければ、サービスコンテナがそのクラスのコンストラクタを実行して、インスタンスを生成します。

　次にそのコード例を示します（リスト 5.16）。NoBinding クラスのクラス名に対する解決を行っています（①）。NoBinding はバインドされていませんが、具象クラスのため自動でインスタン

スが生成されます。また、パラメータを指定して解決を行うことも可能です（②）。この場合は、NoBindingクラスのコンストラクタに指定したパラメータが順に渡されます。

リスト5.16：バインドしていない文字列の解決

```
class NoBinding
{
    protected $name;

    public function __construct($name = '')
    {
        $this->name = $name;
    }
}


$NoBinding1 = app()->make(NoBinding::class);              // <--- ①
$noBinding2 = app()->make(NoBinding::class, ['Jun']);     // <--- ②
```

5-1-4　サービスコンテナによるDI

　サービスコンテナはDIコンテナとしての役割を持っており、DIによるクラス間の依存解決を行います。サービスコンテナで対応するのはコンストラクタインジェクションとメソッドインジェクションです。コンストラクタインジェクションは、コンストラクタの引数で依存しているインスタンスを渡す方法であり、メソッドインジェクションは、メソッドが依存しているインスタンスを引数で渡す方法です。

▶ DI（依存性の注入）とは

　AクラスがB処理する際にBクラスのインスタンスを必要とする（利用する）ことを、AクラスがBクラスに依存しているといいます。例として、クラスが依存しているコードを次に示します（リスト5.17）。

　`MessageDelivery`クラスはメッセージをどこかに届ける実装であり、メールでメッセージを送信するため、`MailSender`クラスに依存しています。コード例では、`MessageDelivery`クラスのコンストラクタで`MailSender`クラスのインスタンスを生成しているため、メッセージ送信をSMSなど他の手段に切り替えるには、コンストラクタのコードを変更する必要があります。

また、自動テストなどで`$sender`プロパティの内容をモックに差し替えてテストすることもできません（リフレクションを利用して、無理矢理`$sender`プロパティを書き換えることは可能ですが、スマートではありません）。

リスト5.17：依存しているインスタンスを自身で生成している

```
class MessageDelivery
{
    protected $sender;

    public function __construct()
    {
        $this->sender = new MailSender();
    }

    public function send($to, $message)
    {
        $this->sender->send($to, $message);
    }
}

class MailSender
{
    public function send($to, $message)
    {
        // send mail
    }
}
```

　上述の依存しているインスタンスをクラス内で生成するのではなく、外部から引数として渡せば、元のコードを変更せずに差し替えることが可能です。
　`MailSender`クラスのインスタンスを、コンストラクタの引数で渡すコード例を示します（リスト5.18）。`$sender`プロパティはコンストラクタの引数で与えられるため、`MailSender`クラスやその継承クラスであれば、任意のインスタンスを渡すことが可能になります。

　この通り、依存しているクラスのインスタンスを内部で生成するのではなく、外部から与える（＝注入／インジェクション）のがDI（依存性の注入）です。DIを用いることで、依存インスタンスを柔軟に差し替えて利用できるようになります。

下記コード例に示す通り、実装に変更が入る可能性がある箇所やテストでモックを利用したい箇所に、DI を用いると効果的です。

リスト 5.18：DI で依存しているインスタンスを注入

```
class MessageDelivery
{
    protected $sender;

    public function __construct(MailSender $sender)
    {
        $this->sender = $sender;
    }

    public function send($to, $message)
    {
        $this->sender->send($to, $message);
    }
}

class MailSender
{
    public function send($to, $message)
    {
        // send mail
    }
}
```

上記コード例の MessageDelivery の依存をより柔軟なものにするため、具象クラスである MailSender クラスではなく、抽象であるインターフェイスに依存させる方法もあります。

$sender プロパティが必要とするのは、「メールを送る」特定の実装ではなく、「メッセージをどこかに送信する」目的を実現する実装なので、本質的にはメールでの送信にこだわる必要はありません。そこで、送信する性質を表すインターフェイスを作成して、そのインターフェイスへ依存させる実装に変更します。

インターフェイスへの依存に変更した実装が次に示すコード例です（リスト 5.19）。

送信の役割を担うインターフェイスとして Sender インターフェイスを定義し、MailSender はこのインターフェイスを実装しています。MessageDeliveryWithInterface クラスのコ

ンストラクタはSenderインターフェイスへ依存するように変更されているため、同インターフェイスを実装したクラスであれば、どれでも受け入れ可能です。例えば、SMSを送信するSmsSenderクラスのインスタンスを受け取ることも可能です。

　この通り、具象クラスではなくインターフェイスなど抽象に依存することで、クラス間の依存はさらに緩やかな疎結合になり、DIの恩恵を受けることができます。コード例（リスト5.19）が示す通り、MessageDeliveryWithInterfaceクラスは、Senderインターフェイスを実装したクラスなら、どのようなクラスでも受け入れることができます。

　これは、$senderプロパティを利用する際も効果的です。実装の詳細ではなくインターフェイス仕様のみを把握していれば良いので、シンプルな実装が可能です。

　もっとも、すべての依存関係でインターフェイスを用いる実装が適しているかはケースバイケースですが、前述の通り、差し替えの可能性が高い箇所や複雑な依存を抱える箇所は、抽象に依存する実装方法も知っておくべきでしょう。

リスト5.19：インターフェイスへ依存したMessageDeliveryWithInterface

```php
class MessageDeliveryWithInterface
{
    protected $sender;

    public function __construct(Sender $sender)
    {
        $this->sender = $sender;
    }

    public function send($to, $message)
    {
        $this->sender->send($to, $message);
    }
}

interface Sender
{
    public function send($to, $message);
}

class MailSender implements Sender
{
```

```
    public function send($to, $message)
    {
        // send mail
    }
}

class SmsSender implements Sender
{
    public function send($to, $message)
    {
        // send sms
    }
}
```

▶コンストラクタインジェクション

　前述のコード例（リスト 5.18 〜 5.19）に示す通り、依存するインスタンスをコンストラクタで注入することを、コンストラクタインジェクションと呼びます。

　コンストラクタインジェクションを行うには、注入される側のコンストラクタ仮引数で必要なクラスをタイプヒンティングで指定します。サービスコンテナは、リフレクションを使って仮引数の定義を読み取り、タイプヒンティングがクラス名やインターフェイス名[※5]であれば、その名前で解決を行います。そして、取得したインスタンスをコンストラクタの引数に注入します。

　次にコンストラクタインジェクションの例を示します（リスト 5.20）。`MessageDelivery`クラスは前述の定義です（リスト 5.18）。下記に示すコード例では、サービスコンテナの`make`メソッドで`MessageDelivery`クラスのクラス名を解決しています。

リスト 5.20：コンストラクタインジェクション
```
$delivery = app()->make(MessageDelivery::class);
$delivery->send('to', 'message');
```

　解決時、`MessageDelivery`クラスのコンストラクタが実行されます。コンストラクタの仮引数には`MailSender`クラスがタイプヒンティングで指定されているため、このクラスのインスタンスが生成されてコンストラクタに渡されます。

（※5）タイプヒンティングがインターフェイス名の場合は、解決方法がバインドされている必要があります。

つまり、`$delivery` に格納された `MessageDelivery` クラスのインスタンスでは、`$sender` プロパティに `MailSender` クラスのインスタンスを保持することになり、send メソッドによるメッセージ送信を実行できます。

　しかし、前述のコード例（リスト 5.19）で示した、タイプヒンティングにインターフェイスや抽象クラスを指定した場合は、事前にインターフェイス名や抽象クラス名を解決する処理をバインドしておく必要があります。万が一、バインドせずにコンストラクタインジェクションを行うと、インターフェイス名は解決できず、例外が発生します。

　インターフェイス名を解決するバインドのコード例を示します（リスト 5.21）。
　`Sender` インターフェイスのインターフェイス名を解決する処理をバインドして、`MailSender` クラスのインスタンスを返します。この状態で、`MessageDeliveryWithInterface` クラスのクラス名をサービスコンテナで解決すると、コンストラクタインジェクションで、`MailSender` クラスのインスタンスが注入されます。ここでメッセージの送信方法を SMS へ変更する場合は、このバインドを変更して、`SmsSender` クラスのインスタンスを返すようにします。

リスト 5.21：インターフェイス名を解決するバインド

```
app()->bind(Sender::class, function () {
    return new MailSender();
});
```

▶メソッドインジェクション

　メソッドインジェクションでは依存しているインスタンスをメソッドの引数に注入します。前述のコンストラクタインジェクションと同様に、メソッドの仮引数にタイプヒンティングで必要とするクラスを指定します。サービスコンテナの call メソッドで対象メソッドを実行すると、リフレクションでタイプヒンティングのクラス名を取得し、サービスコンテナでクラス名に対する解決を行い、インスタンスを引数として渡します。
　サービスコンテナの call メソッドでは、第 1 引数に実行するクラス名とメソッド名を @ で結合して指定し、メソッドインジェクションで注入する以外の引数を、第 2 引数に配列で指定します。

　次にメソッドインジェクションのコード例を示します（リスト 5.22）。
　コード例では、`MessageDeliveryMethodInjection` クラスの send メソッドの仮引数に、タイプヒンティングで `MailSender` クラスを指定しています。サービスコンテナの call メソッドでこのメソッドを実行すると（①）、クラス名 `MailSender` で解決が行われ、インスタンスが

引数として注入されます。

リスト 5.22：メソッドインジェクション

```
class MessageDeliveryMethodInjection
{
    public function send(MailSender $sender, $to, $message)
    {
        $sender->send($to, $message);
    }
}

app()->call(MessageDeliveryMethodInjection::class . '@send',
            ['to', 'message']);          // <--- ①
```

なお、コンストラクタインジェクションと同様に、メソッドインジェクションでも、タイプヒンティングにインターフェイスや抽象クラスを指定する場合は、それらの名称を解決する処理をバインドしておく必要があります。

▶コンテキストに応じたバインド

サービスコンテナへバインドした生成処理やインスタンスは、文字列を指定して解決を行います。これは指定される文字列が同じであれば、同じ生成処理を実行する、もしくは同じインスタンスを返すことを意味します。

しかし、同じ文字列でもコンテキストによって異なるインスタンスを取得したいケースがあります。例えば、EventEmitter インターフェイスに依存しているクラス A とクラス B がある場合を考えてみましょう（リスト 5.23）。いずれもコンストラクタの引数にタイプヒンティングで、このインターフェイスを実装したインスタンスを要求しています。

クラス A には MyEventEmitter クラスのインスタンス、クラス B には YourEventEmitter クラスのインスタンスを注入するとします。しかし、EventEmitter インターフェイスに対するバインドは 1 つしか行えないため、MyEventEmitter クラスか YourEventEmitter クラスのいずれかしか注入できません（リスト 5.23）。

リスト 5.23：EventEmitter とそれに依存するクラス A とクラス B

```
interface EventEmitter
{
    // some methods
```

```
    }

    class A
    {
        protected $eventEmitter;

        public function __construct(EventEmitter $eventEmitter)
        {
            $this->eventEmitter = $eventEmitter;
        }
        // (略)
    }

    class B
    {
        protected $eventEmitter;

        public function __construct(EventEmitter $eventEmitter)
        {
            $this->eventEmitter = $eventEmitter;
        }
        // (略)
    }
```

　上述の状況で、同じ文字列（タイプヒンティングで指定したインターフェイス名）であっても注入先のクラスに応じて、注入するクラスを変更するには、サービスコンテナのwhenメソッドを利用します。

　下記コードがwhenメソッドの例です（リスト5.24）。whenメソッドでは引数に注入先のクラス名を指定します。続けてメソッドチェーンでneedsメソッドを利用して、どのタイプヒンティングに対する注入であるかを指定します。さらにメソッドチェーンでgiveメソッドを続けます。giveメソッドでは、サービスコンテナで解決する文字列を指定します（インスタンスを生成するクロージャも指定可能です）。

　以上で、クラスAにはMyEventEmitterクラス（①）、クラスBにはYourEventEmitterクラス（②）のインスタンスを注入できるようになります。

リスト 5.24：when メソッドによるコンテキストに応じたバインド

```
app()->when(A::class)
    ->needs(EventEmitter::class)
    ->give(MyEventEmitter::class);       // <--- ①

app()->when(B::class)
    ->needs(EventEmitter::class)
    ->give(YourEventEmitter::class);     // <--- ②
```

5-1-5 その他のメソッド

　サービスコンテナには、本節で説明したメソッド以外にも有用なものがあります。下表にその他のメソッドをまとめます（表 5.2）。サービスコンテナを操作する際には参考にしてください。

表 5.2：その他のメソッド

メソッド	内容
bound($abstract)	$abstract に対するバインドがあれば（instance メソッドによるインスタンス、別名含む）true、そうでなければ false を返します。
resolved($abstract)	$abstract に対する解決が行われていれば（instance メソッドによるバインド含む）true、そうでなければ false を返します。
isAlias($name)	$name が別名として登録されていれば true、そうでなければ false を返します。
isShared($abstract)	$abstract が、singleton もしくは instance でバインドされていれば true、そうでなければ false を返します。
getBindings()	バインドした文字列と対応するクロージャを連想配列で返します。別名や instance メソッドによるインスタンスは含まれません。
forgetInstance($abstract)	$abstract に対して、instance メソッドでバインドしたインスタンスを削除します。
forgetInstances()	instance メソッドでバインドした全てのインスタンスを削除します。
flush()	バインドされた処理、インスタンス、別名、解決済み文字列の情報をクリアします。
setInstance(ContainerContract $container)	サービスコンテナのインスタンスを $container にします。

Section 05-02

Chapter 05

サービスプロバイダ

　サービスプロバイダは、フレームワークやアプリケーションに含まれる各コンポーネントの起動処理を担当します。サービスコンテナへのバインドをはじめ、イベントリスナーやミドルウェア、ルーティングの登録を行います。また、外部コンポーネントをアプリケーションへ組み込む際にもサービスプロバイダは重要な役割を果たします。本節ではサービスプロバイダを解説します。

5-2-1　サービスプロバイダの実装

　サービスプロバイダは Illuminate\Support\ServiceProvider クラスを継承して実装します。Illuminate\Support\ServiceProvider クラスは抽象クラスであり、その継承クラスでは抽象メソッドである register メソッドを実装する必要があります。

▶ register メソッド

　register メソッドではサービスコンテナへのバインドのみを行います。アプリケーションの初期処理時に呼び出されるため、サービスコンテナからインスタンスを取得して操作するなどの処理は、register メソッドには実装しません。register メソッドは初期処理時にフレームワークから自動で実行されます。

　サービスプロバイダで register メソッドを実装する例を示します（リスト 5.25）。Illuminate\Encryption\EncryptionServiceProvider クラスという暗号化関連の処理に関するサービスプロバイダです。register メソッドで、暗号化関連の処理を担うコンポーネントをサービスコンテナにバインドしています。

　サービスプロバイダでは、$app プロパティにサービスコンテナのインスタンスが格納されているので、これを利用してサービスコンテナのメソッドを実行します。コード例では、文字列 encrypter を singleton メソッドでバインドしています。

リスト 5.25：register メソッドの実装例（EncryptionServiceProvider）

```php
<?php

namespace Illuminate\Encryption;

use RuntimeException;
use Illuminate\Support\ServiceProvider;

class EncryptionServiceProvider extends ServiceProvider
{
    public function register()
    {
        $this->app->singleton('encrypter', function ($app) {
            $config = $app->make('config')->get('app');

            $key = $config['key'];

            $cipher = $config['cipher'];

            if (Encrypter::supported($key, $cipher)) {
                return new Encrypter($key, $cipher);
            } elseif (McryptEncrypter::supported($key, $cipher)) {
                return new McryptEncrypter($key, $cipher);
            } else {
                throw new RuntimeException('No supported encrypter found. The cipher
                                            and / or key length are invalid.');
            }
        });
    }
}
```

▶ boot メソッド

　サービスプロバイダには、もう1つ特殊なメソッドとして boot メソッドがあります。

　boot メソッドは register メソッドによる初期処理が完了した後に実行され、サービスコンテナで解決したインスタンスを利用した処理を記述できます。イベントリスナーの登録やルーティングなどの処理はこのメソッドで実装します。なお、このメソッドはオプションとなっており、不要な場合は実装しません。

また、bootメソッドはメソッドインジェクションが可能です。タイプヒンティングで必要なクラスを指定すると、サービスコンテナで解決され引数に注入されます。

bootメソッドのコード例を示します（リスト5.26）。これは、イベントリスナーやサブスクライバを登録する`Illuminate\Foundation\Support\Providers\EventServiceProvider`クラス[※6]というサービスプロバイダです。

bootメソッドでは、仮引数にタイプヒンティングで`DispatcherContract`を指定しています。フレームワークがbootメソッドを実行する際は、このタイプヒンティングがサービスコンテナで解決され、インスタンスが注入されます。`$listen`プロパティや`$subscribe`プロパティの内容[※7]を利用して、bootメソッド内でイベントリスナーやサブスクライバを登録します。

リスト5.26：bootメソッドの実装例（EventServiceProvider）

```php
<?php

namespace Illuminate\Foundation\Support\Providers;

use Illuminate\Support\ServiceProvider;
use Illuminate\Contracts\Events\Dispatcher as DispatcherContract;

class EventServiceProvider extends ServiceProvider
{
    protected $listen = [];
    protected $subscribe = [];

    public function boot(DispatcherContract $events)
    {
        foreach ($this->listen as $event => $listeners) {
            foreach ($listeners as $listener) {
                $events->listen($event, $listener);
            }
        }

        foreach ($this->subscribe as $subscriber) {
            $events->subscribe($subscriber);
        }
    }
}
```

[※6] このクラスは、アプリケーションのイベントリスナーやサブスクライバを登録する App\Providers\EventServiceProvider の基底クラスです。
[※7] これらの内容は、継承クラスである App\Providers\EventServiceProvider クラスで設定します。

```
    public function register()
    {
        //
    }

    public function listens()
    {
        return $this->listen;
    }
}
```

▶ $app プロパティ

　サービスプロバイダの $app プロパティには、サービスコンテナのインスタンスが格納されています。前述の register メソッドにおけるサービスコンテナへのバインドや、boot メソッドでサービスコンテナによる解決に利用できます。

▶ $defer プロパティによる遅延登録

　前述の通り、アプリケーション起動時に register メソッドが実行されます。しかし、サービスプロバイダによっては、通常時は必要はなく特定処理を実行する場合のみ、サービスコンテナにバインドしたいケースがあります。
　こうしたケースでは、サービスプロバイダの $defer プロパティを true に設定すると（デフォルトは false）、アプリケーション起動時に register メソッドは実行されなくなります。利用しないバインドを避けることで、無駄な処理を省くことができます。

　$defer プロパティに true を設定すると、provides メソッドもしくは when メソッドで指定した条件に合致したタイミングで、register メソッドが実行されます。
　provides メソッドではサービスコンテナで解決される文字列を指定します。対象の文字列を列挙する配列を返す実装にします。指定文字列がサービスコンテナで解決されるタイミングで、サービスプロバイダの register メソッドが呼び出され、その後に解決が行われます。
　一方、when メソッドではイベントを指定します。対象イベント名を列挙した配列を返す実装にすると、フレームワークが指定したイベントに対するリスナーを登録し、この中でサービスプロバイダの register メソッドを実行します。該当イベントが発行されると、このリスナーが発動して register メソッドが実行されます。

遅延登録を行うサービスプロバイダのコード例を下記に示します（リスト 5.27）。

DeferServiceProvider クラスは $defer プロパティが true であるため、アプリケーション起動時には register メソッドが呼び出されません。provides メソッドでは、Foo::class を要素とする配列を返しています。

つまり、Foo クラスのクラス名をサービスコンテナで解決すると、register メソッドが実行されます。また、when メソッドが my_event のイベント名を含む配列を返すので、イベント my_event が発行された場合も register メソッドが実行されます。

リスト 5.27：遅延登録を行うサービスプロバイダ

```php
<?php

namespace App\Providers;

use App\Foo;
use Illuminate\Support\ServiceProvider;

class DeferServiceProvider extends ServiceProvider
{
    protected $defer = true;

    public function register()
    {
        $this->app->bind('my_service', function ($app) {
            return new Foo();
        });
    }

    public function provides()
    {
        return [
            Foo::class,
        ];
    }

    public function when()
    {
        return [
            'my_event',
```

```
        ];
    }
}
```

5-2-2 独自サービスプロバイダの実装（Twilioとの連携）

本項では、独自サービスプロバイダの実装例として、「Twilio」（https://www.twilio.com/）のクライアントライブラリを組み込むサービスプロバイダを実装します。

TwilioはTwilio社が運営するサービス[※8]で、電話やSMSなどのコミュニケーションツールをWeb APIで利用できます。各種プログラミング言語向けのSDKが提供されており、本項ではPHP用のSDKである「twilio-php」（https://github.com/twilio/twilio-php）を利用します。

PHP用SDKをComposerでインストールします。下記に示す通り、`composer require`コマンドで`twilio/sdk`パッケージをインストールします（リスト5.28）。

リスト 5.28：twilio/sdk のインストール
```
$ composer require twilio/sdk
```

▶サービスプロバイダの実装

サービスプロバイダを実装するには、`artisan make:provider`コマンドを実行して、雛形を生成します。`make:provide`コマンドは、生成するサービスプロバイダのクラス名を指定して実行します。下記のコマンド例では、クラス名に「TwilioServiceProvider」を指定して実行しています（リスト5.29）。

リスト 5.29：サービスプロバイダの雛形生成
```
$ php artisan make:provider TwilioServiceProvider
Provider created successfully.
```

上記コマンドを実行すると、次に示すコード例の通り、`app/Providers`ディレクトリ以下に`TwilioServiceProvider`クラスが生成されます（リスト5.30）。

[※8] 日本国内ではKDDIウェブコミュニケーションズが運営しています（http://twilio.kddi-web.com/）。

リスト 5.30：生成された TwilioServiceProvider（コメントは省略）

```
<?php

namespace App\Providers;

use Illuminate\Support\ServiceProvider;

class TwilioServiceProvider extends ServiceProvider
{
    public function boot()
    {
        //
    }

    public function register()
    {
        //
    }
}
```

　Twilioとの連携では、SDKに含まれるServices_Twilioクラスを利用します。このクラスは、コンストラクタでTwilioの認証情報をセットする必要があります。

　TwilioServiceProviderクラスでは、registerメソッドでServices_Twilioクラスのクラス名で生成処理をバインドします。インスタンス生成時にコンストラクタで認証情報を与え、サービスコンテナで解決すると、認証情報が含まれたインスタンスを取得できる実装にします。

　registerメソッドの実装例を示します（リスト 5.31）。bootメソッドは利用しないため削除しています。registerメソッドでは、Services_Twilioのクラス名に対するバインドを行っています。クロージャ内では、Services_Twilioクラスのコンストラクタに認証情報を設定してインスタンス化しています。また、認証情報は、envヘルパー関数で環境変数もしくは.envファイルから取得します。

リスト 5.31：register メソッドを実装

```
<?php

namespace App\Providers;
```

```php
use Illuminate\Support\ServiceProvider;
use Services_Twilio;

class TwilioServiceProvider extends ServiceProvider
{
    public function register()
    {
        $this->app->bind(Services_Twilio::class, function () {
            return new Services_Twilio(
              env('TWILIO_ACCOUNT_SID'),
              env('TWILIO_AUTH_TOKEN')
            );
        });
    }
}
```

▶フレームワークへの登録

サービスプロバイダをフレームワークに登録するには、config/app.php の providers キーに追加する必要があります。下記の通り、providers キーに TwilioServiceProvider クラスのクラス名を追加します（リスト 5.32）。

リスト 5.32：config/app.php の providers キーに TwilioServiceProvider を追加

```php
'providers' => [
    //（略）
    App\Providers\TwilioServiceProvider::class,
],
```

上記で、TwilioServiceProvider が利用可能になります。

次のコード例で示す通り、コントローラのメソッドにタイプヒンティングで Services_Twilio クラスを指定すると、メソッドインジェクションで Services_Twilio クラスのインスタンスが注入されます（リスト 5.33）。

リスト 5.33：Services_Twilio クラスを利用するコントローラ

```php
class TwilioController extends Controller
{
    public function postOutbound(Services_Twilio $twilio)
    {
```

```
        $twilio->account->calls->create(
            "+18668675309",
            "+14155551212",
            "http://demo.twilio.com/docs/voice.xml"
        );

        return response()->json('ok');
    }
}
```

注入されるインスタンスは、サービスコンテナで Services_Twilio クラスのクラス名で解決されたものであるため、認証情報が含まれています。実装例では、このインスタンスを利用して、電話を掛けるリクエストを Twilio へ送信しています。

▶ TwilioServiceProvider の遅延登録

TwilioServiceProvider は、Services_Twilio クラスを利用しない場合は不要であるため、遅延登録を設定します。下記に、前述の TwilioServiceProvider を遅延登録する実装に変更する例を示します（リスト 5.34）。

$defer プロパティを true に設定して、provides メソッドを Services_Twilio クラスのクラス名を返す実装にします。これで、起動時には TwilioServiceProvider は登録されず、Services_Twilio クラスのクラス名で解決される直前で、register メソッドが実行されてバインドが行われます。

リスト 5.34：TwilioServiceProvider を遅延登録

```
<?php

namespace App\Providers;

use Illuminate\Support\ServiceProvider;
use Services_Twilio;

class TwilioServiceProvider extends ServiceProvider
{
    protected $defer = true; // 遅延登録

    public function register()
```

```php
    {
        $this->app->bind(Services_Twilio::class, function () {
            return new Services_Twilio(
              env('TWILIO_ACCOUNT_SID'),
              env('TWILIO_AUTH_TOKEN')
            );
        });
    }

    public function provides()
    {
        return [
            Services_Twilio::class,
        ];
    }
}
```

コントラクト

Section 05-03 / Chapter 05

　コントラクトとは、Laravel コアコンポーネントのメソッド仕様を PHP のインターフェイスで定義したものです。各コンポーネントごとにコントラクトが定義されており、主要なコンポーネントでは、このコントラクト（インターフェイス）を実装しています。また、コンポーネントを利用するクラスは具象クラスではなく、このインターフェイスに依存しています。

5-3-1 コントラクトのメリット

　コントラクトには、以下にあげる2つの利点があります。
　まず、コントラクトにはコアコンポーネントとして要求されるメソッド仕様が定義されているため、コンポーネントとして必要な処理が明確になります。ユーザー側では、コントラクトを実装したクラスを用意すれば、コアコンポーネントの代わりに利用することも可能です。
　次に、コアコンポーネントを利用する側（コアコンポーネントに依存しているクラス）のメリットを考えましょう。コアコンポーネントの具象クラスではなく、コントラクト（インターフェイス）に依存する実装にすれば、どのメソッドを必要としているかが把握しやすくなります。
　当然ながらコントラクトを実装したクラスであれば、どのようなクラスでも受け入れ可能なので、差し替えも容易となります。
　本節では、コアコンポーネントで実際にどのようにコントラクトが利用されているか、サンプルとして暗号化・復号処理を担う Illuminate\Contracts\Encryption\Encrypter コントラクトを例に説明します。

5-3-2 コントラクトを利用した実装

　Encrypter コントラクトは、下記の示す通りです（リスト 5.35）。インターフェイスとして定義され、encrypt メソッドと decrypt メソッドを保持しています。encrypt メソッドは暗号化、decrypt メソッドは復号を行います。

リスト5.35：Encrypterコントラクト（コメントは省略）

```php
<?php

namespace Illuminate\Contracts\Encryption;

interface Encrypter
{
    public function encrypt($value);

    public function decrypt($payload);
}
```

フレームワークにはEncrypterコントラクトを実装したクラスが2つあります。Illuminate\Encryption\EncrypterクラスとIlluminate\Encryption\McryptEncrypterクラス[※9]です。どちらも暗号化と復号処理を行います。

それぞれからクラスやメソッドの一部の宣言を抜き出したのが、次に示すコード例です（リスト5.36～5.37）。いずれのコード例も、Encrypterコントラクトに含まれるencryptメソッドとdecryptメソッドを定義しており、Encrypterとしての振る舞いが可能になっています。

リスト5.36：Encrypterクラス（抜粋）

```php
<?php

namespace Illuminate\Encryption;

use Illuminate\Contracts\Encryption\Encrypter as EncrypterContract;

class Encrypter extends BaseEncrypter implements EncrypterContract
{
    public function encrypt($value)
    {
        // encrypt
    }

    public function decrypt($payload)
    {
```

[※9] Illuminate\Encryption\McryptEncrypterクラスは、Laravel 5.1以降では非推奨となっています。

```
        // decrypt
    }
}
```

リスト 5.37：McryptEncrypter クラス（抜粋）

```php
<?php

namespace Illuminate\Encryption;

use Illuminate\Contracts\Encryption\Encrypter as EncrypterContract;

/**
 * @deprecated since version 5.1. Use Illuminate\Encryption\Encrypter.
 */
class McryptEncrypter extends BaseEncrypter implements EncrypterContract
{
    public function encrypt($value)
    {
        // encrypt
    }

    public function decrypt($payload)
    {
        // decrypt
    }
}
```

　この Encrypter コントラクトに依存しているのが、Illuminate\Cookie\Middleware\EncryptCookies クラスです。クッキーの暗号化と復号を担うミドルウェアの基底クラスであり、Encrypter コントラクトを実装したインスタンスで暗号化と復号処理を行います。

　EncryptCookies クラスから Encrypter コントラクトに関連する箇所を抜粋したコードを次に示します（リスト 5.38）。

　まず、コンストラクタ（①）では、Encrypter をタイプヒンティングで指定して、コントラクトを実装したインスタンスを要求しています。Encrypter コントラクトを実装したインスタンスはコンストラクタで注入され、$encrypter プロパティに格納されます。

　そして、$encrypter プロパティを利用して、encrypt メソッドによる暗号化（②）と decrypt メソッドによる復号を行っています（③）。

EncryptCookies クラスは、Encrypter コントラクト（インターフェイス）に依存しているので、実際に注入されるインスタンスが Encrypter クラスであるか、McryptEncrypter クラスであるかは意識する必要がありません。もちろん、テストの際はこの Encrypter コントラクトを実装したモッククラスと差し替えることも可能です。

リスト 5.38：Illuminate\Cookie\Middleware\EncryptCookies クラス（抜粋）

```php
<?php

namespace Illuminate\Cookie\Middleware;

use Symfony\Component\HttpFoundation\Response;
use Illuminate\Contracts\Encryption\Encrypter as EncrypterContract;

class EncryptCookies
{
    protected $encrypter;

    public function __construct(EncrypterContract $encrypter)            // <--- ①
    {
        $this->encrypter = $encrypter;
    }

    protected function encrypt(Response $response)
    {
        foreach ($response->headers->getCookies() as $cookie) {
            if ($this->isDisabled($cookie->getName())) {
                continue;
            }

            $response->headers->setCookie($this->duplicate(
                $cookie, $this->encrypter->encrypt($cookie->getValue())   // <--- ②
            ));
        }

        return $response;
    }

    protected function decryptCookie($cookie)
    {
        return is_array($cookie)
```

● フレームワークの拡張

```
                    ? $this->decryptArray($cookie)
                    : $this->encrypter->decrypt($cookie);            // <--- ③
    }

    protected function decryptArray(array $cookie)
    {
        $decrypted = [];

        foreach ($cookie as $key => $value) {
            $decrypted[$key] = $this->encrypter->decrypt($value);    // <--- ③
        }

        return $decrypted;
    }
}
```

5-3-3 コントラクトを実装した独自クラス

　本項では、Encrypterコントラクトを実装した独自クラスを作成して、実際に差し替えます。暗号化・復号処理は行わず与えられた値をそのまま返す、NoneEncrypterクラスを実装します。

　下記のコード例がNoneEncrypterクラスです（リスト5.39）。Encrypterコントラクトを実装しており、encryptメソッドとdecryptメソッドは暗号化も復号も処理せずに、引数の値をそのまま返しています。

リスト5.39：NoneEncrypterクラス
```
<?php

namespace App;

use Illuminate\Contracts\Encryption\Encrypter;

class NoneEncrypter implements Encrypter
{
    public function encrypt($value)
    {
        return $value;
```

```
    }

    public function decrypt($payload)
    {
        return $payload;
    }
}
```

　このNoneEncrypterクラスをEncrypterコントラクトの実装として利用するため、サービスコンテナにバインドします。サービスコンテナでは、Encrypterコントラクトのインターフェイス名は、encrypterの別名として登録されています。これをバインドしているのが、サービスプロバイダのIlluminate\Encryption\EncryptionServiceProviderです。

　下記がEncryptionServiceProviderクラスのコードです（リスト5.40）。
　registerメソッドでencrypterをバインドしています。このバインドはEncrypterクラスもしくはMcryptEncrypterクラスを返すため、NoneEncrypterクラスを返す処理を再バインドします。

リスト 5.40：Illuminate\Encryption\EncryptionServiceProvider（コメントは省略）

```php
<?php

namespace Illuminate\Encryption;

use RuntimeException;
use Illuminate\Support\ServiceProvider;

class EncryptionServiceProvider extends ServiceProvider
{
    public function register()
    {
        $this->app->singleton('encrypter', function ($app) {
            $config = $app->make('config')->get('app');

            $key = $config['key'];

            $cipher = $config['cipher'];

            if (Encrypter::supported($key, $cipher)) {
```

```
            return new Encrypter($key, $cipher);
        } elseif (McryptEncrypter::supported($key, $cipher)) {
            return new McryptEncrypter($key, $cipher);
        } else {
            throw new RuntimeException('No supported encrypter found. The cipher
                                        and / or key length are invalid.');
        }
    });
    }
}
```

下記に再バインドのコード例を示します（リスト 5.41）。

encrypter への再バインドは、App\Providers\AppServiceProvider クラスで行います。コード例では、register メソッドで encrypter の再バインドを行っています。バインドしたクロージャでは、NoneEncrypter クラスのインスタンスを返す実装にします。

リスト 5.41：App\Providers\AppServiceProvider

```php
<?php

namespace App\Providers;

use App\NoneEncrypter;
use Illuminate\Support\ServiceProvider;

class AppServiceProvider extends ServiceProvider
{
    public function boot()
    {
        //
    }

    public function register()
    {
        $this->app->singleton('encrypter', function ($app) {
            return new NoneEncrypter();
        });
    }
}
```

以上で、encrypterを解決（Encrypterコントラクト名で解決）すると、NoneEncrypterクラスのインスタンスが取得できるようになります。

続いて、NoneEncrypterクラスが有効であることをcurlコマンドで確認します。アクセスするURIは、「name=Jun」のCookieが発行されます。

最初に、Encrypterクラスを利用する状態、つまりencrypterへの再バインドを行っていない状態でcurlコマンドを実行します。コマンドの実行例は下記の通りです（リスト5.42）。Set-Cookieヘッダを確認すると、nameキーの値が暗号化されていることが分かります。

リスト5.42：Encrypterを利用した場合

```
$ curl -I http://localhost/
HTTP/1.1 200 OK
（略）
Set-Cookie: name=eyJpdiI6IlNlNHZJWHpxV0U0VytqWk1CTTR1UEE9PSIsInZhbHVlIjoiNUI0TGRMSWxacTFn
amg0MStGanlJQT09IiwibWFjIjoiZTBmZTE3MmQxMTFmNmU3MWJiMTUxOGYxYzRmMGUwZjRmNjcwNGE5MGJkMDRlN
2NjYTA3NGExMzc5YjFkNjM4ZSJ9; path=/; httponly
（略）
```

次に、NoneEncrypterクラスを有効にした状態でcurlコマンドを実行します。コマンドの実行例は下記の通りです（リスト5.43）。Set-Cookieヘッダでnameキーの値が平文で出力されています。つまり、NoneEncrypterクラスで処理されていることが分かります。

リスト5.43：NoneEncrypterを利用した場合

```
$ curl -I http://localhost/
HTTP/1.1 200 OK
（略）
Set-Cookie: name=Jun; path=/; httponly
（略）
```

本項で説明した通り、コンポーネントを実装するときは、コントラクトを実装することでフレームワークが要求するメソッドを実装可能です。また、コンポーネントを利用する側は、コントラクトに依存することで、そのコントラクトを実装したクラスであれば簡単に差し替え可能です。

コントラクト名に対する解決はサービスコンテナで行います。サービスプロバイダなどでサービスコンテナのバインドを変更することで、追加したコンポーネントに差し替えて利用することができます。

Section 05-04

ファサード

ファサードはクラスメソッドの形式でフレームワークの機能を手軽に利用できます。フレームワークのパワフルな機能をシンプルな記述で利用できる、ファサードの存在は Laravel が広く受け入れられた理由の1つにあげられます。ファサードはただのクラスメソッドではありません。実はファサードの裏にはサービスコンテナが存在します。本節ではファサードを解説します。

5-4-1　ファサードの仕組み

ファサードは、クラスメソッドの形式でコンポーネントのメソッドを実行します。下記に示すコード例では、Config ファサードの get メソッドで config/app.php の debug キーの値を取得しています（リスト 5.44）。

リスト 5.44：ファサードのメソッド実行
```
$debug = \Config::get('app.debug');
```

上記のコード例を一見すると、Config クラスに get というクラスメソッドが実装されているように見えます。そこで Config クラスの定義を確認してみましょう。

実は Config クラスは存在せず、Illuminate\Support\Facades\Config クラスの別名となっています。PHP のクラスに別名を付ける class_alias 関数[※10]で実現され、Config クラスと Illuminate\Support\Facades\Config クラスの関連は、config/app.php の aliases キーで定義されています。

次に示すコード例は、config/app.php の aliases キーの抜粋です（リスト 5.45）。Config に Illuminate\Support\Facades\Config クラスのクラス名に関連付けられています（①）。
aliases キーの連想配列には、要素の値であるクラス名の別名として、キーの名前が class_alias 関数で設定されます。aliases キーの内容を見ると、Config 以外にもファサードで利用

[※10] http://php.net/manual/ja/function.class-alias.php

するクラス名が、同じ仕組みで実体クラスの別名として定義されていることが分かります。

リスト 5.45：config/app.php での aliases キー（抜粋）
```
return [
    // （省略）
    'aliases' => [
        'App' => Illuminate\Support\Facades\App::class,
        'Artisan' => Illuminate\Support\Facades\Artisan::class,
        'Auth' => Illuminate\Support\Facades\Auth::class,
        'Blade' => Illuminate\Support\Facades\Blade::class,
        'Bus' => Illuminate\Support\Facades\Bus::class,
        'Cache' => Illuminate\Support\Facades\Cache::class,
        'Config' => Illuminate\Support\Facades\Config::class, // <--- ①
        // （省略）
    ],
];
```

Config クラスの実体である Illuminate\Support\Facades\Config クラスのコードを以下に示します（リスト 5.46）。このクラスでは、getFacadeAccessor メソッドが実装されているだけで、get メソッドは実装されていません。

リスト 5.46：Illuminate\Support\Facades\Config クラス
```
<?php

namespace Illuminate\Support\Facades;

class Config extends Facade
{
    protected static function getFacadeAccessor()
    {
        return 'config';
    }
}
```

実は get メソッドは、Illuminate\Support\Facades\Config クラスの基底クラスである、Illuminate\Support\Facades\Facade クラスの __callStatic メソッドというマジックメソッドで実現されています。このメソッドは、クラスメソッド実行時に該当メソッドが実装されていない時に自動に呼び出されるメソッドです。

次に示すコード例が、Illuminate\Support\Facades\Facade クラスの __callStatic メソッドです（リスト 5.47）。get メソッドが呼び出された際はこのメソッドが実行されます。

__callStatic メソッドの引数は、$method と $args です。$method には実行メソッドの名前（ここでは get）が代入され、$args には実行されたメソッドの引数を格納した配列（ここでは ['app.debug']）が代入されます。

①ではファサードが受け持つインスタンスをサービスコンテナから取得します（詳細後述）。
②では、引数の数によって呼び出し方が違いますが、結果として、①で取得したインスタンスの $method という名前のインスタンスメソッドを実行します。
つまり、ファサードでのクラスメソッド実行は、サービスコンテナから取得したインスタンスのインスタンスメソッドとして実行されます。

リスト 5.47：Illuminate\Support\Facades\Facade クラスの __callStatic メソッド

```php
<?php

namespace Illuminate\Support\Facades;

abstract class Facade
{
    // （略）
    public static function __callStatic($method, $args)
    {
        $instance = static::getFacadeRoot();        // <--- ①

        switch (count($args)) {                     // <--- ②
            case 0:
                return $instance->$method();

            case 1:
                return $instance->$method($args[0]);

            case 2:
                return $instance->$method($args[0], $args[1]);

            case 3:
                return $instance->$method($args[0], $args[1], $args[2]);

            case 4:
```

```
            return $instance->$method($args[0], $args[1], $args[2], $args[3]);

        default:
            return call_user_func_array([$instance, $method], $args);
    }
  }
}
```

次に、ファサードがサービスコンテナからインスタンスを取得する処理を説明します。下記のコードに処理を担う getFacadeRoot メソッドを示します（リスト 5.48）。

getFacadeRoot メソッドでは、getFacadeAccessor メソッドから取得した値を利用して、resolveFacadeInstance メソッドでインスタンスを取得します。resolveFacadeInstance メソッドは、引数 $name をサービスコンテナで解決して、取得したインスタンスを返します。

getFacadeAccessor メソッドはこのクラスでは例外を返すだけです。getFacadeAccessor メソッドは継承クラスでオーバーライドされることを想定しており、サービスコンテナで解決する文字列を返す実装にします。

リスト 5.48：getFacadeRoot メソッドと関連メソッド

```php
    public static function getFacadeRoot()
    {
        return static::resolveFacadeInstance(static::getFacadeAccessor());
    }

    protected static function getFacadeAccessor()
    {
        throw new RuntimeException('Facade does not implement getFacadeAccessor
         method.');
    }

    protected static function resolveFacadeInstance($name)
    {
        if (is_object($name)) {
            return $name;
        }

        if (isset(static::$resolvedInstance[$name])) {
            return static::$resolvedInstance[$name];
        }
```

```
        return static::$resolvedInstance[$name] = static::$app[$name];
    }
```

ここで、前掲のリスト5.46（P.283）のIlluminate\Support\Facades\Configクラスを確認すると、getFacadeAccessorメソッドが実装されており、文字列configを返しています。つまり、サービスコンテナにてconfigという名前で解決して取得するインスタンスを利用します。

本項の説明から、ファサードは「サービスコンテナからインスタンスを取得して、そのメソッドを実行する」操作を、クラスメソッドのシンプルな書式で実現していることが分かります。

なお、ファサードの動きを順に追いかけると、下記の通りです。

1. \Config::get('app.debug') を実行する
2. \Config の実体である Illuminate\Support\Facades\Config クラスの get というクラスメソッドを呼び出す
3. Illuminate\Support\Facades\Config クラスには、get というクラスメソッドは存在しないので、基底クラスの __callStatic メソッドを呼び出す
4. __callStatic メソッドでは、getFacadeRoot メソッドで操作対象のインスタンス（サービスコンテナで config を解決して取得したインスタンス）を取得し、インスタンスメソッドの get メソッドを実行する

5-4-2 独自ファサードの実装

独自にファサードを実装する方法を理解するために、PHPのHTTPクライアントライブラリとして一般的に使われている「Guzzle」（https://github.com/guzzle/guzzle）を利用する、Guzzleファサードの実装を例に説明します。

最初にGuzzleファサードクラスを実装します。ファサードクラスはIlluminate\Support\Facades\Facadeクラスを継承します。必ず実装する必要があるのは、getFacadeAccessorメソッドです。次に示すコード例がGuzzleファサードクラスです（リスト5.49）。

コード例では、getFacadeAccessorメソッドでGuzzleHttp\Clientクラスのクラス名を返します。このクラス名をサービスコンテナで解決すると、GuzzleHttp\Clientクラスのインスタンスが取得できます。

リスト 5.49：Guzzle ファサードクラス

```php
<?php

namespace App\Facades;

use GuzzleHttp\Client;
use Illuminate\Support\Facades\Facade;

class Guzzle extends Facade
{
    protected static function getFacadeAccessor()
    {
        return Client::class;
    }
}
```

　Guzzle ファサードを `Guzzle::method` 形式で実行できるように、下記に示すコード例の通り、config/app.php の `aliases` キーに追加します（リスト 5.50）。Guzzle を `App\Facades\Guzzle` クラスの別名とすることで、Guzzle ファサードが利用可能になります。

リスト 5.50：config/app.php に追加

```php
'aliases' => [
    // （略）
    'Guzzle' => App\Facades\Guzzle::class,
],
```

　Guzzle ファサードを使って、HTTP の GET リクエストを送信するコードは下記の通りです（リスト 5.51）。コード例を実行すると、内部的にサービスコンテナから `GuzzleHttp\Client` クラスのインスタンスを取得して、`get` メソッドを実行します。

リスト 5.51：Guzzle ファサードで GET リクエスト

```php
$res  = \Guzzle::get('https://github.com');
$code = $res->getStatusCode();           // 200
```

　本項で説明した通り、独自のファサードは簡単に実装できます。自ら実装することでファサードの仕組みも理解できるので、ファサードで利用したいライブラリがあれば、実装してみると良いでしょう。

MEMO

Chapter 06

テスト

Laravel ではテストを強力にサポートするツールや仕組みが多く提供されています。テストをしっかりと実施することで、保守性や拡張性の高いアプリケーション開発へと繋げることができます。本章では、Laravel によるアプリケーション開発での PHPUnit を利用したユニットテストをはじめ、モックライブラリの Mockery、5.1 LTS から追加されたモデルファクトリ、Laravel のテストヘルパーメソッドなど、ファンクショナルテストの方法を解説します。

Section 06-01

Chapter 06

ユニットテストの基本

Laravel は標準で PHP のユニットテストフレームワーク「PHPUnit」（https://phpunit.de/index.html）を利用できます。また、アプリケーションのテストを簡単に実行できるように、テストをサポートする数多くのメソッドが提供されています。「ユニットテスト」はもちろん、結合クラスのテストである「ファンクショナルテスト」（機能テスト）を繰り返し実施することは、アプリケーションのバグ発見や品質向上に役立ちます。

本節で PHPUnit の利用方法を解説し、続いてモックの利用方法やモデルファクトリなどテストをサポートする機能を説明します。最後に容易なテスト実行を念頭にした実装方法を解説します。

6-1-1 PHPUnit によるユニットテスト

ユニットテストは、実装済みもしくは実装予定のクラスメソッドに対し実行します。また、動作や期待値を記述して、適切なエラー処理が行われるかなどをクラス単体で確認します。実装コードのバグ発見やリファクタリング、設計補助など品質向上に重要です。

様々な機能を結合するコントローラを確認するファンクショナルテストも、ユニットテストの応用です。ミドルウェアなどの Laravel が提供する機能、開発者によるビジネスロジック、フレームワークやライブラリのコードなど、対象コードの種類を問わず、ユニットテストがすべてのテストの基本です。本節では PHPUnit のバージョン 4 系を対象に、基本的な利用方法を説明します。

PHPUnit は PHP における代表的なユニットテストフレームワークで、Laravel では標準で設定ファイル（phpunit.xml）が同梱されています。開発時には、ブラウザやターミナルで何度も var_dump や echo を使い正しい値であるか確認しますが、ユニットテストはこうしたデバッグ方法をテストコードとして記述します。ユニットテストを実行することで、開発に従い複雑さを増すソースコードに含まれる、バグやリファクタリングのポイントを発見できます。基本的な利用方法をしっかりと学びましょう。

6-1-2 設定ファイル

　PHPUnitの実行には、設定ファイル（`phpunit.xml`）を記述するのが一般的です。Laravelに標準で用意されている`phpunit.xml`を利用すると、アプリケーションは`testing`環境として実行され、`cache`と`session`ドライバは配列、`queue`ドライバは`sync`が利用されます。

　つまり、Laravelに用意されているダミードライバや配列ドライバが自動的に選択されます。これにより、データベースやセッションストレージなどの外部ミドルウェアを利用せずにすみ、MySQLやキャッシュサーバとの通信エラーなどを考慮せず、純粋に実装コードへ焦点を絞り、テストが実施できます。

　`phpunit.xml`の`php`エレメントを用いて`php.ini`などの項目や`define`、グローバル変数などの値を設定可能です。記述例を下記に示します（リスト6.1）。テスト実行前に`bootstrap/autoload.php`が読み込まれ、`tests`ディレクトリ配下に設置されたテストコードを対象にテストを実行します。なお、詳細な設定に関しては、PHPUnitの公式リファレンス「付録C　XML 設定ファイル」[※1]を参照してください。

リスト6.1：phpunit.xmlで定数を設定

```xml
<php>
  <ini name="date.timezone" value="Asia/Tokyo"/>
  <const name="DEFINE_NAME" value="define"/>
</php>
```

6-1-3 テストの記述

　Laravelのコンポーネントを利用しないPOPO（Plain Old PHP Object）で、簡単なテストを記述してみます。`app/Repositories/BookRepository.php`を作成して、下記のコードを記述します（リスト6.2）。

リスト6.2：テスト対象クラス

```php
<?php

namespace App\Repositories;
```

[※1] https://phpunit.de/manual/4.8/ja/appendixes.configuration.html

```php
class BookRepository
{
    /** @var array $books */
    protected $books = [
        [
            'id' => 1,
            'title' => 'Laravel リファレンス'
        ]
    ];

    /**
     * @return array
     */
    public function getReferenceBooks()
    {
        return $this->books;
    }
}
```

上記コードでは書籍情報を配列で返却する簡単なメソッドを記述しています。このクラスに対してテストを行うコードを記述します（リスト 6.3）。

リスト 6.3：シンプルなユニットテストコード

```php
<?php

class BookRepositoryTest extends \PHPUnit_Framework_TestCase
{
    /** @var \App\Repositories\BookRepository */
    protected $repository;

    protected function setUp()
    {
        $this->repository = new \App\Repositories\BookRepository;
    }

    public function testReturnResultBasic()  // <--- ①
    {
        $this->assertInternalType('array', $this->repository->getReferenceBooks());
    }
```

```
    /**
     * @test
     */
    public function 値の返却をテスト ()    // <--- ②
    {
      $this->assertInternalType('array', $this->repository->getReferenceBooks());
    }
}
```

PHPUnitを利用したユニットテストはPHPUnit_Framework_TestCaseを継承し、各テスト実行時の最初に実行されるsetUpでテスト対象クラスのインスタンスなどを生成します。

テストを実行させるにはテストメソッドを記述する必要があります。テストメソッドは「test」プレフィックスを付けたメソッド名（①）、またはtestアノテーションを利用して分かりやすいように日本語でメソッド名を付けます（②）。

テストでは主にアサーションメソッドと呼ばれるメソッドを利用して、値の比較などを行います。数多くのアサーションメソッドが提供されているため、本書ではすべてを紹介することはできません。メソッドが網羅されている公式リファレンスで「アサーション」[※2]を参照してください。

上記の例では、App\Repositories\BookRepositoryクラスをユニットテストの対象として、getReferenceBooksメソッドの動作で、返却される値が配列であることをテストしています。つまり、var_dumpやechoを実行してブラウザで確認することと同じ感覚です。テストの実行は下記の通りです（リスト 6.4）。

リスト 6.4：ユニットテストの実行

```
$ php vendor/bin/phpunit --configuration phpunit.xml tests/Repositories/BookRepositoryTest.php
```

実行後に「OK (1 test, 2 assertions)」と緑色でターミナルに出力されれば、テストが通過したことを意味します。

試しにテストが失敗するように変更します。assertInternalTypeの第 1 引数をstringへ変更して、再度ユニットテストを上記のコマンドで実行すると、テストが失敗してターミナルに赤く出力されます。

[※2] https://phpunit.de/manual/4.8/ja/appendixes.assertions.html

続いて、新たなテストコードを追加してみます。下記のコード例は、配列内に特定のキーが存在するかどうか、意図したデータが返却されているかをテストします（リスト6.5）。

リスト6.5：配列内に特定のキーをテスト

```php
public function testReturnResult()
{
    $this->assertInternalType('array', $this->repository->getReferenceBooks());
    foreach($this->repository->getReferenceBooks() as $book) {
        $this->assertArrayHasKey('title', $book);
    }
}
```

テストコードは単純に通過させるために記述するのではなく、実装内容と照らし合わせて何をどのように検証するかを考えながら記述します。

下記のコード例では、指定したidのデータのみを返却するメソッドを新たに追加して（リスト6.6）、追加したメソッドに対するテストコードを記述します（リスト6.7）。

リスト6.6：id指定可能なメソッドを追加

```php
/**
 * @param int $id
 * @return array
 * @throw \Exception
 */
public function getReferenceBook($id = null)
{
    if(is_null($id)) {
        throw new \Exception;
    }
    foreach($this->books as $book) {
        if($book['id'] === $id) {
            return $book;
        }
    }
    return null;
}
```

上記のコード例では、指定したidの書籍があれば1件のデータが返却され、存在しなければnullが返却される、データベースを利用する場合と同様の動作を行うメソッドです。

この getReferenceBook をテストする場合、下記に示すテストコードとなります。

リスト 6.7：getReferenceBook をテストするコード

```php
public function testReturnBook()
{
    $result = $this->repository->getReferenceBook(1);
    $this->assertInternalType('array', $result);
    $this->assertArrayHasKey('title', $result);
    $this->assertArrayHasKey('id', $result);
    $this->assertNull($this->repository->getReferenceBook(10));
}
```

上記のテストコードでは、返却されるデータが配列であることと、キーに `'title'` と `'id'` が含まれていることをテストしています。さらに、存在しない `id` を指定した場合は `null` が返却されることをテストしています。

本項では POPO の簡単なテストを紹介しましたが、Laravel のコンポーネントを利用した実装コードの場合でも、ユニットテストの記述方法は同じです。

6-1-4 例外のテスト

返却される値だけではなく、正しい例外がスローされるかをテストすることも多々あります。

前述の getReferenceBook は引数を使わずに利用すると例外をスローします。この例外をテストする場合は、下記の通り、expectedException アノテーションをテストメソッドに記述します（リスト 6.8）。

リスト 6.8：例外をテスト

```php
/**
 * @expectedException \Exception
 */
public function testReturnBookException()
{
    $this->repository->getReferenceBook();
}
```

上記の expectedException の他に、例外のメッセージをテストする expectedExceptionMessage や、エラーコードをテストする expectedExceptionCode などがあります。

なお、PHPUnit はここまで紹介したテスト以外にも様々なテストが可能です。基本的なテストの記述方法は公式リファレンスの「PHPUnit 用のテストの書き方」[※3]で詳細に解説されています。

6-1-5 データプロバイダ

本項では、配列に値を追加するメソッドをテストします（リスト 6.9）。

リスト 6.9：配列に値を追加するメソッド

```
/**
 * @param array $params
 * @return void
 * @throws \Exception
 */
public function setReferenceBook(array $params)
{
    if (!isset($params['id'], $params['title'])) {
        throw new \Exception;
    }
    $this->books[] = $params;
}
```

上記のコード例では、id と title が配列に含まれない場合は例外がスローされます。このように値を追加するメソッドのテストでは、データプロバイダと呼ばれる機能を利用して、任意の値を引数に渡してテストが行えます。

データプロバイダ機能を利用するには、下記の通り、データを返却するメソッドを用意して、dataProvider アノテーションで指定します（リスト 6.10）。

リスト 6.10：データプロバイダを利用したテストコード

```
/**
 * @dataProvider addBookData
 */
public function testSetBooks(array $params)
{
    $this->repository->setReferenceBook($params);
    $books = $this->repository->getReferenceBooks();
```

[※3] https://phpunit.de/manual/4.8/ja/writing-tests-for-phpunit.html

```php
        foreach ($books as $book) {
            $this->assertArrayHasKey('title', $book);
            $this->assertArrayHasKey('id', $book);
        }
    }

    /**
     * 書籍データを追加
     * @return array
     */
    public function addBookData()
    {
        return [
            [
                [
                    'id' => 2,
                    'title' => 'AngularJS リファレンス'
                ],
            ]
        ];
    }
```

6-1-6 テストの依存

通常はクラス内のそれぞれの関数やメソッドに対してテストを行います。しかし、シナリオに沿ったテストや複数のテストを続けて実行する場合など、テストするメソッド間に依存があるケースがあります。こうした場合は、下記の通り、`depends`アノテーションを用いて記述します（リスト6.11）。

リスト 6.11：テスト間の依存

```php
public function testReturnBookDepend()
{
    $result = $this->repository->getReferenceBook(1);
    $this->assertInternalType('array', $result);
    $this->assertArrayHasKey('title', $result);
    $this->assertArrayHasKey('id', $result);
    $this->assertNull($this->repository->getReferenceBook(10));
```

```
        return $result;
    }

    /**
     * @depends testReturnBookDepend
     * @test
     */
    public function 依存を利用したテスト ($params)
    {
        $this->assertSame($params['title'], 'Laravel リファレンス ');
    }
```

上記のコード例では、testReturnBook を実行後に取得した値をそのまま利用しています。depends と dataProvider を組み合わせることで、様々なテストを実行できます。

6-1-7 protected、private 宣言されたメソッド

一般に protected や private 宣言されたメソッドは外部から実行できません（リスト 6.12）。protected 宣言されたメソッドはクラスを継承することで、public としてメソッドをオーバーライドしてテストを実行できます。また、public なコンストラクタを持つクラスには、php のリフレクションや Closure::bind を利用してメソッドのテストを行います（リスト 6.13）。

リスト 6.12：protected 宣言されたメソッド

```
/**
 * @return string
 */
protected function getText()
{
    return 'Laravel5';
}
```

リスト 6.13：protected 宣言されたメソッドをテスト

```
/**
 * @test
 */
public function protected メソッドに対してリフレクションを利用したテスト ()
```

```
{
    $reflectionClass = new \ReflectionClass($this->repository);
    $reflectionMethod = $reflectionClass->getMethod('getText');
    $reflectionMethod->setAccessible(true);
    $this->assertEquals('Laravel5', $reflectionMethod->invoke($this->repository));
}

/**
 * @test
 */
public function protectedメソッドに対してClosureを利用したテスト ()
{
    $value = \Closure::bind(function () {
        $repository = new \App\Repositories\BookRepository;
        return $repository->getText();
    }, null, App\Repositories\BookRepository::class)->__invoke();
    $this->assertEquals('Laravel5', $value);
}
```

6-1-8 コードカバレッジ機能

　コードカバレッジは、テスト実行後に実装コードのどの部分がテスト済みであるか調べる機能です。コードカバレッジ機能の利用には、PHPエクステンションのXdebugが必要です。

　コードカバレッジ計測の指標は、実装コードのどの行が実行されたかを計測する「Line Coverage」や、関数やメソッドの実行有無を計測する「Function and Method Coverage」などが基準となります。

　コードカバレッジはアプリケーションのソースコードすべてが対象となりますが、テスト済みのLaravel自体をテストする必要はないので、開発者が実装するディレクトリを対象とします。

　カバレッジ対象の指定は、coversアノテーションを利用して対象クラスとメソッドを指定する方法や、phpunit.xmlのfilterを利用する方法があります。一般的に利用されるのは後者のphpunit.xmlを用いる方法です。

　Laravelに標準で付属しているphpunit.xmlでは、appディレクトリ配下がカバレッジ対象として記述されています。また、計測に含めないクラスやファイルはexcludeを利用して対象から除外できます（リスト6.14）。

リスト 6.14：app ディレクトリ配下のカバレッジを計測

```
<filter>
  <whitelist>
    <directory>./app</directory>
    <exclude>
      <file>./app/Events/Event.php</file>
    </exclude>
  </whitelist>
</filter>
```

　また、テストが困難である一部の関数やメソッドなどは、`codeCoverageIgnore` アノテーションを利用してカバレッジ対象から除外する方法も用意されています。

　上記の他、コードカバレッジの詳細は、「コードカバレッジ解析」（ https://phpunit.de/manual/4.8/ja/code-coverage-analysis.html ）を参照してください。

▶コードカバレッジレポートの出力

　コードカバレッジのレポート出力は、XML 形式のログファイルを利用する方法、HTML 形式、シリアライズした `PHP_CodeCoverage` オブジェクトを利用する方法、ターミナル出力で表示する方法など、様々な手段が用意されています。

　コマンドラインで手軽に確認するにはオプションで `--coverage-text` を利用します。また、`phpunit.xml` で設定する場合は、下記に示す通り、`logging` エレメントを利用します。利用方法などに合わせて出力形式を指定してください（リスト 6.15）。

リスト 6.15：レポート出力の設定

```
<logging>
  <!-- html 形式 -->
  <log type="coverage-html" target="/tests/build/report" lowUpperBound="35"
       highLowerBound="70"/>
  <!-- xml 形式 -->
  <log type="coverage-clover" target="/tests/build/coverage.xml"/>
  <!-- php serialize 形式 -->
  <log type="coverage-php" target="/tests/build/coverage.serialized"/>
  <!-- ターミナルなどに直接表示 -->
  <log type="coverage-text" target="php://stdout" showUncoveredFiles="false"/>
</logging>
```

6-1-9 終了時の処理

各テスト終了後に実行したい処理がある場合は、最初に実行される `setUp` メソッドに対して、テスト終了時に利用される `tearDown` メソッドを使用します。

例えば、ファイル出力などのテストを実行後に生成されたファイルを削除するケースや、ソケットのクローズなどに利用できます。詳細は公式リファレンスの「フィクスチャ」（https://phpunit.de/manual/4.8/ja/fixtures.html）を参照してください。

Section 06-02

Chapter 06

モックを利用したテスト

前節で説明した通り、PHPUnitによるユニットテスト自体は簡単でシンプルなものですが、データベースを利用したくない場合や複雑なメソッドを実行せずにテストしたい場合、実装コード内のオブジェクトの扱いが困難など、様々なケースがあります。こうした場合は、実際のクラスやその一部の振る舞いを変更するため、モックと呼ばれる動作をシミュレートする手法を利用することで、より簡単にテストを実行できます。本項ではモックを利用したテストを解説します。

6-2-1 Mockery

PHPUnitにもモック機能が搭載されていますが、少々複雑なためより簡単で複雑なモックもサポートするライブラリ「Mockery」(http://docs.mockery.io/en/latest/)を紹介します。
MockeryはLaravelのファサードに統合されているため、そのままではテストが困難なファサードを簡単にモックできます。なお、MockeryはLaravel付属のcomposer.jsonに標準で記述されているため、「composer install」または「composer update」コマンドだけで導入できます。

6-2-2 Mockeryチュートリアル

テストでMockeryをどのように利用するかを簡単に解説します。まずは下記の通り、一般的なクラスをapp/Report.phpとして作成してテストします（リスト6.16）。

リスト6.16：Filesystemを利用したクラス

```php
<?php

namespace App;

use Illuminate\Filesystem\Filesystem;
```

```
class Report
{
    /** @var Filesystem  */
    protected $file;

    public function __construct()
    {
        $this->file = new Filesystem();
    }

    /**
     * @return int
     */
    public function output()
    {
        return $this->file->put('report.txt', 'report');
    }
}
```

　上記のコード例は、LaravelのFilesystemクラスを利用したレポートを出力する簡単なクラスです。ユニットテストでのモック利用の最初の一歩は、下記に示す通り、コンストラクタ内でインスタンス化されているFilesystemクラスを、タイプヒンティングでコンストラクタに記述します（リスト6.17）。

　Filesystemクラス自体は簡単にモック可能ですが、内部でインスタンス化されたオブジェクトをモックに差し替えることは容易ではありません。そこで、コンストラクタにタイプヒンティングで指定することで、クラス外部からモックオブジェクトに差し替えることが可能となります。

リスト6.17：タイプヒンティングでFilesystemクラスを記述

```
/** @var Filesystem  */
protected $file;

/**
 * @param Filesystem $file
 */
public function __construct(Filesystem $file)
{
    $this->file = $file;
}
```

下記の通り、前述のクラスをテストする簡単なテストコードを、tests/ReportTest.php として記述します（リスト6.18）。output メソッドが正常に動作するかをテストしますが、テストを実行すると、毎回 report.txt ファイルが生成されます。

リスト6.18：簡単なテストコード

```php
<?php

class ReportTest extends \PHPUnit_Framework_TestCase
{
    /** @var \App\Report   */
    protected $report;
    protected function setUp()
    {
        $this->report = new \App\Report(
            new \Illuminate\Filesystem\Filesystem()
        );
    }

    public function testOutput()
    {
        $this->assertSame(6, $this->report->output());
    }
}
```

　Filesystem クラスは Laravel コンポーネントのクラスで、既に十分にテストされているコードです。上記のテストコードでは、実装した Filesystem クラスの output メソッドと Report クラス、両方のテストを実行することになります。既にテストされている Filesystem クラスをモックして、Report クラスだけをテストする場合は、下記の通りに記述します（リスト6.19）。

リスト6.19：Filesystem クラスをモックしたテストコード

```php
<?php

class ReportTest extends \PHPUnit_Framework_TestCase
{
    /** @var \App\Report   */
    protected $report;

    public function tearDown()
```

```
    {
        Mockery::close();
    }

    public function testOutput()
    {
        $filesystemMock = Mockery::mock('Illuminate\Filesystem\Filesystem');
        $content = 'report';
        $filesystemMock->shouldReceive('put')->with('report.txt', $content)->once();
        $report = new \App\Report($filesystemMock);
        $this->assertSame(6, $report->output());
    }
}
```

上記のテストコードでは、Mockeryのmockメソッドを使ってFilesystemクラスをモックしています。mockメソッドでモックしたクラスは、記述したクラスを継承したモックオブジェクトとなり、タイプヒンティングやインスタンスもそのまま利用できます。

モックしたクラスのputメソッドは、shouldReceiveメソッドを使って振る舞いを変更し、withメソッドで利用される引数を指定します。onceメソッドはputメソッドが一度だけ呼び出されるものとして扱われます。onceメソッドは記述したメソッドが複数回呼び出されると、\Mockery\CountValidator\Exceptionがスローされます。ここではputメソッドを使用して、引数に'report.txt'と'report'が利用されるものとして記述します。

また、ReportクラスではFilesystemクラスがタイプヒンティングで指定されているので、Filesystemクラスのモックオブジェクトも利用できます。tearDownメソッドに記述されたMockery::closeは、Mockeryのモックオブジェクトが格納されたコンテナを解放するために利用するものです。モックオブジェクトを利用する場合は、必ず利用してください。

以上でファイルも生成せずにテスト可能になりますが、このモックは戻り値を指定していないためnullが返却され、テストは失敗となります。Filesystemのputメソッドと同様に、書き込んだバイト数を返却する実装に変更する必要があります。次に示すコード例の通り、Mockeryではメソッドが返却する値をもシミュレート可能です（リスト6.20）。

リスト 6.20：戻り値をシミュレート

```
public function testOutput()
{
    // ファイル内に書き込まれる文字の長さをテスト
```

```
    $filesystemMock = \Mockery::mock('Illuminate\Filesystem\Filesystem');
    $content = 'report';
    $filesystemMock->shouldReceive('put')->with('report.txt', $content)
        ->once()->andReturn(strlen($content));
    $report = new \App\Report($filesystemMock);
    $this->assertSame(6, $report->output());
}
```

　戻り値の変更には andReturn メソッドを利用します。上記のコード例では、指定した文字列のバイト数をそのまま返却する設定です。返却された値は通常のテストと同様に、PHPUnit のアサーションを利用してテスト可能です。Mockery がモックするクラスはどんなものでも簡単に振る舞いを変更できるため、複雑なテストを手助けできます。

　Laravel のファサードをモックする場合は、デフォルトで用意されている TestCase クラスを継承する必要があります。ファサードをモックするコード例を下記に示します（リスト 6.21）。

リスト 6.21：ファサードのモック

```
\Hash::shouldReceive('make')->once()->andReturn('hashed');
```

　上記のコード例は、Hash ファサードをモックして make メソッドの戻り値をシミュレートします。なお、Eloquent はファサードと違って Mockery と統合されていないため、同様の方法ではモックできないので注意が必要です。

6-2-3　Mockery リファレンス

　Mockery には前項で紹介した他にも様々な機能が用意されており、メソッドチェーンを利用して複雑なテストにも対応します。本項ではメソッドの利用方法をいくつか紹介します。

▶モックオブジェクトの生成方法

　モックオブジェクトを生成する mock メソッドですが、モック名指定、クラスやインターフェイスの継承、alias や overload プレフィックスの利用、代理モックの作成など、用途によって複数の生成方法を選択できます。

名前の指定

指定した名前のモックオブジェクトを生成します（リスト 6.22）。

リスト 6.22：名前を指定してモックを生成
```
\Mockery::mock('mockName');
```

クラス・インターフェイスの継承

リフレクションを利用して実クラスを継承したモックを作成します。インターフェイスや抽象クラスのモックも可能です。タイプヒンティングや `instanceOf` などに対応したモックを作成する場合に利用します（リスト 6.23）。

リスト 6.23：PHP の stdClass を継承したモック
```
\Mockery::mock('stdClass');
```

プレフィックスの利用

`alias` は指定されたクラスで `stdClass` を利用してクラスのエイリアスを作成します。一般的にはスタティックメソッドのモックに利用します（リスト 6.24）。

リスト 6.24：プレフィックスに alias を利用
```
\Mockery::mock('alias:Namespace\MockClass');
```

また、`overload` は `alias` と同様にクラスのエイリアスを作成し、期待する値など取り込んだモックを作成します。対象メソッド内で生成されたインスタンスをモックする場合などに利用します（リスト 6.25）。

リスト 6.25：プレフィックスに overload を利用
```
\Mockery::mock('overload:Namespace\MockClass');
```

ただし、プレフィックスを利用する場合、実クラスがロードされる前にモックへ置き換えるため、同じプロセスで実クラスがロードされている状態では利用できません。これを回避するには対象テストのメソッドに `runInSeparateProcess` アノテーションを記述する必要があります。

実クラスの代理

実クラスを代理するモックオブジェクトを作成します（リスト6.26）。振る舞いを一部変更したメソッドや新たなメソッドを追加するモックが簡単に利用できます。finalと定義されたクラスのモックなどに利用します。

リスト6.26：代理モックを生成

```
\Mockery::mock(new SomeClass);
```

▶実行回数を宣言するメソッド

shouldReceiveで振る舞いを記述するメソッドを指定した後、指定されたメソッドが呼び出される回数を制限するメソッドが用意されています（リスト6.27）。

リスト6.27：実行回数を宣言する例

```
$mock = \Mockery::mock('Namespace\MockClass');
$mock->shouldReceive('mockMethod')->times(3)->andReturn(true);
```

zeroOrMoreTimes

メソッドが0回以上呼び出されるものとして宣言します。指定がない場合はこの宣言が標準で利用されます。

once

メソッドが1回だけ呼び出されるものとして宣言します。

twice

メソッドが2回呼び出されるものとして宣言します。

times

メソッドが指定した回数呼び出されるものとして宣言します。

never

oneceやtwiceなど実行回数を宣言するメソッドとは異なり、呼び出されないものとして宣言します。

▶引数を宣言するメソッド

モックオブジェクトのメソッド引数を記述して、条件に一致するメソッドを利用します（リスト 6.28）。なお、コード例の andReturn に関しては後述します。

リスト 6.28：引数を宣言

```
$mock = \Mockery::mock('Namespace\MockClass');
$mock->shouldReceive('mockMethod')->with(1)->andReturn(true);
```

with

下記のコード例では、文字列の 'test' が渡されるものとして期待値の引数を記述します（リスト 6.29）。引数は複数指定して利用できます。また、この他の指定方法として、スカラー値や正規表現を利用するメソッドも用意されています（リスト 6.30）。

リスト 6.29：with メソッドで文字列を記述

```
$mock->shouldReceive('mockMethod')->with('test');
```

リスト 6.30：様々な引数記述の方法

```
$mock->shouldReceive('mockMethod')->with(\Mockery::type('string'));
$mock->shouldReceive('mockMethod')->with('/\.txt$/', \Mockery::any());
$mock->shouldReceive('mockMethod')->with(\Mockery::anyOf('report.txt', 'daily.txt'));
```

withAnyArgs

メソッドが呼び出される際にどんな引数が渡されていても一致したものとして扱います。with メソッドを利用しない場合は withAnyArgs が標準で利用されます。

withNoArgs

メソッドが呼び出される際に引数が利用されていないことを表します。

▶値を返却するメソッド

モックオブジェクトのメソッドの戻り値を記述します。

andReturn

andReturn は引数に与えられたものの返却だけを想定するシンプルなメソッドです。期待する戻り値が boolean の場合は true や false、数値型の場合は 1 や 2 などを指定、もしくは、モッ

クした他のオブジェクトを記述します。なお、nullの返却を想定する場合はandReturnNullメソッドが利用できます。

andReturnSelf

モックした自身のオブジェクトの返却を期待します。

andThrow

指定した例外がスローされるものとします。

▶部分的なモック

Mockeryはオブジェクト全体をモックする他に、一部のメソッドのみをモックするパーシャルモックと呼ばれる機能があります。グローバル関数がメソッドで利用されている例を紹介しましょう。下記の通り、テスト対象のクラスを app/Publisher.php として作成します（リスト6.31）。

リスト 6.31：テスト対象の Publisher クラス

```php
<?php

namespace App;

use Illuminate\Broadcasting\BroadcastManager;

class Publisher
{
    /** @var BroadcastManager */
    protected $broadcast;

    /**
     * @param BroadcastManager $broadcast
     */
    public function __construct(BroadcastManager $broadcast)
    {
        $this->broadcast = $broadcast;
    }

    public function channel()
    {
        return config('channel');
    }
```

```
    public function broadcast()
    {
        $channel = $this->channel();
        // broadcast 処理
    }
}
```

上記のコード例では、channel メソッドにグローバル関数の config ヘルパー関数があります。グローバル関数自体をモックするにはいくつか方法がありますが、下記のコード例では、パーシャルモックを利用して channel メソッドのみを対象にモックします。tests/PublisherTest.php として作成します（リスト 6.32）。

リスト 6.32：パーシャルモックの利用方法

```php
<?php

class PublisherTest extends TestCase
{

    public function testBroadcast()
    {
        $broadcastLog = base_path('/tests/tmp/broadcast.log');
        \Log::useFiles($broadcastLog);
        $mock = \Mockery::mock('App\Publisher[channel]', [
            new \Illuminate\Broadcasting\BroadcastManager($this->app)
        ]);
        $mock->shouldReceive('channel')->once()->andReturn('laravel5.1');
        $mock->broadcast([]);

        $this->assertFileExists($broadcastLog);
        $this->beforeApplicationDestroyed(function () use ($broadcastLog) {
            \File::delete($broadcastLog);
        });
    }
}
```

上記のコード例では、BroadcastManager オブジェクト生成で Illuminate\Foundation\Application クラスを利用するため、PHPUnit_Framework_TestCase を継承した Laravel の TestCase クラスを利用しています。

パーシャルモックはchannelメソッドのみをモックして他のメソッドには影響を与えません。パーシャルモックを利用するには、コード例の通り、mockメソッド内の[]で対象メソッドを指定します。複数メソッドの場合は[]内にカンマ区切りで指定するか、makePartialメソッドでモックするメソッドを指定します（リスト6.33）。

リスト6.33：makePartialを利用するパーシャルモック

```
public function testBroadcastPartial()
{
    $broadcastLog = base_path('/tests/tmp/broadcast.log');
    \Log::useFiles($broadcastLog);
    $mock = \Mockery::mock(new \App\Publisher(
        new \Illuminate\Broadcasting\BroadcastManager($this->app)
    ))->makePartial();
    $mock->shouldReceive('channel')->andReturn('laravel5.1');
    $mock->broadcast([]);
    $this->assertFileExists($broadcastLog);
    $this->beforeApplicationDestroyed(function () use ($broadcastLog) {
        \File::delete($broadcastLog);
    });
}
```

なお、本節で紹介したMockeryのメソッドや利用方法は一部に過ぎません。さらに理解を深めるには、Mockeryの公式ドキュメントを参照してください。

モデルファクトリ「Faker」

Section 06-03 / Chapter 06

Laravel 5.1 LTS では、ダミーデータ生成ライブラリとして広く使われている「Faker」（https://github.com/fzaninotto/Faker）がモデルファクトリとして統合されています。

モデルファクトリ機能では、ユニットテストやファンクショナルテストで、データベースを使わずにダミーデータを生成してEloquentが利用でき、データベースへ直接ダミーデータを挿入することも可能です。

6-3-1 Faker の利用方法

factory ヘルパー関数は、database/factories/ModelFactory.php の Eloquent 情報を利用して、様々なデータを生成します。標準設定では下記の通り、App\User クラスが記載されています（リスト 6.34）。モデルファクトリは Eloquent に対して利用します。

リスト 6.34：デフォルトの ModelFactory.php

```php
<?php

$factory->define(\App\User::class, function ($faker) {
    return [
        'name' => $faker->name,
        'email' => $faker->email,
        'password' => str_random(10),
        'remember_token' => str_random(10),
    ];
});
```

$factory は Illuminate\Database\Eloquent\Factory クラスのインスタンスです。データベースのカラムを模して各要素に対応したダミーデータを生成します。テストコードや実装コードで factory ヘルパー関数を利用する基本のコード例を次に示します（リスト 6.35）。

リスト 6.35：ダミーデータの利用例

```php
<?php

class DummyTest extends TestCase
{
    public function testDummy()
    {
        $user = factory(\App\User::class)->make();
        $this->assertInternalType('array', $user->toArray());
    }
}
```

　make メソッドはデータベースを利用せずにダミーデータを 1 件だけ生成します。複数のダミーデータを利用したい場合は、factory ヘルパー関数で生成数を指定します（リスト 6.36）。

リスト 6.36：ダミーデータの生成数を指定

```php
$user = factory(\App\User::class, 3)->make();
```

　テスト実行時など、同一の Eloquent モデルを複数利用するケースでそれぞれ異なるデータが必要となる場合、名前でダミーデータを識別するには database/factories/ModelFactory.php で defineAs を利用します（リスト 6.37）。

リスト 6.37：名前を付けてダミーを生成

```php
<?php

$factory->defineAs(\App\User::class, 'guest', function ($faker) {
    return [
        'name' => 'guest',
        'email' => null,
        'password' => str_random(10),
        'remember_token' => str_random(10),
    ];
});

// テストなどで利用する場合は次のとおりです
// guest として一件生成
factory(\App\User::class, 'guest')->make();
// 生成数を指定
factory(\App\User::class, 'guest', 4)->make();
```

また、ダミーデータの一部を任意の値に変更する場合は、下記コード例に示す通り、記述します（リスト 6.38）。

リスト 6.38：ダミーデータの値を指定

```php
public function testDummyNameSpecified()
{
    $user = factory(\App\User::class)->make(['name' => 'Laravel5']);
    $this->assertSame('Laravel5', $user->name);
}
```

6-3-2 データベースへの挿入

ダミーデータをデータベースへ挿入するには create メソッドを利用します。

下記コード例で、database/factories/ModelFactory.php に App\Entry を指定するケースを示します（リスト 6.39）。

リスト 6.39：モデルファクトリーの記述例

```php
<?php

$factory->define(\App\Entry::class, function ($faker) {
    return [
        'title' => $faker->word,
        'content' => $faker->text,
    ];
});
```

create メソッドは make メソッドと利用方法は同じです（リスト 6.40）。

リスト 6.40：ダミーデータ挿入後、値を利用する例

```php
<?php

class EntryDummyTest extends \TestCase
{
    use \Illuminate\Foundation\Testing\DatabaseMigrations;

    public function testDummy()
    {
```

```
        factory(\App\Entry::class, 5)->create();
        $this->assertEquals(5, \App\Entry::all()->count());
    }
}
```

Eloquentと同様に、リレーションによるダミーデータの生成もサポートしています（リスト6.41）。

リスト 6.41：リレーションの利用例

```
<?php

factory(App\User::class)
    ->create()
    ->each(function($u) {
        $u->entories()->save(factory(\App\Entry::class)->make([
                'title' => 'Laravel5.1'
            ])
        );
    });
```

6-3-3 言語の設定

標準では英語のダミーデータが生成されます。日本語のダミーデータを生成するには、言語を変更する必要があります。下記に示す通り、`Faker\Factory::create`メソッドで言語を変更します（リスト6.42）。

リスト 6.42：日本語のダミーデータを生成

```
<?php

$factory->define(\App\Entry::class, function ($faker) {
    $faker = Faker\Factory::create('ja_JP');
    // ダミーデータ
});
```

6-3-4 各種ダミーデータ

Fakerには様々なダミーデータが用意されています。ここではその一部を紹介します。

名前関連

name
　フルネームのダミーデータを生成します。

firstName
　名前のダミーデータを生成します。男性女性ともにランダムで生成されます。

firstNameMale
　男性名のダミーデータを生成します。

firstNameFemale
　女性名のダミーデータを生成します。

lastName
　苗字を生成します。

住所情報関連

citySuffix
　サフィックスとして市を返却します。

streetSuffix
　サフィックスとして町を返却します。

city
　市名のダミーデータを生成します。

streetName
　町名のダミーデータを生成します。

streetAddress
町名と番地号のダミーデータを生成します。

postcode
郵便番号のダミーデータを生成します。

address
郵便番号を含む住所のダミーデータを生成します。

country
国名のダミーデータを生成します。

本項で紹介した項目以外にも、年月日やユーザーエージェントなどの生成、指定範囲でランダムな整数を返却する numberBetween メソッドなど、様々なダミーデータを生成するメソッドが用意されています。生成できるダミーデータは Faker\Generator クラスを参照してください。

Section 06-04 / Chapter 06

各種アプリケーションの
ユニットテスト

　Laravelは各クラスが責任を持つように設計されているため、フレームワークのコンポーネントとPHPUnitやMockery、モデルファクトリを利用することで、簡単にクラスのユニットテストが実行できます。本節では、Laravelが提供しているミドルウェアやデータベースを実際に使用するクラスのユニットテストを解説します。

6-4-1　ミドルウェアのユニットテスト

　簡単なミドルウェアを例として、クラスのユニットテストを説明します。「php artisan make:middleware BasicMiddleware」コマンドを利用して、次に示す簡単なミドルウェアを用意します（リスト6.43）。

リスト6.43：簡単なミドルウェア

```php
<?php

namespace App\Http\Middleware;

use Closure;

class BasicMiddleware
{
    /**
     * Handle an incoming request.
     *
     * @param  \Illuminate\Http\Request $request
     * @param  \Closure $next
     * @return mixed
     */
    public function handle($request, Closure $next)
    {
        if (!$request->get('id')) {
```

```
            return redirect('/');
        }
        return $next($request);
    }
}
```

　上記のコード例は、リクエストのパラメータに id がなければリダイレクトされるシンプルなミドルウェアです。

　このミドルウェアをテストするには Laravel の TestCase クラスを継承します。下記に示す通りに記述して、tests/BasicMiddlewareTest.php を作成します（リスト 6.44）。

リスト 6.44：ミドルウェアクラスのユニットテストの準備

```
<?php

class BasicMiddlewareTest extends \TestCase
{
    /** @var App\Http\Middleware\BasicMiddleware */
    protected $middleware;

    /** @var Illuminate\Http\Request  */
    protected $request;

    public function setUp()
    {
        parent::setUp();
        $this->middleware = new \App\Http\Middleware\BasicMiddleware;
        $this->request = new \Illuminate\Http\Request;
    }

    public function testHandleFails()
    {
        $this->middleware->handle($this->request, function() {}); // <--- ①
    }
}
```

　ミドルウェアは Illuminate\Pipeline\Pipeline クラスの内部で handle メソッドがコールされて動作します。handle メソッド自体には Illuminate\Http\Request インスタンスと無名関数（クロージャ）を渡す必要があるため、1 行の記述だけで実行できます（①）。これを利

用することでミドルウェアを通過しないことをテストします（リスト 6.45）。

リスト 6.45：ミドルウェアを通過しないことをテストする

```
public function testFailedHandle()
{
    $response = $this->middleware->handle($this->request, function() {});
    $this->assertEquals(true, $response->isRedirection());
}
```

リクエストパラメータに id を含んでいないため、リダイレクトのレスポンスが返却されます。返却される Illuminate\Http\RedirectResponse クラスのインスタンスを利用して、ステータスコードなどもテスト可能です。

次に示すコード例は、id を含んだ場合に通過するテストコードです（リスト 6.46）。

リスト 6.46：ミドルウェア通過をテストする

```
public function testHandlePass()
{
    $this->request['id'] = 1;
    $response = $this->middleware->handle($this->request, function() {
        return 'OK';
    });
    $this->assertSame('OK', $response);
}
```

id が含まれる場合は無名関数が実行されるため、上記のコード例では文字列の OK を返却してテストしています。ミドルウェアのユニットテストがグリーンになることを確認しましょう。

6-4-2　データベースに依存したクラスのテスト

本項では Eloquent やクエリビルダに依存したクラスのテストを説明します。

データベースはコントローラやビジネスロジックのクラスなど、様々なクラスから間接的に利用されます。次に示すコード例はシンプルなビジネスロジックのクラスであり、データベース操作に App\User クラスを利用します（リスト 6.47）。

リスト 6.47：シンプルなサービスクラス

```php
<?php

namespace App\Services;

use App\User;

class UserService
{
    /**
     * @return mixed
     */
    public function getUsers()
    {
        return User::all();
    }
}
```

　上記のクラスをテストするには、データベースに接続された状態となっている必要があり、メソッド内でデータベースへ接続する `App\User` クラスが利用されています。前述の `Mockery` などを利用してモックに差し替えることが困難で、一般的にはテストが難しいコードです。

　`Laravel` はこうしたコードをテストする方法が用意されています。次項で説明しましょう。

6-4-3　データベースを利用するテスト

　データベースを利用したテストを行おうとして `.env` ファイルの接続情報をそのまま利用すると、テスト実行時に挿入する値がデータベースへ実際に挿入されてしまいます。テスト時にデータベースを変更する必要がある場合は、`config/database.php` にテストに利用するデータベースの接続先を追加して対応します。

　標準で記述されている `sqlite` をそのまま利用しても構いませんが、本項では、下記に示す通り、`sqlite` のインメモリ機能を利用するドライバを追加します（リスト 6.48）。

　ドライバ名を `testing` としてデータベースに `:memory:` を指定します。オプションで持続的接続の `PDO::ATTR_PERSISTENT` を有効にします。

リスト 6.48：インメモリ sqlite を追加

```
'testing' => [
```

```
        'driver' => 'sqlite',
        'database' => ':memory:',
        'prefix' => '',
        'options' => [
            PDO::ATTR_PERSISTENT => true,
        ]
    ],
```

また、.envファイルを使って接続先を変更するため、phpunit.xmlには下記の通りに追記します（リスト6.49）。

リスト6.49：phpunit.xmlでデータベースを指定

```
<php>
  <env name="APP_ENV" value="testing"/>
  <env name="CACHE_DRIVER" value="array"/>
  <env name="SESSION_DRIVER" value="array"/>
  <env name="QUEUE_DRIVER" value="sync"/>
  <env name="DB_CONNECTION" value="testing"/>
</php>
```

テスト時にインメモリのデータベースが利用されるため、開発で利用しているデータベースや本番データベースへのレコード操作などは発生しません。必要に応じてモデルファクトリを利用すると、シンプルにテストが実行できます（リスト6.50）。

リスト6.50：データベースを利用したテスト

```
<?php

use App\Services\UserService;
use Illuminate\Database\Eloquent\Collection;
use Illuminate\Foundation\Testing\DatabaseMigrations;

class UserServiceTest extends \TestCase
{
    use DatabaseMigrations;

    /** @var UserService  */
    protected $service;
```

```php
    public function setUp()
    {
        parent::setUp();
        $this->service = new UserService;
    }

    public function testDatabaseDependencyUsers()
    {
        // モデルファクトリでレコードを挿入します
        factory(\App\User::class)->create();
        $this->assertInstanceOf(Collection::class, $this->service->getUsers());
    }
}
```

Illuminate\Foundation\Testing\DatabaseMigrations トレイトを使って、runDatabaseMigrations メソッドでマイグレーションを実行し、モデルファクトリを使ってデータベースに値を直接挿入します。データベースを使わずに、テストが容易なコードにリファクタリングすると、次の通りです（リスト 6.51）。

リスト 6.51：リファクタリングの例

```php
<?php

namespace App\Services;

use App\User;

class UserService
{
    /** @var User */
    protected $user;

    /**
     * @param User $user
     */
    public function __construct(User $user)
    {
        $this->user = $user;
    }
```

```
    public function getUsers()
    {
        return $this->user->all();
    }
}
```

上記は「6-2 モックを利用したテスト」で取り上げたリファクタリング例と同じ方法です。App\User クラスをモックして外部からクラスを差し込めます。テストするコードとして、下記のコード例を示します（リスト6.52）。

リスト 6.52：App\User クラスをモック

```php
<?php

use App\Services\UserService;
use Illuminate\Database\Eloquent\Collection;

class UserServiceTest extends \TestCase
{
    /** @var UserService */
    protected $service;
    public function setUp()
    {
        parent::setUp();
        $user = factory(\App\User::class)->make();
        $mock = Mockery::mock(new \App\User());
        $mock->shouldReceive('all')->andReturn(
            (new Collection())->add($user)
        );
        $this->service = new UserService($mock);
    }

    public function testGetUsers()
    {
        $this->assertInstanceOf(Collection::class, $this->service->getUsers());
    }

}
```

モデルファクトリを使ってダミーデータを生成し、データベースを利用せずにモックで値を返却します。さらに簡単にするため、下記コード例のインターフェイスを作成して（リスト6.53）、スタブクラスなど代替えのクラスと置き換えてテスト可能にします。

リスト 6.53：インターフェイスを作成

```php
<?php

namespace App\Repositories;

interface UserRepositoryInterface
{
    /**
     * @return array
     */
    public function all();
}
```

インターフェイス自体はインスタンス化できませんが、インターフェイスを実装するクラス（具象クラス）に抽象メソッドの実行を強制できます。下記に示すコード例の通り、このインターフェイスをタイプヒンティングで指定することで（リスト6.54）、必要なメソッドを実装しつつ、振る舞いを自由に変更したインスタンスを渡せます。

なお、インターフェイスと具象クラスのバインドはサービスコンテナで提供されています。サービスコンテナに関しては「5-1 サービスコンテナ」（P.244）で解説しています。

リスト 6.54：タイプヒンティングをインターフェイスへ変更

```php
<?php

namespace App\Services;

use App\Repositories\UserRepositoryInterface;

class UserService
{
    /* @var UserRepositoryInterface */
    protected $user;

    /**
     * @param UserRepositoryInterface $user
```

```
    */
    public function __construct(UserRepositoryInterface $user)
    {
        $this->user = $user;
    }

    public function getUsers()
    {
        return $this->user->all();
    }
}
```

　サービスコンテナを利用すれば、テスト以外でも簡単に動作を変更できます。このインターフェイスを実装したクラスは Eloquent を利用することで抽象化レイヤとして機能させます。コンストラクタにはタイプヒンティングとして App\User クラスを指定することで、抽象メソッドを実装します（リスト 6.55）。

　具象クラスではなくインターフェイスをタイプヒンティングで指定することで、データベースなどのミドルウェアに依存しないテストが容易なコードになります。同時に保守性やメンテナンス性も向上します。

リスト 6.55：インターフェイスの実装例

```php
<?php

namespace App\Repositories;

use App\User;

class UserRepository implements UserRepositoryInterface
{
    /** @var User */
    protected $eloquent;

    /**
     * @param User $eloquent
     */
    public function __construct(User $eloquent)
    {
        $this->eloquent = $eloquent;
```

```
    }

    /**
     * @return array
     */
    public function all()
    {
        return $this->eloquent->all();
    }
}
```

上記コードのままでは、Laravelがインターフェイスをインスタンス化しようと働いてしまうため、下記の通り、サービスプロバイダを使ってインターフェイスと具象クラスをバインドします（リスト6.56）。

リスト6.56：サービスコンテナへの登録

```php
<?php

namespace App\Providers;

use Illuminate\Support\ServiceProvider;

class AppServiceProvider extends ServiceProvider
{
    /**
     * @return void
     */
    public function register()
    {
        $this->app->bind(
            \App\Repositories\UserRepositoryInterface::class,
            \App\Repositories\UserRepository::class
        );
    }
}
```

また、振る舞いを変更するために、下記の通り、インターフェイスを実装したクラスを利用して、対象クラスである`StubUserRepository`クラスをインスタンス化します（リスト6.57）。

リスト 6.57：スタブクラスに入れ替えたテストコード

```php
<?php

use App\Services\UserService;
use Illuminate\Database\Eloquent\Collection;

class UserServiceTest extends \TestCase
{
    /** @var UserService */
    protected $service;
    public function setUp()
    {
        parent::setUp();
        $this->service = new UserService(new \StubUserRepository());
    }

    public function testGetUserRepository()
    {
        $this->assertInstanceOf(Collection::class, $this->service->getUsers());
    }
}

class StubUserRepository implements \App\Repositories\UserRepositoryInterface
{
    /*
     * @return array
     */
    public function all()
    {
        $user = factory(\App\User::class)->make();
        return (new \Illuminate\Database\Eloquent\Collection()) ->add($user);
    }
}
```

　このように、インターフェイスを利用することで、スタブクラスを使ってモックを必要としない簡単なユニットテストが可能になります。テストとリファクタリングを繰り返すことで、様々な実装方法や設計パターンを学びましょう。

Section 06-05

Chapter 06

ファンクショナルテスト

　ファンクショナルテストは、ユニット単体で実施するユニットテストに対して、結合された機能のテストを指します。Laravel アプリケーションでは、主にルーターやフォームリクエスト、ミドルウェア、テンプレートへの出力などの処理を担当するコントローラに対して行われます。

　本節では、リクエスト送信やレスポンス、テンプレートの描画内容などのファンクショナルテストを解説します。

6-5-1　テストクラス

　Laravel のコンポーネントを利用したユニットテストやファンクショナルテストの実行には、Illuminate\Foundation\Testing\TestCase を継承した、tests ディレクトリ下の TestCase クラスを利用します。TestCase クラスの setUp メソッドでは、Laravel のアプリケーションインスタンスが初期化され、tearDown メソッドでアプリケーションインスタンスが破棄されます。after など tearDown 後に実行されるフィクスチャ（テストの事前設定）を利用する場合は注意が必要です。

6-5-2　テストヘルパーメソッド

　Artisan コマンドの実行やデータベースへ初期値を挿入する Seeder の実行、セッションの利用など、ファンクショナルテストやユニットテストをサポートする多数のヘルパーメソッドが、TestCase クラスに用意されています。本項では各メソッドを解説します。

artisan

　Artisan コマンドを指定して実行します。

seeInDatabase

データベースを利用するテストで、レコードの存在をテストします。データが存在していないことをテストする場合は `notSeeInDatabase` メソッド、もしくは `missingFromDatabase` メソッドを利用します。

session

`phpunit.xml` などで指定されたテスト向けのセッションドライバを利用して、配列でセッション値をセットします。`withSession` メソッドは内部で `session` メソッドをコールします。また、セッションの削除には `flushSession` メソッドが用意されています。

be

ファンクショナルテストなどで認証済みユーザーとして実行する場合、`be` メソッドの第1引数に `Illuminate\Contracts\Auth\Authenticatable` インターフェイスを実装した具象クラスでユーザーを指定し、内部で `Auth` コンポーネントの `setUser` メソッドをコールします。

`actingAs` メソッドは内部で `be` メソッドを呼び出すため、`be` メソッドと同一動作となります。

runDatabaseMigrations

マイグレーションを実行するメソッドです。利用には `Illuminate\Foundation\Testing\DatabaseMigrations` トレイトを記述します。テスト実行後に `migrate:rollback` コマンドを実行します。

beginDatabaseTransaction

トランザクションを実行するメソッドです。利用には `Illuminate\Foundation\Testing\DatabaseTransactions` トレイトを記述します。テスト実行後に `rollBack` を実行します。

▶アサーションメソッド

テストクラスには、ファンクショナルテストをサポートする PHPUnit のアサートメソッドをラップしたメソッドが用意され、`Illuminate\Foundation\Testing\AssertionsTrait` トレイトに含まれています。

assertResponseOk

コントローラのレスポンスで、HTTP ステータスコードの 200 が返却されるかをテストします。

assertResponseStatus
　コントローラのレスポンスで、任意のステータスコードが返却されるかをテストします。第 1 引数にステータスコードを指定します。

assertViewHas
　テンプレートに出力される変数と値をテストします。第 1 引数に変数、第 2 引数には値を指定します。第 2 引数が省略されて変数のみが指定された場合は、assertArrayHasKey メソッドで指定キーがテンプレートにアサインされているかを確認します。

assertViewHasAll
　配列でテンプレートに出力される変数や値を渡してテストします。前述の assertViewHas メソッドを内部でコールします。

assertViewMissing
　指定した変数が出力されていないことをテストします。様々な条件でテンプレートの出力内容が変更される場合などで利用します。

assertRedirectedTo
　指定した URI にリダイレクトされるかテストします。第 1 引数にリダイレクト先の URI を指定し、第 2 引数にはリダイレクト先のセッションに含まれるかテストしたい値を配列で指定します。

assertRedirectedToRoute
　指定した route にリダイレクトされるかテストします。第 1 引数に route 名、第 2 引数には配列でパラメータを指定します。第 3 引数でリダイレクト先のセッションに含まれるかテストしたい値を配列で指定します。内部で assertRedirectedTo メソッドをコールします。

assertRedirectedToAction
　第 1 引数に action でリダイレクト先を指定します。他は前述の assertRedirectedToRoute と同じです。

assertSessionHas
　セッションに指定した値が含まれているかテストします。第 1 引数にキー、第 2 引数に値を指定します。キーのみが指定された場合は assertTrue メソッドを利用してテストします。

assertSessionHasAll

配列でセッションに含まれるキーや値を渡してテストします。内部でassertSessionHasメソッドをコールします。

assertSessionHasErrors

セッションにerrorsキーが含まれるかテストします。errorsはフォームのバリデーションエラーの内容を表示するために利用されるので、フォームの動作をテストする際に利用します。

assertHasOldInput

セッションに_old_inputキーが含まれるかテストします。_old_inputは、バリデーションエラーで以前のフォームなどに戻る際、以前の入力値を保持するために利用されます。

6-5-3 クロールによる機能テストメソッド

ルートへのHTTPアクセスやテンプレートの描画内容、送信ボタンクリックなど、クローラのような動作でテストをサポートするメソッドが、Illuminate\Foundation\Testing\CrawlerTraitトレイトに含まれています。本項では代表的なメソッドを紹介します。

visit

URIを指定してGETメソッドでルートへリクエストします。内部的にはルートへアクセス後にPHPUnitのassertEqualsをコールし、HTTPステータスコードが正常レスポンスの200であるかテストするので、正常にレスポンスが返却されればテストは成功です（リスト6.58）。

リスト6.58：visitを利用したルートへのアクセス

```
public function testCrawlIndex()
{
    $this->visit('/');
}
```

see、dontSee

seeメソッドはアクセスしたルート内で出力される文字列をテストします。第1引数で指定する文字列がレスポンスに含まれているかテストします。第2引数がデフォルトのfalseの場合は、指定文字列が出力されていることをテストし、trueを指定した場合は指定した文字列が出力されていないことをテストします。dontSeeは内部でこのメソッドをコールしています。

call

callメソッドは、第1引数にHTTPメソッドのGETやPOST、PUTやDELETEなどの任意のメソッドを指定し、第2引数に指定するルートでアクセスします（リスト 6.59）。

この他に、リクエスト値やクッキー、ファイルなども指定してルートにリクエストします。レスポンスをテストするには、Illuminate\Foundation\Testing\AssertionsTraitのアサーションメソッドを利用します。HTTPSアクセスを利用する場合は、callSecureメソッドが利用できます。

リスト 6.59：callを利用したレスポンステスト

```php
public function testCrawlCallIndex()
{
    $this->call('GET', '/', ['message' => 'Laravel5']);
    $this->assertResponseOk();
}
```

get、post、patch、put、delete

各メソッドは内部でcallメソッドをコールして、それぞれに対応するHTTPメソッドの第1引数に指定するルートでアクセスします。第2引数には配列でリクエスト値を指定し、第3引数には配列でヘッダを指定します（リスト 6.60）。

リスト 6.60：HTTPメソッドを指定したレスポンステスト

```php
public function testCrawlGetIndex()
{
    $this->get('/')->assertResponseOk();
}
```

action

コントローラ@メソッドの形式でルートを指定してアクセスします（リスト 6.61）。それ以外はcallメソッドと同一です。

リスト 6.61：アクションを指定したテスト

```php
public function testCrawlCallActionIndex()
{
    $this->action('GET', 'IndexController@index');
    $this->assertResponseOk();
}
```

route

ルート名を指定してアクセスします。それ以外は call メソッドと同一です（リスト 6.62）。

リスト 6.62：ルート名を指定したテスト
```
public function testCrawlCallRouteIndex()
{
    $this->route('GET', 'index');
    $this->assertResponseOk();
}
```

seeJsonEquals、seeJson

seeJsonEquals メソッドは内部で json_encode を利用して JSON のレスポンスが一致するかどうかテストします。また、seeJson は配列でキーと値を指定し、レスポンスに値が含まれるかテストします。

click、press

click メソッドは href などのリンクをクリックして遷移し、press メソッドは送信ボタンを指定しフォーム値を送信します。遷移後の URI をテストする seePageIs メソッドや、描画内容を取得する see メソッドなどをメソッドチェーンで記述して、様々な要素をテストできます（リスト 6.63）。

リスト 6.63：フォーム送信をテスト
```
public function testSubmitFormResponse()
{
    $this->visit('/')
        ->press('Submit')->see('Complete');
}
```

makeRequest

内部で call メソッドを利用しますが、Symfony\Component\DomCrawler\Crawler インスタンスが生成されます。DOM クローラーによるテストを実行する場合はこのメソッドを利用します。

6-5-4 動作を変更するヘルパーメソッド

ファンクショナルテストや一部のユニットテストでは、実装状況によってテストが困難な機能があります。キューを利用した非同期処理などを提供するジョブやイベント、特定条件で作用するミドルウェアなどのクラスです。必要に応じてミドルウェアを無効にしたり、簡単にモックへ差し替えるメソッドが用意されています。

expectsJobs
Illuminate\Bus\Dispatcher クラスの dispatch メソッドをパーシャルモックへ差し替えます。コントローラやビジネスロジックなどクラスでジョブ（キュー）を利用している場合は実行されず、テストが容易になります。

disableEventsForAllTests
Events を Illuminate\Contracts\Events\Dispatcher のモックへ差し替えます。

disableMiddlewareForAllTests
ミドルウェアを無効にします。

6-5-5 スタブを利用したファンクショナルテスト

ユニットテストと同様にファンクショナルテストでも、PHPUnit や Mockery、モデルファクトリを活用したテストが可能です。下記コード例では、コントローラをデータベースに依存させないため、ユニットテストと同じようにインターフェイスを実装します（リスト 6.64）。

リスト 6.64：インターフェイスをタイプヒンティングで指定したコントローラの例

```
namespace App\Http\Controllers;

use App\Repositories\UserRepositoryInterface;

class UserController extends Controller
{
    /** @var UserRepositoryInterface  */
    protected $user;

    /**
```

```
     * @param UserRepositoryInterface $user
     */
    public function __construct(UserRepositoryInterface $user)
    {
        $this->user = $user;
    }

    /**
     * @return \Illuminate\View\View
     */
    public function index()
    {
        return view('user.index', ['users' => $this->user->all()]);
    }
}
```

インターフェイスを実装したスタブクラスを、アプリケーションクラスの bind メソッドで差し替えます（リスト 6.65）。

リスト 6.65：コントローラのファンクショナルテスト

```
use Illuminate\Foundation\Testing\WithoutMiddleware;

class UserControllerTest extends \TestCase
{
    use WithoutMiddleware;

    public function setUp()
    {
        parent::setUp();
        $this->app->bind(
            \App\Repositories\UserRepositoryInterface::class,
            \StubUser::class
        );
    }

    public function testIndex()
    {
        $this->visit('user')->dontSee('No users');
    }
```

```
}

class StubUser implements \App\Repositories\UserRepositoryInterface
{
    /**
     * @return array
     */
    public function all()
    {
        return factory(\App\User::class, 5)->make();
    }
}
```

事前に`disableMiddlewareForAllTests`メソッドでミドルウェアを無効にした上で、上記のコード例は、`visit`メソッドでコントローラにアクセスして、ユーザー情報がない場合に表示される「No users」が表示されないことをテストします。

6-5-6 認証を含むファンクショナルテスト

ファンクショナルテストでフォームリクエストや認証を必要とするコードのテスト例を紹介します。認証が必要な機能をテストするには、`be`メソッドやモデルファクトリなどを組み合わせます。下記に示すフォームリクエストクラスをコード例として説明します（リスト6.66）。

リスト6.66：フォームリクエストの例

```
namespace App\Http\Requests;

use App\Http\Requests\Request;

class UserRequest extends Request
{
    /** @var string */
    protected $redirectRoute = 'user.index';

    /**
     * @return bool
     */
```

```php
    public function authorize()
    {
        if(\Auth::user()) {
            return true;
        }
        return false;
    }

    /**
     * @return array
     */
    public function rules()
    {
        return [
            'name' => 'required',
            'email' => 'required|email',
            'password' => 'required|confirmed',
        ];
    }
}
```

バリデーションエラー時に redirectRoute プロパティで指定したルートへリダイレクトするバリデーションルールを定義します。また、フォームリクエストでリダイレクトされることを確認するテストコードを記述します。下記に示すコード例では、未ログイン時にHTTPステータスコード 403 が返却されることと、ログインユーザーはバリデーションエラー時にリダイレクトされることをテストします（リスト 6.67）。

リスト 6.67：未ログイン、バリデーション失敗によるリダイレクトをテスト

```php
/**
 * 未ログイン状態で Forbidden が表示されることをテスト
 */
public function testNoLoginUserRequestForStore()
{
    $params = [
        'name' => 'testing',
        'email' => 'testing@example.com',
        'password' => 'testing',
        'password_confirmation' => 'testing'
    ];
```

```
        $this->post('user', $params)->see('Forbidden')->assertResponseStatus(403);
    }

    /**
     * ログイン状態でバリデーションを失敗することをテスト
     */
    public function testLoginUserRequestForStore()
    {
        $this->be(factory(\App\User::class)->make());
        $this->post('user', [])->assertRedirectedToRoute('user.index');
    }
```

認証ユーザーとしてのテストには、be メソッドまたは actingAs メソッドを利用します。

下記に、認証済みユーザーでフォームリクエストを通過して、テンプレート描画とクリックによる画面遷移すべてをテストするコード例を示します（リスト 6.68）。

リスト 6.68：正常系動作をテスト

```
public function testSuccess()
{
    $params = [
        'name' => 'testing',
        'email' => 'testing@example.com',
        'password' => 'testing',
        'password_confirmation' => 'testing'
    ];
    $this->be(factory(\App\User::class)->make());
    $this->makeRequest('POST', 'user', $params)
        ->see('Complete')
        ->click('user list')
        ->seePageIs('user');
}
```

テストクラスのメソッドや、サービスコンテナによる実装クラスの入れ替え、モックを併用するファンクショナルテストやユニットテストを重ねることで、テストが容易な実装方法や設計が身に付きます。保守性はもちろん品質が高いアプリケーション開発に繋がるため、継続的なテストの実施は重要です。

Chapter
07

実践的なアプリケーション構築

本章では、クロスサイトスクリプティングやSQLインジェクションなどに対応するため、Webアプリケーション開発に欠かせないセキュリティ対策を解説します。

さらに、開発に役立つ代表的なフレームワーク拡張パッケージを紹介しながら、引き続きLaravelを利用したアプリケーションの実装を説明します。

Section 07-01

Chapter 07

セキュリティ対策

脆弱性などの問題を抱えるWebアプリケーションも存在するため、悪意のあるユーザーが不正にデータを利用したり、Cookie情報をはじめとしたユーザーの個人情報を盗むなど、サーバへの不正アクセスによる情報漏洩やWebサイト改竄など様々な被害事例があります。

被害事例の多くは、アプリケーション開発時にセキュリティ対策を施すことで被害を最小限にとどめることができます。Laravelでもセキュリティ対策の様々な仕組みが提供されています。本節ではセキュリティ対策に関して解説します。

7-1-1 クロスサイトスクリプティング対策

クロスサイトスクリプティング（XSS／Cross Site Scripting：以降XSSと略）とは、WebアプリケーションのJavaScriptやHTMLに悪意のあるコード（スクリプトやHTMLタグ）を混入させ、一般ユーザーのアクセス時にスクリプトを実行させることです。これにより、Cookie情報の窃取やCSSのインポート機能を利用した不正ファイルの読み込み、これらを利用したWebアプリケーションの改竄など悪意のある行為を攻撃者が行えます。XSS攻撃は入力フォームの値がエスケープ処理なしにそのまま描画処理されることで、フォームで入力された悪意あるJavaScriptなどのコードが実行されることに原因があります。

本項では、LaravelのXSS対策を説明します。

▶ XSSの実行

下記コードに、Laravel 5のapp/Http/routes.phpを利用して簡単なXSSの例を紹介します（リスト7.1）。

リスト7.1：入力値をそのまま表示する例

```
get('/xss', function (\Illuminate\Http\Request $request) {
    return $request->get('message');
});
```

コード例では、/xss にアクセスする際に get リクエストで message パラメータに入力された値をそのまま描画します。message パラメータに HTML タグや JavaScript のコードを渡すとそのまま実行されるため、ブラウザで下記 URI でアクセスすると、JavaScript コードが実行されます（リスト 7.2）。

リスト 7.2：XSS 攻撃例

```
http://localhost:8000/xss?message=<script>alert('xss');</script>
```

▶ Laravel アプリケーションでの XSS 対策

入力した値に含まれる特殊文字などをエスケープすることで、ほぼ未然に防ぐことが可能です。Laravel には、XSS 対策としてヘルパー関数やエスケープした文字列を描画する Blade テンプレートのデリミタなどが用意されています。

e ヘルパー関数

ヘルパー関数の e 関数は Laravel の illuminate/support ライブラリに含まれる関数で、第 1 引数の文字列をエスケープして返却します。このヘルパー関数は PHP の htmlentities 関数のラッパーとなっています（リスト 7.3）。

リスト 7.3：e ヘルパー関数の実装コード

```
/**
 * Escape HTML entities in a string.
 *
 * @param  string  $value
 * @return string
 */
function e($value)
{
    return htmlentities($value, ENT_QUOTES, 'UTF-8', false);
}
```

e ヘルパー関数を利用するように前述の描画処理（リスト 7.1）を変更した例です（リスト 7.4）。

リスト 7.4：e メソッドを利用したエスケープ

```
get('/xss', function (\Illuminate\Http\Request $request) {
    return e($request->get('message', null));
});
```

Blade テンプレートによる XSS 対策

Blade テンプレートは、e ヘルパー関数によりエスケープした文字列を描画する、デリミタを標準で用意しています。同じく前述の描画処理（リスト 7.1）を、Blade テンプレートで処理するコードに変更すると、下記のようになります（リスト 7.5）。

リスト 7.5：Blade テンプレートに変数をアサイン

```
get('/xss', function (\Illuminate\Http\Request $request) {
    return view('xss')
        ->with(['message' => $request->get('message', null)]);
});
```

変数をエスケープして描画する場合、Blade テンプレートは下記の通りに記述します（リスト 7.6）。デリミタの違いは下表の通りです（表 7.1）。

リスト 7.6：Blade テンプレートでエスケープした文字列を出力

```
{{ $message }}
もしくは
{{{ $message }}}
```

表 7.1：デリミタによる違い

デリミタ	描画処理
{!! !!}	エスケープせずに与えられた値をそのまま出力
{{ }}	任意のエスケープ手法により出力。デフォルトでは e ヘルパー関数を利用
{{{ }}}	e ヘルパー関数を利用して出力

任意のエスケープ処理を利用する場合は {{ }} デリミタを選択します。hidden タグなどでもエスケープ処理を忘れないでください。デリミタによる描画処理の違いを理解することで、シチュエーションに応じた XSS 対策が可能です。

エスケープ手法の指定

{{ }} のデリミタを利用したエスケープ処理は、Illuminate\View\Compilers\BladeCompiler クラスの setEchoFormat メソッドで変更します。

コード例として、「HTML Purifier」（http://htmlpurifier.org/）を利用するエスケープ処理を紹介します。まずは、下記の通り、HTML Purifier を Composer コマンドでインストールします（リスト 7.7）。

リスト 7.7：HTML Purifier のインストール

```
$ composer require ezyang/htmlpurifier
```

ヘルパーファイルとして app/helper.php ファイルを作成することで、HTML Purifier を利用するヘルパー関数を用意します。例ではベーシックなサニタイズを行います（リスト 7.8）。

リスト 7.8：HTML Purifier を利用するヘルパー関数

```php
<?php

if (!function_exists('purifier')) {

    /**
     * @param $string
     * @return string
     */
    function purifier($string)
    {
        $config = \HTMLPurifier_Config::createDefault();
        $purifier = new HTMLPurifier($config);
        return $purifier->purify($string);
    }
}
```

続いて、プロジェクトの composer.json で autoload に files を追加し、files に上記で作成したヘルパーファイルを登録します（リスト 7.9）。登録後は「composer dump-autoload」コマンドを実行します。

リスト 7.9：composer.json へ files を追記

```
"autoload": {
  "classmap": [
    "database"
  ],
  "psr-4": {
    "App\\": "app/"
  },
  "files":[
    "app/helper.php"
  ]
},
```

サービスプロバイダのregisterメソッドで、BladeファサードのsetEchoFormatメソッドを使ってエスケープ処理を変更します（リスト7.10）。ヘルパーファイルのpurifier関数を指定し、テンプレート描画での違いを確認しましょう。なお、コード例では、app/Providers/AppServiceProvider.phpに記述していますが、SecurityServiceProviderクラスなど機能ごとにサービスプロバイダクラスを用意しても構いません。

リスト7.10：setEchoFormatメソッドを利用

```php
<?php

namespace App\Providers;

use Illuminate\Support\ServiceProvider;

class AppServiceProvider extends ServiceProvider
{
    /**
     * Register any application services.
     * @return void
     */
    public function register()
    {
        \Blade::setEchoFormat('purifier(%s)');
    }
}
```

7-1-2 SQLインジェクション対策

　SQLインジェクションとは、Webアプリケーションが想定していないSQL文を実行し、データベース改竄など不正操作ができる脆弱性、またはその攻撃方法を指します。本項では、LaravelのDatabaseコンポーネントを利用する上で、脆弱性への対策を説明します。

▶プリペアドステートメントによるSQLインジェクション対策

　Webアプリケーションで利用されるユーザー検索など、各種の情報取得では、一般的には次のコード例に示すSQLが利用されます（リスト7.11）。

リスト 7.11：一般的なユーザー検索の例

```
$userName = $_GET['name'];
"SELECT * FROM users WHERE user_name = {$userName}";
```

　上記 SQL の user_name で利用される $userName は、検索フォームなどで入力された値がそのまま利用されるため、悪意のある文字列が入力されると、下記コード例に示す SQL を実行できます（リスト 7.12）。

リスト 7.12：一般的な SQL インジェクション例

```
// フォームに `'anonymous' OR 'test' = 'test'` と入力された場合にその値を使って実行される例
"SELECT * FROM users WHERE user_name = 'anonymous' OR 'test' = 'test'";
```

　上記の SQL 文では、OR の右側の条件が常に成立するため、users テーブルのすべてが取得できてしまいます。

　コード例で示した SQL インジェクションを防ぐために一般的に利用されるものがプリペアドステートメントです。プリペアドステートメントでは、入力値や内部で利用する値に対して「?」や「:variable」などのプレースホルダで SQL 文を記述し、実行時に渡された値をパラメータとして利用します。仮に悪意のある文字列が渡されても、SQL 文では単なる文字列となり、SQL 文として解釈されないため、SQL インジェクションを未然に防ぐことが可能です。

　Laravel のデータベースコンポーネントは、プリペアドステートメントを利用する実装となっていますが、DB::raw メソッドやクエリビルダの whereRaw など、直接 SQL 文を記述するメソッドを利用する場合は十分な注意が必要です。

▶ DB ファサードを利用した SQL インジェクション対策

　前述のメソッドを使用して、Eloquent やクエリビルダでは記述できない複雑な SQL を組み立てる場合や、スキーマビルダで SQL 文を直接記述して利用するケースがあります。
　直接 SQL 文を発行する場合は、開発者が適切にプレースホルダを用意して記述する必要があります。上記のコード例（リスト 7.12）に示した SQL 文をそのまま記述すると、SQL インジェクションが実行される場合があるので、DB ファサードを利用する場合は、次に示す通り、正しく記述する必要があります（リスト 7.13）。

リスト 7.13：DB ファサードを利用した SQL 発行
```
// 正しい SQL 実行
\DB::select('SELECT * FROM users WHERE user_name = ?', [$userName]);

// 誤った SQL 実行
\DB::select('SELECT * FROM users WHERE user_name = ' . $userName);
```

　statement メソッドや raw メソッドは、通常の SQL 実行以外のストアドプロシージャに対しても利用できます。次に示すシンプルなストアドプロシージャ例（リスト 7.14）を実行する場合であっても、通常の SQL 実行の場合と同様に記述できます（リスト 7.15 〜 7.16）。

リスト 7.14：簡単な MySQL ストアドプロシージャ
```
DROP PROCEDURE IF EXISTS insert_sample;
DELIMITER //
CREATE PROCEDURE insert_sample (
    IN in_title VARCHAR(255)
)
BEGIN
    INSERT INTO samples(title) VALUES (in_title);
END
//
DELIMITER ;
```

リスト 7.15：ストアドプロシージャを実行
```
// 正しい SQL 実行
\DB::statement(
    \DB::raw('CALL insert_sample(?)'),
    ['Laravel']
);

// 誤った SQL 実行
\DB::statement(
    'CALL insert_sample(' . DB::raw($name). ')'
);
```

リスト 7.16：一般的な SQL を実行
```
// 正しい SQL 実行
\DB::statement(
    \DB::raw('SELECT * FROM users WHERE user_id = ?'),
```

```
        [1]
    );

    // 誤ったSQL実行
    \DB::statement(
        \DB::raw('SELECT * FROM users WHERE user_id = ' . 1)
    );
```

▶クエリビルダを利用するSQLインジェクション対策

　クエリビルダは単体利用以外に、Eloquent利用時での複雑なSQLの実行にも用います。クエリビルダで記述できない複雑なSQLが必要なケースでは、whereRawやorWhereRawなど直接SQL文を記述するメソッドで実装しますが、開発者がプレースホルダを記述する必要があります。

　正しく実装することで、仮に'anonymous' OR 'test' = 'test'などの悪意のある文字列が指定されても実行されることはありません（リスト7.17）。

　whereRawメソッドなど直接SQL文を記述するメソッドは、バインドする文字列を引数に与えて実行します。正しい実装方法を理解して、SQLインジェクションを未然に防ぎましょう。

リスト7.17：whereRawメソッドを利用したクエリ発行

```
// 正しい記述
$query = \DB::connection()->table('users')
    ->whereRaw('user_name = ?', [$userName])
    ->get();

// 誤った記述
$query = \DB::connection()->table('users')
    ->whereRaw('user_name = ' . $userName)
    ->get();
```

7-1-3　CSRF対策

　CSRF（クロスサイトリクエストフォージェリ）は、別のWebサイトのコンテンツに用意したリンクを踏ませ、決済処理やサービス退会などの処理をユーザーが気付かずに実行するように誘導する攻撃です。トークンをフォームに埋め込み、POSTなどのリクエスト時にトークンを検証してから処理するのが、一般的なCSRFへの対策方法です。PHPフレームワークの多くがフォームなどで簡単に対策できるメソッドや仕組みを提供しています。

▶ヘルパー関数、ミドルウェアを利用した対策

　CSRF対策としてcsrf_tokenヘルパー関数が用意されており、ミドルウェアのApp\Http\Middleware\VerifyCsrfTokenクラスでトークンを検証します。検証失敗時はIlluminate\Session\TokenMismatchExceptionがスローされます。このミドルウェアはHTTPメソッドのGET、HEAD、OPTIONS以外のHTTPメソッドに対して検証処理を実行します。

　標準でApp\Http\Middleware\VerifyCsrfTokenクラスがグローバルなミドルウェアとして記述されています。トークンをBladeテンプレートで利用する場合、VerifyCsrfTokenクラスが検証に利用する値は_tokenに固定されているため、下記に示す通り、フォームでは必ず_tokenを指定する必要があります（リスト7.18）。

リスト7.18：csrf_token ヘルパー関数を利用
```
<input type="hidden" name="_token" value="{{{ csrf_token() }}}">
```

　また、Laravel 5.1で追加されたcsrf_fieldヘルパー関数は、inputタグも出力します（リスト7.19）。

リスト7.19：csrf_field ヘルパー関数を利用
```
{{{ csrf_field() }}}
```

　Ajaxを利用する場合でも、トークンを利用することでCSRFへの対策となるため、メタ情報などに含めましょう（リスト7.20）。

リスト7.20：meta 情報で csrf_token ヘルパー関数を利用
```
<meta name="csrf-token" content="{{{ csrf_token() }}}" />
```

　Ajaxでも同様に、GET、HEAD、OPTIONS以外のHTTPメソッドで検証処理が実行されるため、取得したトークンを_tokenとして送信、もしくはX-CSRF-TOKENとしてリクエストヘッダに含めて送信します。LaravelではDLに Cookie に XSRF-TOKEN が付与されます。

　AngularJSなどのJavaScriptフレームワークではこの値がX-XSRF-TOKENとしてリクエストヘッダに含まれます。トークンはPOSTやPUT、PATCH、DELETEリクエスト時には必ず必要となります。トークンがなかったり誤っている場合は処理されません。

　一部のリクエスト処理をトークンの検証対象から除外する場合は、App\Http\Middleware\VerifyCsrfTokenクラスのexceptプロパティで指定します。

下記のコード例に示す通り、検証から除外する URL を except プロパティに追加します（リスト 7.21）。内部でリクエストごとに除外 URL であるかについて、Illuminate\Http\Request クラスの is メソッドが判断しています。ワイルドカードを利用した記述も可能です。

リスト 7.21：except プロパティを利用した検証対象を除外する指定

```php
namespace App\Http\Middleware;

use Illuminate\Foundation\Http\Middleware\VerifyCsrfToken as BaseVerifier;

class VerifyCsrfToken extends BaseVerifier
{
    protected $except = [
        "laravel/reference"
    ];
}
```

アプリケーション全体で特定の HTTP メソッドを検証しない場合は、App\Http\Middleware\VerifyCsrfToken で isReading メソッドをオーバーライドします（リスト 7.22）。

リスト 7.22：isReading を利用して PUT、PATCH を検証対象から除外

```php
protected function isReading($request)
{
    return in_array(
        $request->method(),
        ['HEAD', 'GET', 'OPTIONS', 'PUT', 'PATCH']
    );
}
```

なお、App\Http\Middleware\VerifyCsrfToken クラスをグローバルミドルウェアから外し、ルーティングのミドルウェアとして動作させるには、app/Http/Kernel.php の内容のうち、グローバルミドルウェアの middleware プロパティでルートミドルウェアへ変更し、それぞれのルートで指定します（リスト 7.23）。

リスト 7.23：csrf ミドルウェアとして登録

```php
protected $routeMiddleware = [
    'csrf' => \App\Http\Middleware\VerifyCsrfToken::class
];
```

コマンドライン アプリケーション開発

Section 07-02　Chapter 07

　LaravelではコマンドラインアプリケーションでもЛ開発でも、サービスコンテナを活用でき、さらにSymfony Console コンポーネントをラップした多様なメソッドも提供されています。開発したコマンドは Artisan コマンドとして機能し、タスクの定期実行が可能です。本節ではコマンドラインアプリケーションの実装方法を解説します。

7-2-1　コマンドラインアプリケーションの作成

　コマンドラインアプリケーションのテンプレートは、make:console コマンドで作成します。本項では、コマンドラインアプリケーションの実装例として、下記に示す通り、「app:reference」コマンドを作成します（リスト7.24）。

　下記のコマンドで、「app/Console/Commands」ディレクトリに App\Console\Commands\ReferenceCommand クラスが作成されます。

リスト7.24：app:reference コマンドとして作成

```
$ php artisan make:console ReferenceCommand --command=app:reference
```

　作成したクラスの signature プロパティが Artisan コマンド名となり、description プロパティがコマンドの説明文となります。コマンド名は signature プロパティではなく、name プロパティでも指定できますが、コマンドの引数などの実装方法が異なります。相違点に関しては、後述の「7-2-3 コマンドオプション・引数の利用」で解説します（P.354）。

　作成したクラスにはコンストラクタと handle メソッドが記述されています。handle メソッドまたは fire メソッド（Laravel 4 以前に利用されていたメソッド）には Artisan コマンドとして実行する処理を実装します。コンストラクタではアプリケーション内のクラスと同様にコンストラクタインジェクションを利用でき、加えて handle メソッドまたは fire メソッドでは、メソッドインジェクションが利用可能です。

7-2-2 作成コマンドの登録

作成したクラスを Artisan コマンドとして利用するには、アプリケーションに登録する必要があります。app/Console/Kernel.php の commands プロパティに記述する方法と、サービスプロバイダを利用する方法が用意されています。

▶ app/Console/Kernel.php での登録

下記コード例の通り、\App\Console\Commands\ReferenceCommand クラスを commands プロパティに追記します（リスト 7.25）。「php artisan」コマンドで、app:reference コマンドがリストに追加されていることを確認しましょう。

リスト 7.25：\App\Console\Commands\ReferenceCommand クラスを登録

```
protected $commands = [
    \App\Console\Commands\ReferenceCommand::class
];
```

▶ サービスプロバイダでの登録

サービスプロバイダで登録する場合は、任意のサービスプロバイダの register メソッドで commands メソッドを使いコマンドを登録します。下記に示すコードでは、App\Providers\AppServiceProvider クラスを例とします（リスト 7.26）。

リスト 7.26：サービスプロバイダを利用したコマンド登録

```php
<?php

namespace App\Providers;

use App\Console\Commands\ReferenceCommand;

class AppServiceProvider extends ServiceProvider
{
    /** @var bool */
    protected $defer = true;   // <--- ①

    public function register()
    {
        // コマンドクラスをサービスコンテナへ登録します。
```

```
        $this->app->singleton('command.app.reference', function () { // <--- ②
            return new ReferenceCommand();
        });
        $this->commands([ // <--- ③
            'command.app.reference'
        ]);
    }

    public function provides()
    {
        return [
            'command.app.reference'
        ];
    }
}
```

　上記のコード例では、まずdeferプロパティで遅延読み込みを指定します（①）。続いてApp\Console\Commands\ReferenceCommandクラスをシングルトンとして、command.app.referenceの名前でサービスコンテナへ登録しています（②）。commandsメソッドを利用することで、Artisanコマンドが起動されたタイミングで、サービスコンテナに登録したクラスをコマンドラインアプリケーションとして認識させます（③）。

　app/Console/Kernel.phpに登録したApp\Console\Commands\ReferenceCommandクラスを削除した後、「php artisan」コマンドを実行してください。app:referenceコマンドがリストに表示されることで、プロバイダによる登録を確認できます。

　なお、Laravelパッケージにコマンドライン機能を含める場合は、サービスプロバイダで登録する必要があります。コマンドの登録方法をしっかりと学びましょう。

7-2-3　コマンドオプション・引数の利用

　オプションや引数などを利用する場合、オプションはoptionメソッド、引数はargumentメソッドを利用してその値を取得しますが、signatureプロパティとnameプロパティのどちらを利用するかで、その記述方法が異なります。本項では、signatureプロパティとnameプロパティそれぞれの記述方法を解説します。

▶ signature プロパティ

コマンドのオプションや引数は signature プロパティに追記することで、簡単に利用できるようになります。そのコード例を下記に示します（リスト 7.27）。また、記述方法によってオプションの種類が異なります（表 7.2）。

リスト 7.27：signature プロパティを利用したオプションの利用

```
protected $signature = 'app:reference
                        {--first=}
                        {--second=*}
                        {--third=value}
                        {--fourth}
                        {argument=value}';
```

表 7.2：オプション・引数の記述方法

記述方法	種類
--first=	オプション 任意で値を指定できます
--second=*	オプション 任意で複数の値が指定できます
--third=value	オプション 任意で値を指定できますが、指定されていない場合は value を利用します
--fourth	オプション 値を受け取らず、指定されたか否かを利用します
argument=value	コマンド引数 任意で値を指定できますが、指定されていない場合は value を利用します
argument*	コマンド引数 複数の引数を必ず指定しなければいけません
argument?	コマンド引数 任意で引数を利用します
argument	コマンド引数 必ず指定しなければいけません

また、オプションや引数に説明文を記述する場合は、下記コード例の通り、コロン「:」を使用します（リスト 7.28）。

リスト 7.28：説明文を記述

```
protected $signature = 'app:reference {--first : first option}';
```

▶ name プロパティ

name プロパティ利用時のオプション追加には、getArguments メソッドと getOptions メソッドを使用します。オプションは Symfony\Component\Console\Input\InputOption クラス、引数は Symfony\Component\Console\Input\InputArgument クラスの定数を利用する必要があります。次にコード例を示します（リスト 7.29）。

リスト 7.29：name プロパティの利用例

```
protected $name = 'app:reference';
```

コマンドオプションを追加するには配列を利用して記述します。配列は「オプション名、オプションショートカット、オプションの種類、オプションの説明文、デフォルト値」となります。オプションのコード例を下記に示します（リスト 7.30）。

リスト 7.30：オプションの記述例

```
protected function getOptions()
{
    return [
        ['first', 'f', InputOption::VALUE_OPTIONAL, 'first option'],
        ['second', 's', InputOption::VALUE_OPTIONAL | InputOption::VALUE_IS_ARRAY,
                                                                'second option'],
        ['third', 't', InputOption::VALUE_OPTIONAL, 'third option', 'value'],
        ['fourth', 'fo', InputOption::VALUE_NONE, 'fourth option'],
        ['fifth', 'fi', InputOption::VALUE_REQUIRED, 'fifth option']
    ];
}
```

引数を利用する場合も配列を利用して記述します。配列は「引数名、引数の種類、引数の説明文、デフォルト値」となります（リスト 7.31）。下記にコード例を示します。

なお、オプションと引数で利用できる定数は、次表の通りです（表 7.3 〜 7.4）。

リスト 7.31：引数の記述例

```
protected function getArguments()
{
    return [
        ['argument', InputArgument::OPTIONAL, 'optional argument']
    ];
}
```

表 7.3：オプションで利用できる定数

記述方法	意味
InputOption::VALUE_OPTIONAL	オプション 任意で値を指定できます
InputOption::VALUE_IS_ARRAY	オプション 任意で複数の値が指定できます
InputOption::VALUE_REQUIRED	オプション 値を必ず指定しなければいけません
InputOption::VALUE_NONE	オプション 値を利用しません

表 7.4：引数で利用できる定数

記述方法	意味
InputArgument::OPTIONAL	コマンド引数 任意で値を指定できます
InputArgument::IS_ARRAY	コマンド引数 複数の引数を必ず指定しなければいけません
InputArgument::REQUIRED	コマンド引数 必ず指定しなければいけません

7-2-4 対話式コマンドの実装

LaravelではSymfony Consoleコンポーネントのメソッドをラップしているため、対話式コマンドを簡単に実装できます。本項では用意されている主なメソッドを紹介します。

▶ ask、secret - 設問を利用する

askメソッドとsecretメソッドには設問を記述し、入力された値を利用します。askメソッドは第2引数にデフォルト値を任意で指定できます。secretメソッドは入力内容をターミナルに表示しません（リスト7.32）。

リスト 7.32：ask メソッド
```
$answer = $this->ask('how are you?');
```

▶ anticipate - 入力補完を提供する

設問を記述し、入力補完文字列を配列で指定します。回答は補完文字列にかかわらず、自由に入力できます。第3引数にはデフォルト値を任意で指定します（リスト7.33）。

リスト 7.33：anticipate メソッド
```
$this->anticipate(
    'What is your favorite framework',
    ['Laravel3', 'Laravel4', 'Laravel5', 'Laravel6'],
    'Laravel5'
);
```

▶ choice - 選択式の設問を利用する

上述のanticipateメソッドとは異なり、選択肢をターミナルに表示します。第3引数にはデフォルト値の配列キーを指定できます。次にコード例と実行例を示します（リスト7.34〜7.35）。

リスト 7.34：choice メソッド

```
$answer = $this->choice(
    'What is your favorite framework',
    ['Laravel3', 'Laravel4', 'Laravel5', 'Laravel6'],
    0
);
```

リスト 7.35：choice メソッド実行時の出力内容

```
What is your favorite framework [Laravel3]:
  [0] Laravel3
  [1] Laravel4
  [2] Laravel5
  [3] Laravel6
```

▶ confirm - 確認ダイアログを利用する

ターミナルで確認ダイアログを利用します（リスト 7.36）。

リスト 7.36：confirm メソッド

```
$this->confirm(
    'Are you sure you want to permanently delete this file(or folder)?'
);
```

本項で紹介したメソッドの他にも、コマンド内部で他の Artisan コマンドを利用するメソッドなども提供されています。

7-2-5 メッセージなどの表示

コマンドラインアプリケーションでは、ターミナルに表示するメッセージのカラー変更や、`route:list` コマンドで利用されるテーブル表示なども簡単に利用できます。

▶ table - テーブルを表示する

`route:list` コマンドで利用されるテーブル表示をターミナルに出力します。次にコード例を示します（リスト 7.37）。

リスト 7.37：table メソッド
```
$this->table(
    [0, 1, 2],
    [
        ['1', '2', '3'],
        ['1', '2', '3']
    ]
);
```

▶ line、comment、question、info、error - ターミナルに文字を表示する

ターミナルに表示する文字色を変更できます。下記コード例に示す line メソッドは、文字色と背景色を指定してターミナルに表示します（リスト 7.38）。

リスト 7.38：文字色、背景色を指定してターミナルに表示する
```
$this->line('<bg=cyan;fg=red>hello Laravel5</bg=cyan;fg=red>');
```

なお、本項では説明していませんが、Symfony Console コンポーネントのクラスやメソッドを利用することで、プログレスバーや文字色のカスタマイズも可能です。

7-2-6 コマンドラインアプリケーションのテスト

本項ではコマンドラインアプリケーションのテストを説明します。コード例は、オプションで指定した文字をターミナルに表示する簡単なコマンドラインアプリケーションです。そのアプリケーションとして App\Console\Commands\ReferenceCommand クラスを実装します（リスト 7.39）。

リスト 7.39：シンプルなコマンドラインアプリケーション
```php
<?php

namespace App\Console\Commands;

use Illuminate\Console\Command;
use Symfony\Component\Console\Input\InputOption;

class ReferenceCommand extends Command
```

```php
{
    protected $name = 'app:reference';

    protected $description = 'Command description.';

    public function __construct()
    {
        parent::__construct();
    }

    public function handle()
    {
        $value = $this->option('first');
        $this->line('Laravel5:' . $value);
    }

    protected function getOptions()
    {
        return [
            ['first', 'f', InputOption::VALUE_OPTIONAL, 'first option']
        ];
    }
}
```

上記のクラスをテストするため、Symfony Console コンポーネントを利用してコマンドクラスを実行します。Symfony\Component\Console\Output\BufferedOutput クラスを利用します（リスト7.40）。

リスト7.40：シンプルなコマンドラインアプリケーションのテストコード

```php
<?php

class ReferenceCommandTest extends \TestCase
{
    /** @var \App\Console\Commands\ReferenceCommand */
    protected $command;

    public function setUp()
    {
        parent::setUp();
```

```php
        $this->command = new \App\Console\Commands\ReferenceCommand();
        $this->command->setLaravel($this->app);
    }

    /**
     * オプション未利用のコマンド実行をテスト
     */
    public function testNoOptionHandler()
    {
        $output = $this->execute();
        $this->assertSame('Laravel5:', trim($output->fetch()));
    }

    /**
     * オプション利用のコマンド実行をテスト
     */
    public function testOptionHandler()
    {
        $output = $this->execute(['--first' => 'hello']);
        $this->assertSame('Laravel5:hello', trim($output->fetch()));
    }

    protected function execute(array $params = [])
    {
        $output = new \Symfony\Component\Console\Output\BufferedOutput();
        $this->command->run(
            new \Symfony\Component\Console\Input\ArrayInput($params),
            $output
        );
        return $output;
    }
}
```

　コマンドラインアプリケーションのコードをテストする場合、Symfony Console コンポーネントの知識が必要になるケースもありますが、通常クラスのユニットテストと同様、簡単にテストを実行できます。

Section 07-03 代表的な拡張パッケージ

Laravelアプリケーション開発では、開発者による容易な機能拡張が可能です。しかし、フレームワークを十分に理解していない状態では、機能拡張は困難ともいえます。そこで本節では、アプリケーション開発をサポートするパッケージなど、高品質で利用頻度も高い代表的なパッケージを紹介します。

7-3-1 Laravel 5 IDE Helper Generator

Laravelの性質上ファサードなどは、「PhpStorm」や「NetBeans」などに代表されるIDEではコード補完ができず、フレームワークのアドバンテージを失いかねません。また、フレームワークを理解するためにもIDEは必要不可欠なツールとなっています。

代表的なコード補完補助ツールである、「Laravel 5 IDE Helper Generator」（https://github.com/barryvdh/laravel-ide-helper）は、Laravelのコード補完を補助するパッケージで、開発には必要不可欠といえるパッケージです。

このパッケージを利用すると、ファサードなどのコード補完の他に、サービスコンテナやEloquentを継承したクラスも補完可能になります。開発時のみ利用するため、Composerでインストールする際は`require-dev`などを利用してください。

▶利用方法

下記のcomposerコマンドでLaravel 5 IDE Helper Generatorをインストールします（リスト7.41）。

リスト7.41：Laravel 5 IDE Helper Generator のインストール

```
$ composer require barryvdh/laravel-ide-helper --dev
```

続いて、インストールパッケージを有効にするため、config/app.php の providers キーに
Barryvdh\LaravelIdeHelper\IdeHelperServiceProvider を追記します（リスト 7.42）。

リスト 7.42：IdeHelperServiceProvider を追記

```
'providers' => [
    // providers へ追加します
    Barryvdh\LaravelIdeHelper\IdeHelperServiceProvider::class,
]
```

パッケージを有効にすると、下表の Artisan コマンドが有効になります（表 7.5）。

表 7.5：laravel-ide-helper で利用する Artisan コマンド

コマンド	概要
ide-helper:generate	Laravel のファサードの補完を行うために PHP ドキュメントが記述されたファイルを出力します（このファイルはクラスとしては作用しません）。
ide-helper:models	Eloquent を継承したクラスにデータベースのカラムなどの補完が行えるように PHP ドキュメントが記述されたファイルを出力、または対象のクラスに PHP ドキュメントを追記します。
ide-helper:meta	PhpStorm でサービスコンテナの補完を可能にする .phpstorm.meta.php を出力します。

なお、上表の ide-helper:models の利用には、「Doctrine DBAL」（https://github.com/doctrine/dbal）が必要となります。Composer コマンドで導入してください。

7-3-2 Laravel Debugbar

「Laravel Debugbar」（https://github.com/barryvdh/laravel-debugbar）は、強力なデバッグツールです。実行速度やメモリ消費量、利用する Blade テンプレートの情報、実行した SQL などが表示されます。アプリケーション開発はもちろん、フレームワークの理解の手助けとなるパッケージです。開発時のみ利用するため、Composer の require-dev などを利用してインストールしてください。

▶利用方法

下記に示すコマンドで Laravel Debugbar をインストールします（リスト 7.43）。

リスト 7.43：Laravel Debugbar のインストール

```
$ composer require barryvdh/laravel-debugbar --dev
```

config/app.php の providers キーに Barryvdh\Debugbar\ServiceProvider を追記して、パッケージを有効にします（リスト 7.44）。

リスト 7.44：ServiceProvider を追記

```
'providers' => [
    // providers へ追加します
    Barryvdh\Debugbar\ServiceProvider::class,
]
```

任意のデバッグメッセージやパッケージの機能を利用する場合、config/app.php の aliases キーに Barryvdh\Debugbar\Facade のクラス名を追記して、ファサードを追加します（リスト 7.45）。

リスト 7.45：Debugbar ファサードとして追記する例

```
'aliases' => [
    // aliases へ追加します
    'Debugbar' => Barryvdh\Debugbar\Facade::class,
],
```

パッケージを有効にすると、下図の通り、デバッグバーを通じてブラウザ上で Laravel フレームワークの詳細なデバッグが可能になります（図 7.1）。

図 7.1：デバッグバーの表示

7-3-3 Laravel Socialite

「Laravel Socialite」（https://github.com/laravel/socialite）は Laravel 公式提供のパッケージで、Facebook や Google、Twitter などの OAuth 認証をサポートします。
ただし、認証機能のみが提供されているため、API を利用して友達の詳細情報を取得するケースなどでは、開発者が別途実装する必要があります。

▶利用方法

下記に示すコマンドで Laravel Socialite をインストールします（リスト 7.46）。

リスト 7.46：laravel/socialite のインストール

```
$ composer require laravel/socialite
```

パッケージを有効にするため、config/app.php の providers キーに Laravel\Socialite\SocialiteServiceProvider を追記します（リスト 7.47）。

リスト 7.47：SocialiteServiceProvider を追記

```
'providers' => [
    // providers へ追加します
    Laravel\Socialite\SocialiteServiceProvider::class,
]
```

また、ファサードを通じて利用する場合は、下記に示す通り、config/app.php の aliases キーに Laravel\Socialite\Facades\Socialite を追記します（リスト 7.48）。

ファサードを利用しない場合は、Laravel\Socialite\Contracts\Factory インターフェイスをコンストラクタインジェクション、またはメソッドインジェクションで利用できます。

リスト 7.48：Socialite ファサードとして追記する例

```
'aliases' => [
    // aliases へ追加します
    'Socialite' => Laravel\Socialite\Facades\Socialite::class,
],
```

クライアント ID など、Facebook や Google、Twitter などの OAuth 認証で利用する資格情報を、下記のコード例の通り、config/services.php に記述します（リスト 7.49）。

リスト 7.49：資格情報を記述

```
'github' => [
    'client_id' => 'クライアント ID',
    'client_secret' => 'シークレット',
    'redirect' => 'リダイレクト URL',
],
```

資格情報を設定すると、下記コード例に示す通り、アプリケーション内でリダイレクトやユーザー情報の取得が可能です（リスト 7.50）。

リスト 7.50：Laravel Socialite の利用例

```php
<?php

namespace App\Http\Controllers;

use Illuminate\Routing\Controller;

class AuthController extends Controller
{

    public function redirect()
    {
        return \Socialite::driver('github')->redirect();
    }

    public function handleCallback()
    {
        $user = \Socialite::driver('github')->user();
        $user->getName();
        $user->token;

    }
}
```

7-3-4 Forms & HTML

「Forms & HTML」（https://github.com/LaravelCollective/html）は、Laravel 4 で提供されていた Form、HTML ヘルパーの Laravel 5 対応版です。なお、公開されている「The Laravel Collective」（https://github.com/LaravelCollective）では、公式で提供されていたパッケージをメンテナンスしており、追加機能やフレームワークのバージョンアップなどにも細かく追従しています。

ちなみに、この Forms & HTML の公開に伴い、公式で用意されていた illuminate/html パッケージはメンテナンスされていません。Forms & HTML のパッケージを利用してください。

▶利用方法

下記に示すコマンドで Forms & HTML をインストールします（リスト 7.51）。

リスト 7.51：Forms & HTML のインストール
```
$ composer require laravelcollective/html:5.1.*
```

続いて、config/app.php の providers キーに Collective\Html\HtmlServiceProvider を追記してパッケージを有効にします（リスト 7.52）。config/app.php の aliases キーには、ファサードとして Collective\Html\FormFacade と Collective\Html\HtmlFacade を追記します（リスト 7.53）。

リスト 7.52：HtmlServiceProvider を追記
```php
'providers' => [
    // providers へ追加します
    Collective\Html\HtmlServiceProvider::class,
]
```

リスト 7.53：Form ファサードと Html ファサードを追加
```php
'aliases' => [
    // ファサードを追加します
    'Form' => Collective\Html\FormFacade::class,
    'Html' => Collective\Html\HtmlFacade::class,
],
```

以降は、下記コード例に示す通り、フォーム描画のフォームヘルパーや Html タグのヘルパーとして利用できます（リスト 7.54）。なお、提供されているメソッドなどは公式ドキュメントの「Forms & HTML」（http://laravelcollective.com/docs/5.1/html）を参照してください。

リスト 7.54：フォームヘルパーの利用例
```
{!! Form::open(array('url' => 'foo/bar')) !!}
  //
{!! Form::close() !!}
```

7-3-5　日本語化パッケージ comja5

「comja5」（https://github.com/laravel-ja/comja5）は、laravel/laravel リポジトリに含まれるファイル内のコメントを日本語に翻訳します。また、resources/lang/en に含まれるファイルの日本語版を resources/lang/ja として追加します。

▶利用方法

下記のコマンドで comja5 をインストールします（リスト 7.55）。

なお、このパッケージはフレームワークを利用していないため、前述のパッケージとは違い、config/app.php への追記は必要ありません。「vendor/bin/comja5」コマンドを実行して、コメントを翻訳します。

リスト 7.55：laravel-ja/comja5 のインストール
```
$ composer require laravel-ja/comja5
```

7-3-6　Intervention Image

「Intervention Image」（https://github.com/Intervention/image）は、画像処理・画像操作機能を提供する画像編集ライブラリです。「Packalyst::Packages for Laravel」（http://packalyst.com/）でも、長期にわたって 1 位の座を取り続けたライブラリです。

他の一般的な Laravel パッケージとは異なり、Laravel 以外でもライブラリ単体として利用でき、Laravel で利用するためのサービスプロバイダがライブラリに付属しています。

「GD」や「Imagick」といった画像や動画などを扱う PHP エクステンションがないケースでも、多くの画像編集機能を利用可能です。

7-3-7　JSON Web Token Authentication

「JSON Web Token Authentication for Laravel & Lumen」（https://github.com/tymondesigns/jwt-auth）は、Laravel で JWT（JSON Web Token Authentication）を扱うパッケージです。パッケージに対応した Event コンポーネントやミドルウェアも提供されており、手軽に JWT が利用できます。

7-3-8 Sentinel

「Sentinel」（https://github.com/cartalyst/sentinel）は、Laravel以外のフレームワークにも対応した認証ライブラリ「Sentry」の後継パッケージに当たります。

ロールによる権限制御やパスワードリマインダ、複数の認証を取り扱う機能など、多くの提供があり、Laravel以外での利用はもちろん、パッケージ単体でも利用可能です。

7-3-9 パッケージの入手先

ほとんどのLaravel用パッケージは「Packagist」（https://packagist.org/）で公開されていますが、膨大な数のPHPライブラリが登録されているため、希望のパッケージや人気パッケージを検索することは困難です。

Laravel対応のパッケージだけを探すには前述の「Packalyst」が最適です。PackagistからLaravelパッケージだけを表示し、人気順などで一般的に利用されているLaravelパッケージや新しいパッケージの情報収集が可能です。

7-3-10 開発時にのみ利用するパッケージ

公開パッケージのほとんどでは、config/app.phpのprovidersキーにパッケージのサービスプロバイダを追記して有効にします。しかし、前述のLaravel 5 IDE Helper GeneratorやLaravel Debugbarなどは開発時にのみ利用するパッケージであるため、本番環境でも開発パッケージが有効になることは、パフォーマンス低下や脆弱性にも繋がりかねません。

下記のコード例に示す通り、開発時のみ有効にするパッケージをまとめて登録するサービスプロバイダを用意すると、本番環境などで不要なサービスプロバイダを登録せずに済みます（リスト7.56）。本項では、App\Providers\DevelopServiceProviderクラスとして紹介します。

リスト7.56：開発時にのみ有効にするサービスプロバイダ記述例

```php
<?php

namespace App\Providers;

use Illuminate\Support\ServiceProvider;
```

```php
class DevelopServiceProvider extends ServiceProvider
{
    /** @var array */
    protected $providers = [
        // 開発時に利用するサービスプロバイダを記述します
        'Barryvdh\LaravelIdeHelper\IdeHelperServiceProvider',
        'Barryvdh\Debugbar\ServiceProvider'
    ];

    public function register()
    {
        // APP_ENV が local の場合にのみサービスプロバイダを登録します
        if ($this->app->isLocal()) {
            $this->registerServiceProviders();
        }
    }

    protected function registerServiceProviders()
    {
        foreach ($this->providers as $provider) {
            $this->app->register($provider);
        }
    }
}
```

上記のサービスプロバイダを、下記の通り、config/app.php の providers キーへ追記します（リスト 7.57）。

リスト 7.57 開発時のパッケージを登録するサービスプロバイダ追記例

```php
'providers' => [
    // providers へ追加します
    App\Providers\DevelopServiceProvider::class
]
```

Chapter
08

Laravel の実践

本章では、これまでに解説した各種コンポーネントを利用して、サンプルアプリケーションを開発します。具体的には、疎結合なアプリケーションの実装方法、基本的なフレームワークの活用方法、キャッシュテクニックを使う際の開発ポイントを解説します。

なお、サンプルアプリケーションは Homestead で動作する前提で実装するため、Homestead 以外の環境で動作させるには、Web サーバやデータベースなどのインストールが必要になります。

Section 08-01

Chapter 08

サンプルアプリケーションの概要と設計

　本章で実践として作成するサンプルアプリケーションは、一般的なブログアプリケーションを基本に、Laravelの各種コンポーネントを利用して様々な機能を加えたものです。
　簡易的なブログ管理画面と、ブログページ、簡単なコメント投稿機能を開発します。

8-1-1 動作環境

サンプルアプリケーションの動作に必要な環境は次の通りです。

- ［言語］PHP 5.5.9 以上
- ［データベース］MySQL（実行環境）、sqlite3（テスト）
- ［Web サーバ］Nginx または Apache
- ［キャッシュシステム］Memcached（キャッシュやセッションに利用しますが、設定ファイルで変更できます）

　Laravel Homestead を利用する場合はそのままアプリケーションの実行や開発が可能ですが、他の環境では、上記の各種ソフトウェアをインストールする必要があります。なお、ソースコードは、GitHub リポジトリ[※1]で公開しています。

8-1-2 実装する基本的な機能

サンプルアプリケーションで開発する機能は次の通りです。

ユーザー登録
　アプリケーションを利用するユーザーの登録を担当します。フォームリクエストを利用したバリデーション、アカウント登録後のメール送信、画像認証を利用したカスタムバリデーションを追加します。URI は /auth/register とします。

ユーザー認証
ブラウザによるログイン、キャッシュを用いた Auth ドライバを追加します。

ログイン
管理画面で操作するためのログインを担当します。クッキーを利用したログイン状態の保存などを取り扱います。URI は /auth/login とします。

ブログ記事管理
簡単なブログ記事の管理を担当します。ブログ記事の作成、編集、削除などの基本機能に加えて、キャッシュによるデータ操作とフォームリクエストによるバリデーションを開発します。URI は /admin/entry とします。

ブログ表示
一般ユーザーがアクセスするブログ表示画面です。管理画面から投稿されたブログを表示するシンプルな機能です。URI は /entry とします。

コメント投稿
一般ユーザーがブログに対してコメントを記述できる機能です。

8-1-3 テーブル設計

サンプルアプリケーションではデータベースに MySQL を利用します。そこで用意するデータベーステーブルは次の通りです。

users テーブル
Laravel に標準で含まれている users テーブルを利用します。

entries テーブル
ブログ管理に利用するテーブルです。user_id は外部キー（FOREIGN KEY、FK）であるため、存在しないユーザー ID を利用したデータ挿入はできません。また、title はユニーク制約を設定しているため、重複した記事タイトルでの登録はできません。

(※ 1) https://github.com/laravel-jp-reference/chapter8

comments テーブル

ブログへのコメントで利用するテーブルです。`entry_id`は外部キーのため、存在しないブログエントリーIDは利用できません。コメント投稿者名は未記入でも投稿可能です。

8-1-4 実行方法

サンプルアプリケーションのGitHubリポジトリには、Homestead対応のVagrantfileが含まれています。サンプルアプリケーションのHomestead環境では、「MailCatcher」（http://mailcatcher.me/）が用意されているので、メールサーバをシミュレートしたメール送信テストが簡単に実行できます。

サンプルアプリケーションに付属するHomestead.yml.distを利用する場合は、ファイル名を`Homestead.yml`に変更して環境に合わせて`folders`などを変更してください。

または、下記に示す通り、「composer install」コマンドでlaravel/homesteadをインストールし、homestead.yml生成コマンドを実行します（リスト8.1）。設定ファイルの準備後、「vagrant up」コマンドを実行します。

リスト8.1：homestead.yml 生成の流れ

```
$ git clone https://github.com/laravel-jp-reference/chapter8
$ cd chapter8
$ composer install
（省略）
Generating autoload files
Generating optimized class loader
Compiling common classes

$ vendor/bin/homestead make

Homestead Installed!
```

vagrant起動後はアプリケーションのカレントディレクトリへ移動して、アプリケーションに必要なライブラリを「composer install」コマンドでインストールします。各種ライブラリのインストール完了後にマイグレーションを実行します。サンプルアプリケーションの動作を確認できます（リスト8.2）。

リスト 8.2：アプリケーションのマイグレーション

```
$ cd chapter8/
$ composer install
$ php artisan migrate --seed
```

本環境へのアクセスは http://192.168.10.10/ または hosts ファイルを利用して任意のドメインを利用してください。なお、hosts ファイルの利用は、「1-2-6 Laravel Homestead 環境への接続」（P.016）を参照してください。

8-1-5 アプリケーション設計

サンプルアプリケーションは、全体的に「Laravel らしさ」を活かす拡張性とテストの容易さに重点を置いて設計しています。MVC アーキテクチャを中核としてリポジトリパターンを利用しています。

モデルに該当するディレクトリの app/DataAccess には、配下に置かれた Eloquent モデルを継承するクラスと、Cache コンポーネントを利用する Cache 操作クラスがあります。データベースやキャッシュを操作する抽象化レイヤのクラスは、app/Repositories 配下が該当します。

また、コントローラクラスは Eloquent モデルや抽象化レイヤを直接には利用せず、ビジネスロジックを記述する app/Servcies 配下のサービスクラスを利用します。抽象化レイヤはインターフェイスを介してサービスクラスが利用して、インスタンス生成はサービスコンテナが担当します。

▶ファサード

サンプルアプリケーションでは Laravel のファサードを利用せずに、ファサードの実クラスやインターフェイスをタイプヒンティングで指定して、依存性を注入します。

依存性の注入により、PhpStorm などの IDE でプラグインを利用しなくてもソースコードの補完が可能となり、ファサードと具象クラスやインターフェイスとの関連性、フレームワーク自体を理解する手助けとなります。

▶テストコード

tests ディレクトリ配下に各実装クラスに対応したテストコードを設置しています。コントローラのファンクショナルテストは、tests/Functional ディレクトリ配下を参照してください。

▶レイアウトテンプレート

　サンプルアプリケーションでは Blade テンプレートの @extends や @section を利用して、機能ごとにレイアウトファイルを作成し、それぞれのテンプレートで継承します。

▶設定ファイル

　config/blog.php を利用してサンプルアプリケーションのタイトルなどを変更できます。動的に変更する場合は、Illuminate\View\Factory クラスまたは view ヘルパー関数で変更可能です（リスト 8.3）。

リスト 8.3：view ヘルパーメソッドの利用例
```
view()->inject('title', 'サンプルタイトル');
```

▶ CSS フレームワーク

　サンプルアプリケーションでは、「Bootstrap」（http://getbootstrap.com/）を利用しています。本章のコード例には Bootstrap のセレクタ記載などがあります。必要に応じて利用したい CSS フレームワークに置き換えてください。

Section 08-02

Chapter 08

データベースの準備

アプリケーションを支えるデータベースの準備と、Eloquent モデルを継承する基本的なクラスを作成していきます。本節ではコマンドラインで各クラスを作成し、マイグレーションファイルを利用してテーブル情報を記述します。

8-2-1 マイグレーションの作成

サンプルアプリケーションでは、「8-1-3 テーブル設計」（P.373）で前述した 3 つのテーブルを利用します。標準で用意されている users テーブルを除き、残りの 2 つのテーブルは新たに作成します。マイグレーションファイルを作成する際に、Eloquent モデルを継承するクラスも同時に作成するオプションを指定します。

最初に、標準で用意されている app/User.php をアプリケーション設計で紹介したディレクトリ構造へ対応させます。そこで app/DataAccess/Eloquent ディレクトリへ移動して、namespace（名前空間）を App\DataAccess\Eloquent に変更します。User クラスに標準で記述されている Illuminate\Contracts\Auth\CanResetPassword トレイトは、サンプルアプリケーションでは利用しないため削除します。

users テーブルに続いて、entries テーブルと comments テーブルに対して、マイグレーションファイルとテーブルに対応する Eloquent モデルを利用するクラスを作成します。下記の実行例の通り、make:model コマンドに -m オプションを指定して、同時に作成します（リスト 8.4）。

リスト 8.4：マイグレーションと Eloquent クラスの作成

```
$ php artisan make:model DataAccess\\Eloquent\\Comment -m
$ php artisan make:model DataAccess\\Eloquent\\Entry -m
```

マイグレーションクラスの CreateCommentsTable クラスと CreateEntriesTable クラス、app/DataAccess/Eloquent ディレクトリ配下の App\DataAccess\Eloquent\Comment ク

ラスと App\DataAccess\Eloquent\Entry クラスが作成されます。各マイグレーションファイルはサンプルソースコードを参考にしてください。

マイグレーションクラスには外部キー制約も記述しますが、migrate コマンド実行時にはマイグレーションファイル作成順にクエリが発行されるため、存在していないテーブルを参照する外部キー作成クエリが実行され、エラーとなるケースがあります。

上記エラー対策の例として、下記の通り、database/seeds/DatabaseSeeder.php を利用して記述します（リスト 8.5）。また、レコード挿入のテストでは、シーダーを実行しないことで制約を除外し、自由にレコードを操作してテストを実行します。

リスト 8.5：DatabaseSeeder クラスを利用する外部キー制約の追加例

```php
<?php

use Illuminate\Database\Seeder;
use Illuminate\Database\Eloquent\Model;

class DatabaseSeeder extends Seeder
{
    /**
     * Run the database seeds.
     *
     * @return void
     */
    public function run()
    {
        Schema::table('comments', function($table) {
            $table->foreign('entry_id')->references('id')
                ->on('entries')->onDelete('cascade')->onUpdate('cascade');
        });
        Schema::table('entries', function($table) {
            $table->foreign('user_id')->references('id')
                ->on('users')->onDelete('cascade')->onUpdate('cascade');
        });
    }
}
```

8-2-2 データベースの作成

マイグレーションファイルとシーダーを用意できたら、下記のコマンドで一括して実行します（リスト 8.6）。

リスト 8.6：マイグレーションとシーダーを実行
```
$ php artisan migrate --seed
```

コマンドの実行後は、正しくデータベースが作成されていることを確認します。Homestead 環境で MySQL へログインするには、下記コマンド例の通り、実行します（リスト 8.7）。

リスト 8.7：Homestead 環境の MySQL へログイン
```
$ mysql -u homestead -psecret homestead

mysql> show tables;
+--------------------+
| Tables_in_homestead |
+--------------------+
| comments           |
| entries            |
| migrations         |
| users              |
+--------------------+
```

なお、データベースへの接続情報は下表の通りです（表 8.1）。ちなみに .env ファイルまたは .env.example ファイルにも記載されています。

表 8.1：データベース接続情報

資格情報	値
ホスト	localhost
データベース名	homestead
ユーザー名	homestead
パスワード	secret

Section 08-03 ユーザー登録の実装

Chapter 08

本節では、アプリケーションを利用するユーザーを登録する機能を実装します。Laravelでは、ユーザー登録や認証機能などを簡単に利用できる基本的な認証コントローラクラス（App\Http\Controllers\Auth\AuthController）が提供されています。サンプルアプリケーションでは認証コントローラをオーバーライドするなど、仕様に合わせて開発を進めます。

8-3-1 ルート

App\Http\Controllers\Auth\AuthControllerクラスではImplicit Controllerが利用されているので、下記の通り、routes.phpに記述するだけでルートが有効になり、ブラウザなどからアクセスできます（リスト8.8）。

リスト 8.8：AuthController ルーティング
```
\Route::controller('auth', 'Auth\AuthController');
```

標準で用意されているログインフォームやユーザー作成フォームなどのURIが有効になるので、artisan route:list コマンドで各ルートを確認します。

サンプルアプリケーションでは、パスやコントローラが変更された場合もテンプレートに影響しないように、各URIにルート名を付けて利用します。以降は、リダイレクトやアンカータグ、フォームの記述にはすべてルート名を利用します。

controller メソッドを使ったルーティングに名前を付けるには、下記コード例の通りに記述します（リスト8.9）。

リスト 8.9：ルートに名前を付ける
```
\Route::controller('auth', 'Auth\AuthController',
    [
        'postLogin' => 'post.login',
```

```
            'getLogin' => 'get.login',
            'getRegister' => 'get.register',
            'postRegister' => 'post.register'
        ]
);
```

8-3-2 ユーザー登録フォーム

標準のユーザー登録フォームに該当するメソッドは、`App\Http\Controllers\Auth\AuthController`クラスが利用している`Illuminate\Foundation\Auth\RegistersUsers`トレイトの`getRegister`メソッドです。ビューは`resources/views/auth/register.blade.php`なので、そのまま利用します（リスト8.10）。

このユーザー登録フォームは、ユーザー登録後はそのままログイン状態となり、管理画面へ遷移します。仕様に合わせて遷移などを変更する場合は、上記のメソッドをオーバーライドしてBladeテンプレートへのパスを変更するか、標準のトレイトやコントローラを利用せずに実装する必要があります。

リスト 8.10：Blade テンプレートを使ったユーザー登録画面フォームの例

```
@extends('layouts.default')
@section('content')
<form method="post" action="{{{ route('post.register') }}}">
  {!! csrf_field() !!}
  <div class="form-group">
    <label class="control-label" for="name"> 名前 </label>
    <input type="text" class="form-control" id="name" name="name"
      placeholder=" 名前を入力してください " value="">
  </div>
  <div class="form-group">
    <label class="control-label" for="email"> メールアドレス </label>
    <input type="email" class="form-control" id="email" name="email"
      placeholder=" メールアドレスを入力してください " value="">
  </div>
  <div class="form-group">
    <label class="control-label" for="password"> パスワード </label>
    <input type="password" class="form-control" name="password" id="password"
```

```
    placeholder="パスワードを入力してください">
  </div>
  <div class="form-group">
    <label for="password_confirmation">もう一度入力してください</label>
    <input type="password" class="form-control"
      name="password_confirmation" id="password_confirmation"
      placeholder="もう一度パスワードを入力してください">
  </div>
  <button type="submit" class="btn btn-success">アカウント作成</button>
</form>
@stop
```

ブラウザで/auth/registerにアクセスして、ユーザー登録フォームの表示を確認しましょう。

フォームの送信先はpost.registerと名付けたpostRegisterメソッドを指定します。このpostRegisterメソッドは、Illuminate\Foundation\Auth\RegistersUsersトレイトに記述されています。

postRegisterメソッド内で利用されているvalidatorメソッドは、バリデーションエラー時にエラー内容をerrors配列としてセッションに追加します。エラー内容をBladeテンプレートで利用する場合は、下記の通り追記します（リスト8.11）。

リスト8.11：バリデーションエラーの利用例

```
<div class="form-group @if($errors->first('name'))has-error @endif">
  <label class="control-label" for="name">
    名前 {{{ $errors->first('name') }}}
  </label>
  <input type="text" class="form-control" id="name" name="name"
    placeholder="名前を入力してください" value="{{{ old('name') }}}">
</div>
```

Bladeテンプレートで利用しているoldメソッドは、セッションで保持されている以前の入力値を利用するメソッドです。バリデーションエラーでリダイレクトされた場合に、入力値をそのままフォームに代入する場合に利用します。本項では、パスワード以外でoldメソッドを利用しています。

▶メールによる登録の通知

　簡易的なユーザー登録は前述の実装で十分ですが、本項では、ユーザー登録後に登録情報を通知するメール送信を実装します。そこで`Illuminate\Foundation\Auth\RegistersUsers`トレイトの`postRegister`メソッドをオーバーライドします。

　`App\Http\Controllers\Auth\AuthController`クラスで同名の`postRegister`メソッドを記述して処理を変更します。メール送信には`Mail`ファサードを利用します（リスト8.12）。

リスト8.12：postRegisterメソッドのオーバーライドによるメール送信例

```php
public function postRegister(Request $request)
{
    $validator = $this->validator($request->all());
    if ($validator->fails()) {
        $this->throwValidationException(
            $request, $validator
        );
    }
    $user = $this->create($request->all());
    \Mail::send(   // <--- (1)
        'emails.register',
        ['user' => $user],
        function ($m) use ($user) {
            $m->sender('laravel-reference@example.com', 'Laravel リファレンス')
                ->to($user->email, $user->name)
                ->subject('ユーザー登録が完了しました');
        }
    );
    \Auth::login($user);
    return redirect($this->redirectPath());
}
```

　メール送信に利用するBladeテンプレートファイルは、`resources/emails/register.blade.php`で、下記コード例の通りです（リスト8.13）。

リスト8.13：メール本文例

```
{{ $user['name'] }} さん <br/>
新規ユーザー登録が完了しました。<br/>
ログインはこちらから {{ route('get.login') }}<br/>
```

8-3-3 ユーザー登録のリファクタリング

前項で一通りの機能は実装済みですが、コントローラクラスでの処理が多いため、新たな機能追加や拡張時にはコントローラへの実装が多くなる可能性が考えられます。本項では、Laravelの機能を使って実践的なリファクタリングを説明します。

データベースやメール、そしてバリデートなど、コントローラが依存している機能を取り払い、かつテストを容易にするためリファクタリングを実施します。

▶バリデーションをフォームリクエストへ

バリデーションにフォームリクエストを用いることで、コントローラ外で処理が実行されます。コントローラに依存しないため、バリデーションのテストをフォームリクエストクラス単体で実行できます。

下記の通り、フォームリクエストの App\Http\Requests\UserRegisterRequest クラスを作成して、バリデーションの処理を移動します（リスト 8.14 ～ 8.15）。

リスト 8.14：フォームリクエストクラスの作成

```
$ php artisan make:request UserRegisterRequest
```

リスト 8.15：フォームリクエストを利用したバリデーション

```php
<?php

namespace App\Http\Requests;

/**
 * Class UserRegisterRequest
 * @package App\Http\Requests
 */
class UserRegisterRequest extends Request
{
    /** @var string */
    protected $redirectRoute = 'get.register';

    /**
     * @return bool
     */
    public function authorize()
    {
        return true;
```

```
    }

    /**
     * @return array
     */
    public function rules()
    {
        return [
            'name' => 'required|max:255',
            'email' => 'required|email|max:255|unique:users',
            'password' => 'required|confirmed|min:6'
        ];
    }
}
```

▶リポジトリパターン

　リポジトリパターンとは、データを操作する抽象化レイヤを利用する実装パターンです。利用するメリットは、データベースやNoSQL、ファイル、MongoDBなどでデータを操作するクラスに抽象化レイヤを加えることで、ビジネスロジックなどから外部ソフトウェア（ミドルウェア）に依存する実装を取り除けることです。メンテナンス性や拡張性が高く、容易にテストを実行できる疎結合なアプリケーションとなります。

　本項では、アプリケーションで利用するデータベースの変更に柔軟に対応できるように、またクラスのモックや差し替えを容易に実現できるように、そのためのインターフェイスを作成し（リスト8.16）、具象クラス（コンクリートクラス）で実装します（リスト8.17）。

リスト8.16：リポジトリインターフェイス

```
<?php

namespace App\Repositories;

interface UserRepositoryInterface
{
    /**
     * @param array $params
     * @return mixed
     */
```

```php
    public function save(array $params);
}
```

リスト 8.17：リポジトリインターフェイスを実装したコンクリートクラスの例

```php
<?php

namespace App\Repositories;

use App\DataAccess\Eloquent\User;

class UserRepository implements UserRepositoryInterface
{

    /** @var User   */
    protected $eloquent;

    /**
     * @param User $eloquent
     */
    public function __construct(User $eloquent)
    {
        $this->eloquent = $eloquent;
    }

    /**
     * @param array $params
     * @return User
     */
    public function save(array $params)
    {
        return $this->eloquent->create($params);
    }
}
```

　UserRepositoryクラスのコンストラクタにEloquentモデル継承クラスをタイプヒンティングで指定することで、クラス実行時にEloquentモデルのインスタンスが自動で生成されます。リファクタリング前のコントローラに記述されていたデータベース処理と同じ動作です。

▶ビジネスロジックを取り除く

前項の postRegister メソッドには、データベース処理やメール送信など、フレームワーク外のソフトウェアを利用するビジネスロジックが多く記述されています。コントローラとビジネスロジックを切り離すことで、それぞれのクラスの役割が分離されます。

ユーザー作成の一連の流れをユーザーサービスとしてクラスを作成して、実装コードを移動させます。Laravel アプリケーションの内部コードは、どこでも自由にサービスコンテナを利用できるため、App\Repositories\UserRepositoryInterface と Mail ファサードの実クラスが利用しているインターフェイスをタイプヒンティングで指定し、アプリケーション自体を疎結合にします（リスト 8.18）。

リスト 8.18：サービスクラスの実装例

```php
<?php

namespace App\Services;

use Illuminate\Contracts\Mail\Mailer;
use App\Repositories\UserRepositoryInterface;

/**
 * Class UserService
 * @package App\Services
 */
class UserService
{

    /** @var UserRepositoryInterface  */
    protected $user;

    /** @var Mailer  */
    protected $mailer;

    /**
     * @param UserRepositoryInterface $user
     * @param Mailer $mailer
     */
    public function __construct(UserRepositoryInterface $user, Mailer $mailer)
    {
```

```php
        $this->user = $user;
        $this->mailer = $mailer;
    }

    /**
     * @param array $params
     * @return \App\DataAccess\Eloquent\User
     */
    public function registerUser(array $params)
    {
        $user = $this->user->save($params);
        $this->mailer->send(
            'emails.register',
            ['user' => $user],
            function ($m) use ($user) {
                $m->sender('laravel-reference@example.com', 'Laravel リファレンス ')
                    ->to($user->email, $user->name)
                    ->subject(' ユーザー登録が完了しました ');
            }
        );
        return $user;
    }
}
```

　インターフェイスをタイプヒンティングで指定すると、同一インターフェイスを実装した任意のクラスに差し替えることができるので、簡単に実装を切り替えることが可能になります。例えば、データベースを利用できない環境などで、データベースから値を取得する処理を仮想的なクラスとして実装すると、データベースを利用することなくテストを実行できます。

　上記のコード例では、UserRepositoryInterface インターフェイスをタイプヒンティングで指定しているので、データベースやメールサーバが正常に動作しない時でも、クラス自体のテストを実行できます。また、コントローラがこのサービスクラスを利用するので、コントローラ自体もデータベースなどからの影響を受けません。なお、コード例では、サービスクラスからメール送信を実行していますが、ジョブを利用してメールを送信しても構いません。

▶サービスプロバイダ

最後に、下記コード例の通り、インターフェイスと実際に利用する具象クラスのバインディングを、サービスプロバイダクラスの register メソッドに記述します（リスト 8.19）。コード例では、App\Providers\AppServiceProvider クラスに記述しますが、新たにサービスプロバイダを作成しても構いません。

リスト 8.19：サービスプロバイダを利用する

```
public function register()
{
    $this->app->bind(
        \App\Repositories\UserRepositoryInterface::class,
        \App\Repositories\UserRepository::class
    );
}
```

▶コントローラのリファクタリング

Auth ファサードが利用している Illuminate\Contracts\Auth\Guard インターフェイスをコンストラクタにタイプヒンティングで指定し、UserService や UserRegisterRequest クラスをメソッドインジェクションで利用します（リスト 8.20）。

リスト 8.20：AuthController クラスのリファクタリング

```
<?php

namespace App\Http\Controllers\Auth;

use App\Services\UserService;
use App\Http\Controllers\Controller;
use App\Http\Requests\UserRegisterRequest;
use Illuminate\Contracts\Auth\Guard;
use Illuminate\Foundation\Auth\AuthenticatesAndRegistersUsers;

class AuthController extends Controller
{

    use AuthenticatesAndRegistersUsers;
```

```php
    /** @var Guard */
    protected $auth;

    /**
     * @param Guard $auth
     */
    public function __construct(Guard $auth)
    {
        // getLogout メソッド以外は未ログインの場合にのみアクセスできます
        $this->middleware('guest', ['except' => 'getLogout']);
        $this->auth = $auth;
    }

    /**
     * @param UserRegisterRequest $request
     * @param UserService $user
     * @return \Illuminate\Http\RedirectResponse
     */
    public function postRegister(UserRegisterRequest $request, UserService $user)
    {
        $input = $request->only(['name', 'email', 'password']);
        $result = $user->registerUser($input);
        $this->auth->login($result);
        return redirect()->route('admin.entry.index');
    }
}
```

　各クラスにコードを分離することで、それぞれのクラス単体でユニットテストを実行することが容易になります。各ユニットテストの詳細は、サンプルアプリケーションの tests ディレクトリ配下のテストコードを参照してください。

8-3-4　キャプチャ認証によるカスタムバリデート

　サンプルアプリケーションには、ユーザー登録時に画像として表示された文字列を入力するキャプチャ認証が含まれています（図8.1）。Laravel パッケージとして公開されている画像認証ライブラリもありますが、本項では既存ライブラリを利用して、Laravel アプリケーションで利用するポイントを紹介します。

画像認証には「Captcha」(https://github.com/Gregwar/Captcha)を利用します。ライブラリは「composer require gregwar/captcha」コマンドでインストールします。

キャプチャ認証の実装には、カスタムバリデートクラスを作成して独自の認証ルールを追加する必要があります。

図8.1：キャプチャ認証の追加

▶サービスプロバイダとヘルパーファイルの作成

キャプチャ認証ライブラリを利用するにあたり、サービスプロバイダを利用してサービスコンテナへ登録を行います（リスト8.21）。続いて、利用するライブラリをコンテナに登録します（リスト8.22）。

リスト8.21：キャプチャ認証サービスプロバイダ作成コマンド

```
$ php artisan make:provider CaptchaServiceProvider
```

リスト8.22：コンテナへの登録例

```
<?php

namespace App\Providers;
```

```php
use Gregwar\Captcha\CaptchaBuilder;
use Illuminate\Support\ServiceProvider;

/**
 * Class CaptchaServiceProvider
 * @package App\Providers
 */
class CaptchaServiceProvider extends ServiceProvider
{
    /** @var bool  */
    protected $defer = true;

    /**
     * @return void
     */
    public function register()
    {
        $this->app->singleton(
            'Gregwar\Captcha\CaptchaBuilderInterface',
            function () {
                return new CaptchaBuilder();
            }
        );
    }

    /**
     * @return array
     */
    public function provides()
    {
        return [
            \Gregwar\Captcha\CaptchaBuilderInterface',
        ];
    }
}
```

コンテナへ遅延登録を行い、ヘルパーファイルとして app/helper.php ファイルを作成し、次のコード例の通り、composer.json に追記します（リスト 8.23）。

リスト 8.23 autoload の files に指定

```
"autoload": {
  "classmap": [
    "database"
  ],
  "psr-4": {
    "App\\": "app/"
  },
  "files": [
    "app/helper.php"
  ]
},
```

　サンプルアプリケーションでは、下記に示す通り、ヘルパー関数を実装してテンプレートなどで利用可能にしています（リスト 8.24）。コード例で実装しているのは、キャプチャ認証で利用するフレーズをセッションに格納し、画像バイナリを返却するメソッドです（テストコードは tests/ApplicationHelperTest.php を参照してください）。

リスト 8.24：キャプチャメソッドの実装

```php
<?php

if (!function_exists('captcha')) {

    /**
     * 認証画像キャプチャを出力します
     * @return string
     */
    function captcha()
    {
        /** @var Gregwar\Captcha\CaptchaBuilder $captcha */
        $captcha = app('Gregwar\Captcha\CaptchaBuilderInterface');
        $captcha->build();
        session(['captcha.phrase' => $captcha->getPhrase()]);
        return $captcha->inline();
    }
}
```

キャプチャのフレーズと入力値を利用するバリデーションルールを実装するため、下記のコード例に示す通り、app/Http/Validators/CustomValidator.php にバリデートメソッドを追加します（リスト 8.25）。

リスト 8.25：カスタムバリデーションルールの実装

```php
<?php

namespace App\Http\Validators;

use Illuminate\Validation\Validator;

/**
 * カスタムバリデートクラス
 * Class CustomValidator
 * @package App\Http\Validators
 */
class CustomValidator extends Validator
{

    /**
     * @param $attribute
     * @param $value
     * @return bool
     */
    protected function validateCaptcha($attribute, $value)
    {
        $this->after(function() {
            // 認証利用後セッションから指定のキーを削除します
            session()->forget('captcha.phrase');
        });
        return $value === session('captcha.phrase');
    }
}
```

Validator クラスのコールバックメソッド after を利用して、バリデーション実行後にキャプチャ認証のフレーズを削除します。このバリデーションルールを利用可能にするため、サービスコンテナを利用してカスタムバリデーションクラスを追加します。

App\Providers\AppServiceProvider クラスの boot メソッドを利用して、validator

クラスの resolver メソッドでクラスを登録します（リスト 8.26）。

リスト 8.26：カスタムバリデーションクラスの登録

```
/**
 * @return void
 */
public function boot()
{
    $this->app['validator']->resolver(function($translator, $data, $rules, $messages) {
        return new CustomValidator($translator, $data, $rules, $messages);
    });
}
```

　カスタムバリデーションクラス登録後は、captcha の名前でバリデーションルールを利用できます。実装はサンプルアプリケーションのユーザー作成テンプレートや App\Http\Requests\UserRegisterRequest クラスに含まれています（リスト 8.27）。

リスト 8.27：UserRegisterRequest のカスタムバリデーションルール

```
/**
 * @return array
 */
public function rules()
{
    return [
        'name' => 'required|max:255',
        'email' => 'required|email|max:255|unique:users',
        'password' => 'required|confirmed|min:6',
        'captcha_code' => 'required|captcha'
    ];
}
```

▶バリデーションメッセージ

　バリデーションエラー時に表示するメッセージを指定するには、フォームリクエストの messages メソッドなどを利用できますが、サンプルアプリケーションでは resources/lang 配下へ日本語対応 validation.php を追加しています。
　追加した validation.php ファイルの custom キーに、カスタムバリデーションに対応する入力フォームの name を記述する必要があります。対象となる captcha_code を配列キーとして

追加し、captcha ルールで利用するエラーメッセージを記述します。

日本語対応 validation.php を利用してバリデーションエラー時のメッセージを指定する例を下記に示します（リスト 8.28）。

リスト 8.28：バリデートメッセージの追加

```
'custom' => [
    'captcha_code' => [
        'captcha' => ':attribute の文字列が正しくありません ',
    ],
],
```

上記コード内部の :attribute はリクエストパラメータに置き換わりますが、変更する場合は attributes キーを利用して変更します（リスト 8.29）。

リスト 8.29：カスタムバリデーションメッセージの変更

```
'attributes' => [
    'captcha_code' => ' 画像認証 ',
    'email' => ' メールアドレス ',
    'password' => ' パスワード ',
    'name' => ' 名前 ',
],
```

以上でユーザー登録機能の実装は完了です。ブラウザから /auth/register へアクセスして、ユーザー登録フォームの動作を確認しましょう。

Section 08-04 ログインの実装

Chapter 08

ログイン機能は、ユーザー登録と同じ App\Http\Controllers\Auth\AuthController クラスを利用して実装します。標準で用意されているログイン機能を利用するだけでもログインは動作しますが、本節ではアプリケーションに合わせてログイン動作を変更します。

8-4-1 ログイン画面

標準で用意されているログイン画面は、App\Http\Controllers\Auth\AuthController クラスが利用している Illuminate\Foundation\Auth\RegistersUsers トレイトの getLogin メソッドが担当します。view は resources/views/auth/login.blade.php です。

サンプルアプリケーションではログイン画面はこのまま利用するので、auth/login.blade.php を利用します。ログインにはメールアドレスとパスワードを利用する仕様に合わせてフォームを作成します。フォーム送信先はルート名 post.login の postLogin メソッドを指定し、アカウント作成画面への遷移も同様に、ルート名 get.register とした getRegister メソッドと指定します。最低限のフォームを用意したら、ブラウザから /auth/login へアクセスして、ログイン画面の表示を確認しましょう。次項ではログイン認証のバリデーションを作成します。

8-4-2 フォームリクエストでのバリデーション

本項では、ログイン認証のバリデーションを作成します。下記に示す通り、フォームリクエストクラスを作成します（リスト 8.30）。

ユーザー登録時のバリデーションと同様、作成された App\Http\Requests\LoginRequest クラスには、email と password のバリデーションルールは共に入力必須であることと、email はメールアドレス形式であることを記述します。

リスト 8.30：LoginRequest クラス作成コマンド

```
$ php artisan make:request LoginRequest
```

8-4-3 ログイン実装

これまでのコントローラの実装と同様に、標準で用意されている postLogin メソッドを App\Http\Controllers\Auth\AuthController クラスに記述してオーバーライドし、LoginRequest クラスをメソッドインジェクションで利用します。

前述の「8-3-3 ユーザー登録のリファクタリング」のリスト 8.20（P.389）で実装した通り、App\Http\Controllers\Auth\AuthController クラスのコンストラクタには、Auth コンポーネントのインターフェイスをタイプヒンティングで指定しています。

これを利用して認証処理を行う attempt メソッドを記述します（リスト 8.31）。
ログインに利用する値を配列で第 1 引数に渡し、第 2 引数にはクッキーを利用してログイン情報を保存するかどうかを指定します。また、認証関連の設定ファイルの config/auth.php では、model キーを App\DataAccess\Eloquent\User クラスのクラス名に変更します。

リスト 8.31：attempt メソッドを利用したログイン処理

```
/**
 * @param LoginRequest $request
 * @return \Illuminate\Http\RedirectResponse
 */
public function postLogin(LoginRequest $request)
{
    $result = $this->auth->attempt(
        $request->only(['email', 'password']),
        $request->get('remember', false)
    );
    if (!$result) {
        return redirect()->route('get.login')
            ->with('message', 'ユーザー認証に失敗しました ');
    }
    return redirect()->route('admin.entry.index');
}
```

上記コード例では、リダイレクト時に with メソッドを利用して、一度だけ表示するメッセージをセッションに追加しています。
attempt メソッドでログインが失敗した場合は、リダイレクト先のログインフォームにリダイ

レクトさせて、「ユーザー認証に失敗しました」というメッセージを一度だけ表示させます。

セッションに含ませるメッセージは、リダイレクト先のテンプレートなどで記述します。下記にコード例を示します（リスト8.32）。

リスト8.32：エラーメッセージの利用

```
@if(session('message'))
<div class="alert alert-danger" role="alert">
  <span class="glyphicon glyphicon-exclamation-sign" aria-hidden="true"></span>
  <span class="sr-only">Error:</span>
  {{{ session('message') }}}
</div>
@endif
```

本項で説明した記述は、Laravelアプリケーションでは頻繁に利用する実装方法の1つです。しっかりと理解しましょう。

上記の実装が完了したら、ブラウザから/auth/registerへアクセスして、ログイン成功時の動作とログイン失敗時のエラーメッセージ表示を確認しましょう。現時点ではログイン時に遷移する画面を用意していないため、エラーが表示されます。次項以降では、ログイン後の画面および機能を実装します。

Section 08-05

認証機能のカスタマイズ

標準で用意されている認証ドライバeloquentとdatabaseは共に、ログインユーザーを取得するたびにデータベースへ問い合わせます。そこで、キャッシュを活用することで、ログインユーザー情報が変更されるまでデータベースへの問い合わせを減らすなどの工夫が可能です。

8-5-1 独自認証ドライバの実装

Authコンポーネントのuserメソッドが内部で利用するretrieveByIdメソッドを、オーバーライドして任意の実装に置き換えると、キャッシュが破棄されるまではログイン情報取得でデータベースにアクセスしないように変更できます。特に大規模なアプリケーションでは、キャッシュを利用することで、パフォーマンス改善やデータベースへの通信コストの削減などが可能です。

本項では、Illuminate\Auth\EloquentUserProviderクラスを継承して、キャッシュ利用の認証ドライバを追加する方法を説明します。

キャッシュを使用するにはCacheファサードが利用できますが、サンプルアプリケーションでは、Illuminate\Contracts\Cache\Repositoryインターフェイスを利用します（リスト8.33）。

リスト 8.33：EloquentUserProviderを拡張

```php
<?php

namespace App\Authenticate;

use Illuminate\Auth\EloquentUserProvider;
use Illuminate\Contracts\Hashing\Hasher as HasherContract;
use Illuminate\Contracts\Cache\Repository as CacheContract;

class UserCacheProvider extends EloquentUserProvider
{
```

```php
    /** @var CacheContract */
    protected $cache;

    /**
     * @param HasherContract $hasher
     * @param string $model
     * @param CacheContract $cache
     */
    public function __construct(
        HasherContract $hasher,
        $model,
        CacheContract $cache
    ) {
        parent::__construct($hasher, $model);
        $this->cache = $cache;
    }

    /**
     * @param  mixed $identifier
     * @return \Illuminate\Contracts\Auth\Authenticatable|null
     */
    public function retrieveById($identifier)
    {
        $cacheKey = "user:{$identifier}";
        if ($this->cache->has($cacheKey)) {
            return $this->cache->get($cacheKey);
        }
        $result = $this->createModel()->newQuery()->find($identifier);
        if (is_null($result)) {
            return null;
        }
        $this->cache->add($cacheKey, $result, 120);
        return $result;
    }
}
```

ユーザーIDを利用して、ユニークなキャッシュキーとキャッシュを作成し、キャッシュキーが破棄されるまでは、キャッシュからユーザー情報を取得します。上記コード例のretrieveByIdメソッドでは、キャッシュキー「user:ユーザーID」を利用して、データベースからnullが返

却される場合を除き、有効期間として指定された120分間は値を保持します。キャッシュキーが削除されるまでデータベースにはアクセスしません。

本項では、ユーザー情報の更新は行いませんが、Cacheコンポーネントのforgetメソッドや Artisanコマンドのcache:clearなどを実行して削除すると、再びキャッシュを作成してデータを保持し直します。

なお、オーバーライドしたretrieveByIdメソッドで記述するデータベースアクセス処理をリポジトリパターンに変更することで、他のクラスでの再利用が容易になります。

8-5-2　認証コンポーネント

認証ドライバの追加・拡張では、Illuminate\Contracts\Auth\UserProviderインターフェイスの詳細を把握しておく必要があります。このインターフェイスは、Illuminate\Auth\EloquentUserProviderクラスやdatabaseドライバで利用されるIlluminate\Auth\DatabaseUserProviderクラスが実装しています。

LaravelのAuthファサードとして利用されるIlluminate\Auth\Guardクラスは、内部ではこのIlluminate\Contracts\Auth\UserProviderインターフェイスに記述されたメソッドを利用します。実装するメソッドの概要は下表の通りです（表8.2）。

表8.2：Illuminate\Contracts\Auth\UserProvider

メソッド	概要
retrieveById	ログイン後にセッションに保持されるユーザーIDなどを利用して、ユーザー情報の取得を行う
retrieveByToken	クッキーから取得したトークンを利用して、ユーザー情報を取得する（クッキーによる自動ログイン利用時など）
updateRememberToken	retrieveByTokenメソッドで利用するトークンを更新する
retrieveByCredentials	Authファサードなどで利用するattemptメソッドが内部で利用するメソッドで、指定された配列の情報を利用してユーザー情報を取得する
validateCredentials	attemptメソッドで指定された認証情報を検証する（パスワードのハッシュ値の比較など）

既存ドライバのクラス拡張だけではなく、データベースを利用せず外部APIのみを利用した独自の認証ドライバなどを実装する場合も、上記のインターフェイスを利用することでAuthファサードそのものの利用方法を変えずに、内部の動作だけを簡単に変更可能です。フレームワークのコードを読み、各メソッドの利用箇所を把握しておくことは、各種の拡張や独自実装では非常に重要です。

8-5-3 認証ドライバの追加

新しいドライバを追加するには、サービスコンテナを利用する必要があります。
App\Providers\DriverServiceProvider クラスなどのドライバ追加用のサービスプロバイダを作成するか、標準で用意されている App\Providers\AppServiceProvider クラスの boot メソッドでドライバを追加します。

本項では、下記コード例の通り、App\Providers\DriverServiceProvider クラスを作成して利用します（リスト 8.34）。

リスト 8.34：サービスプロバイダを使ったドライバの追加例

```php
<?php

namespace App\Providers;

use App\Authenticate\UserCacheProvider;
use Illuminate\Support\ServiceProvider;

class DriverServiceProvider extends ServiceProvider
{

    public function boot()
    {
        $this->app['auth']->extend('auth_cache', function () {
            $model = $this->app['config']['auth.model'];
            return new UserCacheProvider(
                $this->app['hash'], $model, $this->app['cache.store']
            );
        });
    }

    public function register()
    {

    }
}
```

コード例では、キャッシュを利用した認証ドライバを auth_cache の名前で登録します。

config/app.php の providers キーに、App\Providers\DriverServiceProvider クラスのクラス名を追加し（リスト 8.35）、config/auth.php の driver キーに追加したドライバー名の auth_cache を指定します（リスト 8.36）。これでアプリケーション内部では auth_cache がデフォルトの認証ドライバとして利用されます。

リスト 8.35：DriverServiceProvider クラスをフレームワークに追加
```
'providers' => [
    // 作成したサービスプロバイダを追加します
    App\Providers\DriverServiceProvider::class,
```

リスト 8.36：config/auth.php を利用する認証ドライバの変更
```
'driver' => 'auth_cache',
```

なお、上記の認証ドライバクラスのテストコードは、サンプルソースコードの tests/Authenticate/UserCacheProviderTest.php を参考にしてください。

8-5-4　ドライバ追加のメリット

独自のドライバを追加することで、アプリケーション内で機能ごとに複数の認証ドライバを切り替え、ユーザーごとのロール制御や独自の認証方法の導入が容易になります（リスト 8.37）。

リスト 8.37：複数の認証ドライバを利用する例
```
\Auth::driver('database')->user();
\Auth::driver('auth_cache')->user();
```

Laravel に搭載されている多くのコンポーネントクラスは、開発するアプリケーションの仕様に合わせて簡単に拡張もしくは追加が可能です。本項で説明した認証ドライバのカスタマイズ機能は、公式ドキュメントにすべてを記載することは困難です。フレームワークのソースコードやコメントは、目を通しておくことをお勧めします。

Section 08-06 ブログ記事管理機能

Chapter 08

前節までは、アプリケーション開発の基盤でもあるユーザー登録やログイン関連の実装、そして認証ドライバの簡単なカスタマイズなどを説明しています。本節ではログインユーザーだけが利用するブログ記事の管理や、それを制御するミドルウェアなどの実装を説明します。

8-6-1 アクセス制御

ブログ記事管理のコントローラを App\Http\Controllers\Admin\EntryController として作成します。Artisan コマンドで作成する場合は、下記に示すコマンドを実行することで、PSR-4 に準拠したディレクトリに作成されます（リスト 8.38）。

リスト 8.38：コントローラの作成

```
$ php artisan make:controller Admin\\EntryController
```

下記のコード例に示す通り、routes.php ファイルを使ってルートにミドルウェアを指定します（リスト 8.39）。

リスト 8.39：routes.php を使ったルートの追加

```
\Route::group(['middleware' => 'auth'], function () {
    \Route::resource(
        'admin/entry',
        'Admin\EntryController',
        ['except' => ['destroy', 'show']]
    );
});
```

コード例では、リソースコントローラによるルーティングを使い、標準で用意されている auth ミドルウェアを指定して、ログインユーザーのみにアクセスを許可します。

8-6-2 新規ブログ登録フォームと登録処理

　管理画面用のレイアウトファイルとして Blade テンプレートを作成し、@extends で継承してテンプレートを作成します。本アプリケーションでは、resources/views/layouts/admin.blade.php をレイアウトファイルとして利用します。

　登録フォームを /resources/views/admin/entry/create.blade.php に作成して、ブログ記事新規登録フォームのテンプレートを作成します。

　ブログ記事の新規登録処理では、登録フォームに入力した値をデータベースへ挿入します。フォームリクエストクラスの App\Http\Requests\EntryStoreRequest を作成して、値を検証する処理を実装します。

　ユーザー作成で利用したフォームリクエストクラスと同じく、バリデーションルールを記述します。サンプルアプリケーションでは、ユーザー作成と同様に、ブログ記事テーブルの entries の title カラムを使って、重複するブログ記事タイトルがないか確認するバリデーションルールを記述しています。

　登録処理は App\Services\EntryService クラスが担当します。処理の流れはユーザー作成と同様で、下記にコード例を示すサービスクラス（リスト 8.40）とリポジトリクラス（リスト 8.41）を使い、コントローラ内で直接データベースを操作しないように実装します。

リスト 8.40：EntryService クラスでリポジトリによる抽象化

```php
<?php

namespace App\Services;

use App\Repositories\EntryRepositoryInterface;

class EntryService
{
    /** @var EntryRepositoryInterface */
    protected $entry;

    /**
     * @param EntryRepositoryInterface $entry
     */
    public function __construct(EntryRepositoryInterface $entry)
    {
```

```php
        $this->entry = $entry;
    }

    /**
     * @param array $attributes
     * @return mixed
     */
    public function addEntry(array $attributes)
    {
        return $this->entry->save($attributes);
    }

    /**
     * @param $id
     *
     * @return mixed
     */
    public function getEntry($id)
    {
        return $this->entry->find($id);
    }
}
```

リスト 8.41：EntryRepository クラスで Eloquent モデルのメソッドを利用

```php
<?php

namespace App\Repositories;

use App\DataAccess\Eloquent\Entry;

class EntryRepository implements EntryRepositoryInterface
{
    /** @var Entry */
    protected $eloquent;

    /**
     * @param Entry    $eloquent
     */
    public function __construct(Entry $eloquent)
```

```php
{
    $this->eloquent = $eloquent;
}

/**
 * @param array $params
 * @return mixed
 */
public function save(array $params)
{
    $attributes['id'] = (isset($params['id'])) ? $params['id'] : null;
    $result = $this->eloquent->updateOrCreate($attributes, $params);
    return $result;
}
}
```

　上記コード例の EntryRepository クラスの save メソッドは、Eloquent モデルの updateOrCreate メソッドを利用して、新規登録と更新処理を担当しています。このサービスクラスを使い、バリデーション通過後のコントローラに記述する登録処理は、下記の通りです（リスト8.42）。

リスト 8.42：App\Http\Controllers\Admin\EntryController の登録処理

```php
<?php

namespace App\Http\Controllers\Admin;

use App\Http\Requests\EntryUpdateRequest;
use Illuminate\Contracts\Auth\Guard;
use Illuminate\Http\Request;
use App\Services\EntryService;
use App\Http\Controllers\Controller;
use App\Http\Requests\EntryStoreRequest;

class EntryController extends Controller
{
    /** @var EntryService */
    protected $entry;
```

```
    /** @var Guard */
    protected $guard;

    /**
     * @param EntryService $entry
     * @param Guard $guard
     */
    public function __construct(EntryService $entry, Guard $guard)
    {
        $this->entry = $entry;
        $this->guard = $guard;
    }

    /**
     * @return \Illuminate\View\View
     */
    public function create()
    {
        return view('admin.entry.create');
    }

    /**
     * @param EntryStoreRequest $request
     * @return \Illuminate\Http\RedirectResponse
     */
    public function store(EntryStoreRequest $request)
    {
        $input = $request->only(['title', 'body']);
        $input['user_id'] = $this->guard->user()->id;
        $this->entry->addEntry($input);
        return redirect()->route('admin.entry.index');
    }
}
```

　上記コード例のEntryControllerクラスに記述したstoreメソッドにより、作成ユーザー以外でも更新できてしまいます。更新処理を制御するために、サンプルアプリケーションでは後述の「ブログ記事編集の制御」（P.416）でミドルウェアとAuthコンポーネントの認可機能を利用しています。なお、ミドルウェアを利用しない場合は、作成ユーザーと更新ユーザーを確認する処理を追加しましょう。

8-6-3 記事一覧画面

ブログ記事の新規登録処理を実装したら、登録したブログ記事の一覧表示処理を実装します。

記事の一覧表示では一般的には paginate メソッドを利用しますが、本項ではページごとにキャッシュを利用する実装を採用しています。

App\Repositories\EntryRepository クラスでは、SQL から取得した値と Cache コンポーネントとを組み合わせてキャッシュを作成する、byPage メソッドと count メソッドを実装します（リスト 8.43）。最後に App\Services\EntryService クラスにページネーションを作成する getPage メソッドを記述します（リスト 8.44）。

なお、キャッシュの詳細は、サンプルコードの App\DataAccess\Cache\DataCache クラスを参照してください。

リスト 8.43：キャッシュを組み合わせた実装例

```php
<?php

namespace App\Repositories;

use App\DataAccess\Eloquent\Entry;
use App\DataAccess\Cache\Cacheable;

class EntryRepository implements EntryRepositoryInterface
{
    /** @var Cacheable */
    protected $cache;

    /** @var Entry */
    protected $eloquent;

    /**
     * @param Entry     $eloquent
     * @param Cacheable $cache
     */
    public function __construct(Entry $eloquent, Cacheable $cache)
    {
        $this->cache = $cache;
        $this->eloquent = $eloquent;
    }
```

```php
/**
 * @param array $params
 *
 * @return mixed
 */
public function save(array $params)
{
    $attributes = [];
    $attributes['id'] = (isset($params['id'])) ? $params['id'] : null;
    $result = $this->eloquent->updateOrCreate($attributes, $params);
    if ($result) {
        $this->cache->flush();
    }

    return $result;
}

/**
 * @param $id
 *
 * @return mixed
 */
public function find($id)
{
    $cacheKey = "entry:{$id}";
    if ($this->cache->has($cacheKey)) {
        return $this->cache->get($cacheKey);
    }
    $result = $this->eloquent->find($id);
    if ($result) {
        $this->cache->put($cacheKey, $result);
    }

    return $result;
}

/**
 * @return int
 */
public function count()
```

```php
    {
        $key = 'entry_count';
        if ($this->cache->has($key)) {
            return $this->cache->get($key);
        }
        $result = $this->eloquent->count();
        $this->cache->put($key, $result);

        return $result;
    }

    /**
     * @param int $page
     * @param int $limit
     *
     * @return \stdClass
     */
    public function byPage($page = 1, $limit = 20)
    {
        $key = "entry_page:{$page}:{$limit}";
        if ($this->cache->has($key)) {
            return $this->cache->get($key);
        }
        $entries = $this->eloquent->byPage($limit, $page);

        return $this->cache->putPaginateCache(
            $page,
            $limit,
            $this->count(),
            $entries,
            $key
        );
    }
}
```

リスト 8.44：ブログ記事一覧の取得

```php
<?php

namespace App\Services;
```

```php
use App\Repositories\EntryRepositoryInterface;
use Illuminate\Pagination\LengthAwarePaginator;

class EntryService
{
    /** @var EntryRepositoryInterface */
    protected $entry;

    /**
     * @param EntryRepositoryInterface $entry
     */
    public function __construct(EntryRepositoryInterface $entry)
    {
        $this->entry = $entry;
    }

    /**
     * このメソッドを追記します
     * @param int $page
     * @param int $limit
     * @return LengthAwarePaginator
     */
    public function getPage($page = 1, $limit = 20)
    {
        $result = $this->entry->byPage($page, $limit);
        return new LengthAwarePaginator(
            $result->items, $result->total, $result->perPage, $result->currentPage
        );
    }
}
```

　キャッシュを利用しない場合は、下記に示す通り、App\Repositories\EntryRepositoryクラスのbyPageメソッドを変更して、paginateメソッドを利用します（リスト8.45）。

リスト8.45：paginateのみを利用したページネーション利用例

```php
return $this->eloquent->paginate(20);
```

　続いて、Bladeテンプレートでページネーションを利用するため、App\Http\Controllers\Admin\EntryControllerクラスのindexメソッドで、App\Services\EntryServiceクラ

スのgetPageメソッドを利用します。なお、サービスコンテナへの登録処理は、サンプルコードのApp\Providers\AppServiceProviderクラスを参照してください。

キャッシュ利用の有無に関わらず、Illuminate\Pagination\LengthAwarePaginatorクラスのインスタンスが返却されます。ページネーションの詳細は、前述の「4-8 ページネーション」（P.224）を参照してください。

ブログ記事一覧表示にルート名を使ってブログ記事編集ページのリンクを記述します。一覧表示ページのレイアウトは、テンプレートファイル /resources/views/admin/entry/index.blade.php に記述します。ブラウザから /admin/entry へアクセスし、作成したブログ記事がブログ記事一覧に表示されていることを確認しましょう。

8-6-4 編集フォームと更新処理

サンプルアプリケーションでは、登録や新規登録とは異なり、編集フォームと更新処理を別のメソッドとルートにしています。

編集画面のルートは admin/entry/{entry}/edit、更新処理は admin/entry/{entry} となり、{entry} にはブログ記事登録時に生成された entries テーブルのプライマリキーが利用されます。編集画面では登録済みのブログ記事をフォームに初期値として利用するため、遷移時に指定された id の情報を entries テーブルから取得してテンプレートに反映します。前項までのデータベースを利用するクラスと同様に、キャッシュを併用する実装にします。

更新処理のルートでは HTTP の PUT メソッドを利用するので、method_field ヘルパー関数を利用して、<input type="hidden" name="_method" value="put"> が生成されるように記述します。

フォーム値には old ヘルパーメソッドを利用しますが、第2引数にデータベースから取得した値を記述してデフォルト値として利用します。これで、初期値にはデータベースの値が利用され、バリデーション失敗時に編集フォームへ戻されても以前の入力値がそのまま利用されます（リスト 8.46）。

リスト 8.46：old メソッドとデータベースの値を利用

```
@extends('layouts.admin')
@section('content')
<form method="POST" action="{{ route('admin.entry.update', [$id]) }}">
```

```
{!! method_field('put') !!}
{!! csrf_field() !!}
<div class="form-group @if($errors->first('title'))has-error @endif">
  <label class="control-label" for="name">
    タイトル {{{ $errors->first('title') }}}
  </label>
  <input type="text" class="form-control" id="title" name="title"
    placeholder=" タイトルを入力してください " value="{{{ old('title', $entry->title) }}}">
</div>
<div class="form-group @if($errors->first('body'))has-error @endif">
  <label class="control-label" for="body">
    本文 {{{ $errors->first('body') }}}
  </label>
  <textarea class="form-control" name="body" id="body"
    placeholder=" 本文を入力してください " rows="20">{{{ old('body', $entry->body) }}}
  </textarea>
</div>
<button type="submit" class="btn btn-success"> 記事を編集 </button>
</form>
@stop
```

▶存在しないブログ記事 ID が指定された場合は？

　編集フォームや更新処理では、存在するブログ記事 ID であるか判定するミドルウェアを利用します。サンプルアプリケーションでは、存在しないブログ記事 ID が指定された場合は、一覧画面にリダイレクトするように、`App\Http\Middleware\ExistsEntry` クラスを作成して、`exists.entry` ミドルウェアとしてコントローラのコンストラクタに記述して利用しています。

　リソースコントローラなどを利用した場合の `{entry}` 値を取得するには複数の方法がありますが、本項では `Illuminate\Http\Request` クラスの `getParameter` メソッドで取得し、データベース（キャッシュが存在すればキャッシュ）に問い合わせて判定しています。

8-6-5 ブログ記事編集の制御

サンプルアプリケーションは複数のアカウントで利用可能です。複数のユーザーが利用するWebアプリケーションでは、他のユーザーが作成したブログ記事の編集、更新を制御するには、ミドルウェアとAuthコンポーネントによる認可機能を利用します。

ミドルウェアでブログ記事作成者のユーザーIDとログインユーザーのIDの比較を行うために、次のコマンドでポリシークラスを作成します（リスト8.47）。

リスト8.47：Artisanコマンドによるポリシークラスの作成

```
$ php artisan make:policy EntryPolicy
```

作成したApp\Policies\EntryPolicyクラスには、ブログ記事作成者とログインユーザーのIDを比較する、シンプルなupdateメソッドを記述します（リスト8.48）。

リスト8.48：updateメソッドの実装

```php
<?php

namespace App\Policies;

use App\DataAccess\Eloquent\User;
use App\DataAccess\Eloquent\Entry;

class EntryPolicy
{
    /**
     * @param User   $user
     * @param Entry  $entry
     * @return bool
     */
    public function update(User $user, Entry $entry)
    {
        return $user->id === (int) $entry->user_id;
    }
}
```

次にApp\Providers\AuthServiceProviderクラスのpoliciesプロパティでEloquentモデルクラスとポリシークラスをマッピングします。

下記に示すコード例では、App\DataAccess\Eloquent\Entry クラスと App\Policies\EntryPolicy クラスをマッピングします（リスト 8.49）。

リスト 8.49：認可機能を登録

```php
<?php

namespace App\Providers;

use App\Policies\EntryPolicy;
use App\DataAccess\Eloquent\Entry;
use Illuminate\Contracts\Auth\Access\Gate as GateContract;
use Illuminate\Foundation\Support\Providers\AuthServiceProvider as ServiceProvider;

class AuthServiceProvider extends ServiceProvider
{
    /**
     * 認可ロジックとして App\Policies\EntryPolicy クラスの update メソッドを加えます
     */
    protected $policies = [
        Entry::class => EntryPolicy::class,
    ];

    public function boot(GateContract $gate)
    {
        parent::registerPolicies($gate);
    }
}
```

上記コード例に示したマッピング後は、update の名前で App\Policies\EntryPolicy クラスの update メソッドが作用するようになります。実際に認可ロジックを利用するには、Gate ファサードや Illuminate\Contracts\Auth\Access\Gate インターフェイスを記述します。

サンプルアプリケーションでは、App\Services\EntryService クラスのコンストラクタに Illuminate\Contracts\Auth\Access\Gate インターフェイスをタイプヒンティングで指定することで、getEntryAbility メソッドを認可ロジックとして利用します（リスト 8.50）。

リスト 8.50：サービスクラス内での認可機能の利用

```php
<?php

namespace App\Services;

use App\Repositories\EntryRepositoryInterface;
use Illuminate\Contracts\Auth\Access\Gate;
use Illuminate\Pagination\LengthAwarePaginator;

class EntryService
{

    protected $entry;

    protected $gate;

    public function __construct(
        EntryRepositoryInterface $entry,
        Gate $gate
    ) {
        $this->entry = $entry;
        $this->gate = $gate;
    }

    // 省略

    /**
     * @param array $attributes
     *
     * @return mixed
     */
    public function addEntry(array $attributes)
    {
        if (isset($attributes['id'])) {
            if (!$this->getEntryAbility($attributes['id'])) {
                return false;
            }
        }
        $result = $this->entry->save($attributes);
```

```php
        return $result;
    }

    /**
     * @param $id
     * @return bool
     */
    public function getEntryAbility($id)
    {
        return $this->gate->check('update', $this->getEntry($id));
    }
}
```

　上記コード例の App\Services\EntryService クラスを利用することで、App\Http\Middleware\SelfEntry ミドルウェアでは、ブログ記事作成者のユーザー ID とログインユーザーの ID を比較します（リスト 8.51）。

リスト 8.51：ミドルウェアと認可ロジックを利用したユーザー ID の比較

```php
<?php

namespace App\Http\Middleware;

use Closure;
use App\Services\EntryService;

/**
 * @package App\Http\Middleware
 */
class SelfEntry
{
    /** @var EntryService $entry */
    protected $entry;

    /**
     * @param EntryService $entry
     */
    public function __construct(EntryService $entry)
    {
        $this->entry = $entry;
```

```php
    }

    /**
     * @param  \Illuminate\Http\Request  $request
     * @param  \Closure                  $next
     *
     * @return mixed
     */
    public function handle($request, Closure $next)
    {
        $result = $this->entry->getEntryAbility(
            $request->route()->getParameter('entry')
        );
        if (!$result) {
            return redirect()->route('admin.entry.index')
                ->with('message', '投稿者以外は編集できません');
        }

        return $next($request);
    }
}
```

　このミドルウェアは self.entry の名前で、App\Http\Kernel クラスの routeMiddleware プロパティの配列へ追記します。編集フォームと更新処理で利用するために、App\Http\Controllers\Admin\EntryController クラスのコンストラクタでは、middleware メソッドを使って記述します。

　複数のミドルウェアを利用する場合は、記述した順番に実行されます。ここではブログ記事の有無を確認した後にユーザー ID の比較が実行されます。ミドルウェアの処理順に依存する点には注意が必要です。

8-6-6　ログインユーザーの表示

　本項では、ログインユーザーのユーザー名を表示する例として、ビューコンポーザーを利用して簡単に表示する方法を紹介します。Auth ファサードや Illuminate\Auth\Guard クラス、Illuminate\Contracts\Auth\Guard インターフェイスなどをタイプヒンティングで指定することで、アプリケーション内でログインユーザーを取得できます。

ビューコンポーザーを利用するため、App\Composers\UserComposer クラスを作成します。作成したクラスをビューコンポーザーとして動作させるには、必ず compose メソッドを実装する必要があります。compose メソッドは Illuminate\Contracts\View\View インターフェイスを実装したクラスが渡されるため、Illuminate\View\View クラスまたは Illuminate\Contracts\View\View インターフェイスをタイプヒンティングで指定します。

下記に示すコード例は、取得したログインユーザー情報をテンプレートへ user 変数として渡すだけのクラスです（リスト 8.52）。

リスト 8.52：ビューコンポーザーを利用する例

```php
<?php

namespace App\Composers;

use Illuminate\Contracts\Auth\Guard;
use Illuminate\Contracts\View\View;

class UserComposer
{
    /** @var Guard */
    protected $guard;

    /**
     * @param Guard $guard
     */
    public function __construct(Guard $guard)
    {
        $this->guard = $guard;
    }

    /**
     * @param View $view
     */
    public function compose(View $view)
    {
        $view->with('user', $this->guard->user());
    }
}
```

次にサービスプロバイダを利用して、指定したテンプレートが描画されたタイミングでビューコンポーザーを実行します。

　管理画面のレイアウトファイルで読み込まれる elements/admin/header テンプレート描画時に実行するように、App\Providers\ViewServiceProvider クラスを作成して boot メソッドに記述し（リスト 8.53）、テンプレートにログインユーザー名を表示するように記述します（リスト 8.54）。

リスト 8.53：サービスプロバイダを利用したビューコンポーザーの登録方法

```php
    /**
     * @return void
     */
    public function boot()
    {
        /**
         * elements.admin.header 描画時に
         * App\Composers\UserComposer の composer メソッドが実行されます
         */
        $this->app['view']->composer(
            'elements.admin.header',
            \App\Composers\UserComposer::class
        );
    }
```

リスト 8.54：resources/views/elements/admin/header.blade.php へ追記

```php
<div id="navbar" class="collapse navbar-collapse">
  <ul class="nav navbar-nav">
    <li @if(Request::is('admin/entry'))class="active" @endif>
      <a href="{{ route('admin.entry.index') }}">blog</a>
    </li>
    <li><a href="{{ route('logout') }}">logout</a></li>
    <li><a href="#">ログイン：{{ $user->name }}</a></li>
  </ul>
</div>
```

Section 08-07

Chapter 08

ブログ表示・コメント投稿機能

基本的なブログ管理機能の実装が完了したら、サンプルアプリケーションにアクセスした際に表示されるブログ一覧ページやブログ記事ページ、そしてコメント投稿機能を実装します。

8-7-1 ブログ表示

ブログ表示として App\Http\Controllers\EntryController クラスを作成し、ブログ記事一覧画面とブログ記事詳細画面の2つを作成します。ブログ記事表示画面には指定したブログ記事を表示させるようにし、そこにコメント投稿機能やコメント表示などの機能を追加します。

ブログを表示するには、既に管理画面で実装した App\Services\EntryService クラスのメソッドがそのまま利用できます。App\Http\Controllers\EntryController クラスでサービスクラスを使って実装します（リスト 8.55）。

リスト 8.55：App\Http\Controllers\EntryController クラスの実装コード

```php
<?php

namespace App\Http\Controllers;

use Illuminate\Http\Request;
use App\Services\EntryService;

class EntryController extends Controller
{
    /** @var EntryService */
    protected $entry;

    /**
     * @param EntryService $entry
     */
```

```php
    public function __construct(EntryService $entry)
    {
        $this->entry = $entry;
    }

    /**
     * @param Request $request
     * @return \Illuminate\View\View
     */
    public function index(Request $request)
    {
        $result = $this->entry
            ->getPage($request->get('page', 1), 20)
            ->setPath($request->getBasePath());
        return view('entry.index', ['page' => $result]);
    }

    /**
     * @param $id
     * @return \Illuminate\View\View
     */
    public function show($id)
    {
        $attributes = [
            'entry' => $this->entry->getEntry($id)
        ];
        return view('entry.show', $attributes);
    }
}
```

　ブログ表示のBladeテンプレートファイルは、resources/views/layouts/entry.blade.phpをレイアウトファイルとして利用します（リスト8.56）。一覧画面やブログ記事表示の記述は、本章で説明したユーザー登録やログイン、管理画面などと同様です。

リスト 8.56：ブログを表示するテンプレート

```
@extends('layouts.entry')
@section('content')
<div class="blog-header">
  <h1 class="blog-title"> ブログ </h1>
```

```
    <p class="lead blog-description">Laravel リファレンス サンプルアプリケーション </p>
</div>
<div class="row">
  <div class="col-sm-8 blog-main">
    <div class="blog-post">
      <h2 class="blog-post-title">{{ $entry->title }}</h2>
      <p class="blog-post-meta">{{ $entry->created_at }}</p>
      <p>{!! nl2br(e($entry->body)) !!}</p>
    </div>
  </div>
  @include('elements.entry.sidebar')
</div>
@stop
```

routes.php へは次のルートを追加します（リスト 8.57）。

リスト 8.57：ブログのルートを追加
```
\Route::resource('entry', 'EntryController', ['only' => ['index', 'show']]);
```

8-7-2 コメントの取得と書き込み

ブログ記事表示画面に、コメント投稿フォームやコメント表示などの機能を実装します。

コメント取得用の App\DataAccess\Eloquent\Comment クラスは、ブログ記事 ID に関連するコメントを取得する実装です。併せて、コメント書き込みで投稿者名が入力されていないケースでは、ミューテータ（setter）を使って「no name」と書き込みます（リスト 8.58）。

また、コメントの取得は getAllByEntryId メソッドが行い、ミューテータとして setNameAttribute が作用します。

リスト 8.58：ミューテータの利用例
```
<?php

namespace App\DataAccess\Eloquent;

use Illuminate\Database\Eloquent\Model;

class Comment extends Model
```

```php
{
    use CreateTransactionalTrait;

    /** @var string  */
    protected $table = 'comments';

    /** @var array  */
    protected $fillable = ['comment', 'name', 'entry_id'];

    /**
     * @param $id
     * @return mixed
     */
    public function getAllByEntryId($id)
    {
        return $this->query()->where('entry_id', $id)
            ->orderBy($this->primaryKey, 'ASC')->get();
    }

    /**
     *
     * @param  string $value
     */
    public function setNameAttribute($value)
    {
        $this->attributes['name'] = (empty($value)) ? 'no name' : $value;
    }
}
```

▶ Eloquent ORM 利用時の注意

　Eloquent ORM には hasMany や belongsToMany などが用意されており、それぞれの Eloquent モデルクラス間の結合は簡単ですが、パフォーマンスの問題（N＋1問題）に発展してしまうケースが多いため、with メソッドを利用した Eager Loading が用意されています。

　しかし、外部キーや正規化などの設計が施されているデータベースでは、インデックスによるパフォーマンス改善などに対して無力なケースが多いことも事実です。
　また、Eager Loading などで利用される IN 句では、インデックスが利用されないケースも多

く、同様にデータベースの恩恵が受けられない場合が多々あります。こうした場合は、Eloquent ORMだけではなく、クエリビルダや通常のSQL記述で対応する必要があることに注意しましょう。

▶リポジトリクラスの作成

サービスクラスとEloquent ORM間の抽象化レイヤ、CommentRepositoryクラスの内容は下記の通りです（リスト8.59）。

リスト8.59：CommentRepositoryクラス

```php
<?php

namespace App\Repositories;

use App\DataAccess\Eloquent\Comment;

class CommentRepository implements CommentRepositoryInterface
{
    /** @var Comment */
    protected $eloquent;

    /**
     * @param Comment $eloquent
     */
    public function __construct(Comment $eloquent)
    {
        $this->eloquent = $eloquent;
    }

    /**
     * @param $id
     * @return mixed
     */
    public function allByEntry($id)
    {
        return $this->eloquent->getAllByEntryId($id);
    }

    /**
     * @param array $params
```

```
     * @return mixed
     */
    public function save(array $params)
    {
        return $this->eloquent->fill($params)->save();
    }
}
```

EntryRepositoryクラスと同様、キャッシュを利用しても構いません。サンプルコードではキャッシュを利用した実装となっています。

▶コメントサービスクラス

前述のコード例（リスト8.59）で作成した、CommentRepositoryクラスを利用するApp\Services\CommentServiceクラスを、下記に示します（リスト8.60）。

リスト8.60：CommentServiceクラスの実装コード

```php
<?php

namespace App\Services;

use App\Repositories\CommentRepositoryInterface;

class CommentService
{
    /** @var CommentRepositoryInterface */
    protected $comment;

    /**
     * @param CommentRepositoryInterface $comment
     */
    public function __construct(CommentRepositoryInterface $comment)
    {
        $this->comment = $comment;
    }

    /**
     * @param $id
     * @return mixed
```

```
    */
    public function getCommentsByEntry($id)
    {
        return $this->comment->allByEntry($id);
    }

    /**
     * @param $params
     * @return mixed
     */
    public function addComment($params)
    {
        return $this->comment->save($params);
    }
}
```

App\Http\Controllers\EntryController クラスのコンストラクタでは、次に示すコード例の通り、App\Services\CommentService クラスをタイプヒンティングで指定した上で、ブログ記事表示の show メソッドでコメントを取得するようにします（リスト 8.61 〜 8.62）。

リスト 8.61：タイプヒンティングで CommentService クラスを指定

```
/** @var EntryService */
protected $entry;

/** @var CommentService */
protected $comment;

/**
 * @param EntryService    $entry
 * @param CommentService  $comment
 */
public function __construct(EntryService $entry, CommentService $comment)
{
    $this->entry = $entry;
    $this->comment = $comment;
}
```

リスト 8.62：コントローラの実装コード

```php
/**
 * @param $id
 * @return \Illuminate\View\View
 */
public function show($id)
{
    $attributes = [
        'entry' => $this->entry->getEntry($id),
        'comments' => $this->comment->getCommentsByEntry($id)
    ];
    return view('entry.show', $attributes);
}
```

▶コメント投稿コントローラ

　コメント登録を処理するコントローラ、App\Http\Controllers\CommentController クラスを作成します。CommentController へのルートは、下記のように追加します（リスト 8.63）。

リスト 8.63：コメント投稿のルートを追加

```
\Route::resource('comment', 'CommentController', ['only' => ['store']]);
```

　コメント登録のバリデーションとして、App\Http\Requests\CommentRequest クラスを作成し、コメントのみを対象とするバリデーションルールを実装します。

　小さな処理はフォームリクエストを利用せず、Validator コンポーネントを直接利用しても構いません。CommentController クラスのデータ作成を担う store メソッドでは、メソッドインジェクションを利用してフォームリクエストクラスとサービスクラスをタイプヒンティングで指定し、App\Services\CommentService クラスの addComment メソッドを利用します。

　コメント登録後は、ブログ記事ページへリダイレクトするシンプルな動作を記述します。ブログ記事表示テンプレートには、下記の通り、シンプルなフォームとコメント表示を追加します（リスト 8.64）。なお、ファンクショナルテストのテストコードは、tests/Functional/FunctionalCommentTest.php を参照してください。

リスト 8.64：ブログ記事とコメントの表示

```html
<div class="row">
  <form method="post" action="{{{ route('comment.store') }}}">
```

```blade
        {!! csrf_field() !!}
        <input type="hidden" name="entry_id" value="{{{ $entry->id }}}">
        <div class="form-group col-md-8 @if($errors->first('comment'))has-error @endif">
          <textarea class="form-control" name="comment" id="comment"
            placeholder=" コメントを入力してください " rows="1"></textarea>
        </div>
        <div class="form-group col-md-4">
          <input type="text" class="form-control" id="name" name="name"
            placeholder=" 名前 " value="{{{ old('name') }}}">
        </div>
        <div class="form-group pull-right">
          <button type="submit" class="btn btn-success"> コメント </button>
        </div>
      </form>
</div>
{{-- ここまでが記事に対してのコメントフォームです --}}
{{-- ここからは記事に対してのコメント表示となります --}}
<div class="row">
  @foreach($comments as $comment)
  <div class="panel panel-primary">
    <div class="panel-heading">
      <h3 class="panel-title">
        {{{ $comment->name }}} / {{{ $comment->created_at }}}
      </h3>
    </div>
    <div class="panel-body word-break">
      {!! nl2br(e($comment->comment)) !!}
    </div>
  </div>
  @endforeach
</div>
```

Index

■記号

$appends	137
$app プロパティ	267
$defer プロパティ	267
$dontReport	182
$errors	074
$hidden	137
$middleware プロパティ	067
$routeMiddleware プロパティ	068
$touches プロパティ	154
$visible	137
--clean-backups	023
--no-dev	021
--optimize	023
--prefer-dist	027
--rollback	023
--update-no-dev	022
.bash_profile	009
.blade.php	043
.composer	022
.env	039, 053, 029, 211
.gitignore	030
.homestead	012
@empty	045
@endforelse	045
@endsection	045
@extends	376, 045
@forelse	045
@if	044
@section	045
@yield	044
__callStatic	283
_old_input	333
_token	350
{!! !!}	046, 226
{{ }}	046

■A

abortヘルパー関数	185
actingAs	331, 340
action	334
address	318
after.sh	014
Afterミドルウェア	066
Ajax	350
alias	016, 251, 306, 307
aliases	282
all	124, 238
Amazon EC2	010
Amazon SDK for PHP	223
Amazon SES	223
andReturn	306, 309
andReturnSelf	310
andThrow	310
ANSIエスケープシーケンス	032
anticipate	357
Apache	008
apc	169
APCu	169
APP_DEBUG	030, 182
appends	227
APP_ENV	030, 055
App\Exceptions\Handler	047
App\Http\Controllers\Controller	049
APP_KEY	030
Application	244, 311
application/octet-stream	220
app:name	033
app.php	182, 208
AppServiceProvider	215
App::setLocale	205, 209
App\User	325

appヘルパー関数	253
apt-get install	009
Architecture Foundations	007
argument	354
array	169, 233
array_slice	231
artisan	330
Artisan	032
artisan app:name	033
artisan clear-compiled	031, 032
artisan db:seed	040
artisan env	032
artisan event:generate	198
artisan key:generate	030, 033
artisan make:migration	087
artisan make:provider	269
artisan optimize	031
artisan route:list	033
artisan serve	033, 039
artisan session:table	233
artisan start	190
artisan tinker	033
ask	357
assertArrayHasKey	332
assertEquals	333
assertHasOldInput	333
assertInternalType	293
AssertionsTrait	331
assertRedirectedTo	332
assertRedirectedToAction	332
assertRedirectedToRoute	332
assertResponseOk	331
assertResponseStatus	332
assertSessionHas	332
assertSessionHasAll	333
assertSessionHasErrors	333
assertTrue	332
assertViewHas	332
assertViewHasAll	332
assertViewMissing	332
associate	153
asキー	059
attach	215, 219
attempt	398
auth.attempt	190
Auth::attempt	162
Auth::check	163
AuthController	161
Authenticatable	165, 331
Auth::extend	156
Auth::guest	164
auth.login	190
Auth::login	166
Auth::loginUsingId	166
auth.logout	190
Auth::logout	167
Auth::once	166
Auth::onceUsingId	166
authorize	013
authorized_keys	013
auth.php	159
Auth::user	164
Auth::viaRemember	164
Authドライバ	373
Authファサード	162
autoload	345
avg	108

■B

batchカラム	090
bcc	215
bcryptヘルパー関数	050

be	331, 340
Beforeミドルウェア	065
beginDatabaseTransaction	331
belongsTo	141, 153
belongsToMany	144
bind	245, 246, 247, 251, 337
bindIf	250
Blade	043, 226, 214
BladeCompiler	344
Blueprint	091
boot	196
bootstrap/autoload.php	291
bootstrapped:	191
bootstrapping:	191
box	011
Builder	106

■C

Cache::add	175
cache:clear	402
cache:cleared	190
cache:clearing	190
Cache::decrement	178
CACHE_DRIVER	169
Cache::flush	178
Cache::forever	175
Cache::forget	177
Cache::get	176
Cache::has	177
Cache::increment	178
CacheManager	175
cache.php	169
Cache::pull	178
Cache::put	175
Cache::remember	176
Cache::rememberForever	177
Cache::store	178
Cache::tags	179
cacheテーブル	170
Cacheファサード	175
call	260, 334
callSecure	334
CanResetPassword	377
Captcha	391
Carbon	134
cc	215
choice	357
chunk	108
city	317
citySuffix	317
class_alias	282
clear-cache	024
clear-compiled	032
click	335
Closure::bind	298
codeCoverageIgnoreアノテーション	300
Collection	125
comja5	027
commands	353
comment	359
compose	421
Composer	009, 010, 017
composer create-project	027
composer dump-autoload	020
composer global require	026
COMPOSER_HOME	022, 026
composer info	018
composer.json	017, 027
composer.lock	021
composer.phar	009, 010
composer update	018

432

composing:	191
Config	282
config設定	054
configヘルパー関数	311
confirm	358
connection	084, 235
connection.	191
connections	082
Container	245
controller	062
cookie	233, 235
Cookie	342
count	108, 228
country	318
coversアノテーション	299
CrawlerTrait	333
create	098, 151
createMany	152
create-project	023
creating:	191
Cross-site Request Forgery	051
Cross Site Scripting	342
CSRF	051
csrf_field	052
csrf_token	052
CSRFトークン	052
currentPage	228

■D

daily	187
database	170, 233
DatabaseMigrations	324, 331
database.php	055, 233
DatabaseSeeder.php	095
DatabaseTransactions	331
dataProviderアノテーション	296
DateTime	175
DB::beginTransaction	103
DB::commit	103
DB::connection	102
DB_CONNECTION	030
DB::enableQueryLog	103
DB::getQueryLog	103
DB:pretend	104
DB::raw	106, 117
DB::rollback	103
db:seed	095
DB::select	100
DB::selectFromWriteConnection	101
DB::statement	096
DB::table	098, 106
DB::transaction	102
DBファサード	100, 097
decrement	116
decrypt	274
default	232
defer	354
defineAs	314
delete	101, 116, 130
Dependency Injection	244
dependsアノテーション	297
description	352
destroy	130
DI	244, 255
disableEventsForAllTests	336
disableMiddlewareForAllTests	336, 338
dispatch	336
Dispatcher	202, 336
Doctrine DBAL	363
domain	236
dontSee	333

downメソッド	088
driver	211
dump-autoload	023

■E

Eager Loading	149
echo	293
Eloquent	046, 097, 199, 225
Eloquent ORM	030, 121
EloquentUserProvider	400
Eloquentクラス	159
embed	221
embedData	221
encrypt	234
EncryptCookies	276
Encrypter	274
encryption	212
EncryptionServiceProvider	264, 279
env	032
envヘルパー関数	085, 053
error	359
error_log	187
errorlog	187
errors	333
Event	199
Event::fire	194
Event::listen	191
EventServiceProvider	196
Event::subscribe	203
Eventファサード	195
eventヘルパー関数	194, 201
except	056
exceptキー	063
exceptプロパティ	350
expectedExceptionCode	295
expectedExceptionMessage	295
expectedExceptionアノテーション	295
Exception	052, 305
expectsJobs	336
expire_on_close	234
eヘルパー関数	046, 343

■F

Facade	003, 286
Factory	042, 313, 376
factoryヘルパー関数	313
fails	070
Faker	313
Faker\Factory::create	316
Faker\Generator	318
fallback_locale	208
fetch	082
file	171, 233
files	234
Filesystem	303
find	047
findOrFail	047
fire	195
firing	195
first	107, 126
firstName	317
firstNameFemale	317
firstNameMale	317
flash	241
flush	240
flushSession	331
folders	013
forceDelete	133
forget	195, 240
Forms & HTML	366
FormsRequest	077
fragment	227

from	212, 215
Function and Method Coverage	299

■G

Gate	417
Gateファサード	417
get	106, 125, 236
getArguments	355
getFacadeAccessor	283
getFacadeRoot	285
getOptions	355
git clone	012
GitHub	038
give	262
global	022
Google Trends	002
groupBy	113
Guard	389, 402
Guzzle	223

■H

handle	192, 199
Handler	182, 185
has	147, 239
Hashファサード	306
hasListeners	195
hasMany	142
hasManyThrough	146
hasMorePages	228
hasOne	140
having	113
header	058
HHVM	011, 013
HipHop Virtual Machine	011
Homestead.yaml	011, 012, 015
host	212
hosts	016
HTML	044
htmlentities	343
HTML Purifier	344
HTMLメール	213
HTTPカーネル	245

■I

id_rsa.pub	013
illuminate/console	017
illuminate.log	191
illuminate.query	191
illuminate.queue.failed	191
illuminate.queue.looping	191
illuminate.queue.stopping	191
Implicit Controller	380
increment	116
info	024, 359
init.sh	012
insert	101, 115
install	021
instance	250
instanceOf	307
Intervention Image	368
ISO-2022-JP	215
isReading	351
IteratorAggregate	226

■J

JavaScript	342
join	112
JSON	134, 228
Jsonable	228
json_encode	135
JSON Web Token Authentication	368
JWT	368

433

Index

K
- keep — 241
- Kernel — 420
- kernel.handled — 191, 202
- key:generate — 033

L
- Lang ファサード — 209
- Laravel 5 IDE Helper Generator — 362
- Laravel Debugbar — 363
- Laravel Homestead — 010, 372
- laravel new — 026
- laravel_session — 235
- Laravel Socialite — 364
- lastName — 317
- lastPage — 228
- Lazy Loading — 148
- leftJoin — 112
- LengthAwarePaginator — 224, 231, 225
- lifetime — 234
- line — 359
- Line Coverage — 299
- Linux — 009
- listener — 192
- lists — 107
- load — 150
- locale — 208
- locale.changed — 191
- lockForUpdate — 117
- Log::alert — 188
- Log::critical — 188
- Log::debug — 188, 189
- Log::error — 188
- Log::getMonolog — 189
- logging — 300
- Log::info — 188
- Log::listen — 193
- log_max_files — 187
- Log::notice — 188
- LOG_USER — 187
- Log::warning — 188
- Long Term Support (LTS) — 003, 004
- lottery — 235
- Lumen — 005

M
- mail — 211
- MAIL_DRIVER — 211, 223
- MAIL_ENCRYPTION — 212
- mailer.sending — 191
- Mailgun — 223
- MAIL_HOST — 212
- MAIL_PASSWORD — 213, 222
- mail.php — 211
- MAIL_PORT — 212
- Mail::raw — 218
- Mail::send — 213
- MAIL_USERNAME — 212, 222
- Mail ファサード — , 213
- make — 246, 253, 070
- make:console — 352
- make:model — 121
- makePartial — 312
- makeRequest — 335
- make:seeder — 097
- Mandrill — 223
- Mass Assignment — 096, 128
- MassAssignmentException — 128
- max — 108
- McryptEncrypter — 275
- memcached — 171, 234
- Memcached — 171

[col2]
- Message — 214
- MessageBag — 073
- messages — 395
- method_field ヘルパー関数 — 414
- middleware — 059
- migrate:rollback — 331
- migrations — 083
- migrations テーブル — 089
- MIME — 220
- min — 108
- missingFromDatabase — 331
- mock — 305
- Mockery — 302
- Mockery::close — 305
- ModelNotFoundException — 047
- Model::unguard — 096
- Model View Controller — 034
- MVC — 034
- MySQL — 008

N
- N+1 問題 — 148
- name — 317, 352
- namespace — 377
- names キー — 063
- name プロパティ — 355
- needs — 262
- nesbot/carbon — 018
- NetBeans — 362
- never — 308
- nextPageUrl — 228
- NFS — 013
- Nginx — 013
- notSeeInDatabase — 331
- null — 173
- numberBetween — 318

O
- OAuth 認証 — 365
- Object-relational Mapper — 046
- once — 305, 308
- onDelete — 095
- only — 056
- onlyTrashed — 132
- only キー — 063
- onUpdate — 095
- option — 354
- orderBy — 113, 224
- ORM — 046
- orWhere — 111
- orWhereRaw — 349
- OS X — 008
- overload — 307

P
- Packagist — 017, 369
- Packalyst::Packages for Laravel — 368
- paginate — 224
- pagination.php — 206
- Paginator — 225
- password — 213
- PasswordController — 161
- password_resets テーブル — 158
- patch — 334
- path — 235
- Path — 008
- PATH — 009
- pattern — 061
- PDO — 080, 082
- PDO::ATTR_PERSISTENT — 322
- PDOStatement::rowCount — 101
- perPage — 228

[col3]
- PHP — 008, 011
- php artisan optimize — 024
- php artisan optimize --psr — 024
- PHP_CodeCoverage — 300
- PHP Data Objects — 080
- PHP-FIG — 019
- PhpStorm — 362
- PHPUnit — 290
- PHPUnit_Framework_TestCase — 293, 311
- phpunit.xml — 291
- Pipeline — 320
- pivot プロパティ — 145
- Plain Old PHP Object — 199
- POPO — 199
- port — 212
- post — 334
- postcode — 318
- POST-REDIRECT-GET — 050
- predis/predis — 172, 234
- press — 335
- pretend — 213
- PRG パターン — 050
- priority — 215
- private — 298
- production — 055
- protected — 298
- providers — 404
- provides — 267
- PSR-4 — 019, 033
- public — 298
- pull — 238
- Pure CSS フレームワーク — 039
- push — 239
- pushProcessor — 189
- put — 238
- PuTTYgen — 013

Q
- Qiita — 007
- question — 359

R
- Rackspace — 010
- raw — 117
- read — 084
- Read-Eval-Print Loop — 033
- Redirect — 058
- RedirectResponse — 321
- redirectRoute — 339
- redirect ヘルパー関数 — 058, 074
- redis — 172, 234
- Redis — 172
- reflash — 241
- regenerate — 240
- register — 264, 346, 389
- RegistersUsers — 381
- remember_token — 158
- remove — 022
- render — 183, 227
- REPL — 033
- replyTo — 215
- report メソッド — 182
- Repository — 400
- Request — 164, 351, 036
- Request::input — 041
- require — 022
- require-dev セクション — 021
- require セクション — 021
- resolve — 245
- resolveCurrentPage — 230
- resolveCurrentPath — 231

434

resolveFacadeInstance — 285	SSH — 013, 016	■W
resolver — 395	ssh-keygen — 013	when — 262, 267
Response — 036, 057	Stackoverflow — 007	where — 061, 109, 224
ResponseTrait — 058	statement — 102	whereBetween — 110
RESTfulリソースコントローラ — 063	stdClass — 082	whereExists — 114
restore — 133	Store — 236	whereHas — 147
retrieveById — 400	streetAddress — 318	whereIn — 110
rightJoin — 112	streetName — 317	whereNotBetween — 110
rollBack — 331	streetSuffix — 317	whereNotIn — 110
route — 335	subject — 214	whereNotNull — 110
route:list — 033	Swift Mailer — 211	whereNull — 110
Router — 036, 058	Symfony2 — 035	whereRaw — 347, 349
router.matched — 191	Symfony Console — 352	Whoops — 031
routes.php — 040, 058	syslog — 187	wincache — 173
routeヘルパー関数 — 063		Windows — 008
runDatabaseMigrations — 324, 331	■T	Windows Cache Extension for PHP
runInSeparateProcessアノテーション	table — 235	— 173
— 307	tag — 253	with — 049, 149
	tagged — 253	withAnyArgs — 309
■S	take — 114	withCookie — 058
save — 047, 127, 151	Taylor Otwell — 002	withInput — 074
saveMany — 152	tearDown — 301	withNoArgs — 309
Schema::create — 091	TestCase — 311, 330	withSession — 331
Schema::table — 091	testing — 055, 170	withTimestamps — 145
Schemaファサード — 090	testアノテーション — 293	withTrashed — 132
secret — 357	times — 308	write — 084
secure — 236	tinker — 033	
secure属性 — 236	to — 214	■X
see — 333, 335	toArray — 134	XAMPP — 008
Seeder — , 095	toJson — 134, 228	xcache — 174
seeInDatabase — 331	TokenMismatchException — 350	XCache — 174
seeJson — 335	toSql — 109	X-CSRF-TOKEN — 350
seeJsonEquals — 335	total — 228	Xdebug — 299
seePagels — 335	touch — 030	XSS — 342
select — 100, 106	transヘルパー関数 — 209	XSS攻撃 — 046
self-update — 023	trashed — 132	
sender — 215	twice — 308	■Z
SendGrid — 222	Twilio — 269	zeroOrMoreTimes — 308
sendmail — 211, 213		
Sentinel — 369	■U	■あ
Sentry — 369	Ubuntu — 009	アクションメソッド — 068
SerializesModels — 199	union — 114	アクセサ — 133
serve — 033	UNIONクエリ — 114	アサートメソッド — 331
ServiceProvider — 264	UNIXタイムスタンプ — 123	暗黙のコントローラ — 042, 061
services.php — 223	until — 195	
session — 236	update — 021, 101, 116, 127	■い
SESSION_DRIVER — 232	updateOrCreate — 408	依存 — 297, 321
session.php — 232	upメソッド — 088	依存性の注入 — 244, 255
sessionsテーブル — 233	url — 228	イベント — 037, 190
Sessionファサード — 236	username — 212	イベントクラス — 198
sessionヘルパー関数 — 044	UserProvider — 402	イベント操作 — 195
setCharset — 216	usersテーブル — 158	イベント発行 — 194
setEchoFormat — 344	usesキー — 042	イベントリスナー — 191
setEncoder — 216	UTF-8 — 072, 213	インストール — 026
setPath — 227		インターフェイス — 375
setUp — 293	■V	インデックス — 093
setUser — 331	vagrant — 014	インライン — 221
sharedLock — 117	Vagrant — 010	
shouldReceive — 305, 308	VagrantBox — 010	■え
show — 024	validate — 075	エイリアス — 016
signature — 352	validation.php — 075	エスケープ — 344
signatureプロパティ — 355	validator — 382	エラーハンドリング — 181
simplePaginate — 225, 226	Validator — 070	エラー表示 — 181
single — 186	value — 107	エラーメッセージ — 073
singleton — 249	var_dump — 293	エラーレポート — 031
sites — 013	VerifyCsrfToken — 350	
skip — 114	vhosts — 013	■お
SMTP — 212	View — 036, 042	オートロード — 019
SoftDeletes — 131	viewヘルパー関数 — 376	オブジェクト関係マッピング — 121
software-properties-common — 009	VirtualBox — 010	
SQLite — 030	visit — 333	■か
SQLインジェクション — 346	vlucas/phpdotenv — 053	解決 — 245

435

Index

開発情報 ───── 007
開発速度 ───── 004
外部キー制約 ───── 094
カスタムバリデーション ───── 394
カスタムページネータ ───── 229
画像認証 ───── 372
環境設定 ───── 008
環境変数 ───── 009, 014
完全修飾クラス名 ───── 019
完全修飾名 ───── 245

■き
キャッシュ ───── 168
キャッシュストア ───── 168
キャッシュタグ ───── 179
キャッシュの削除 ───── 177
キャッシュの取得 ───── 176
キャッシュの存在確認 ───── 177
キュー ───── 037

■く
クエリビルダ ───── 030, 105, 224
具象クラス ───── 258, 375, 385
クッキー ───── 057
クラスファイル ───── 019
クラスマップ ───── 020
グルーピング ───── 113
クロージャ ───── 041
クロスサイトスクリプティング ───── 046
クロスサイトリクエストフォージェリ
───── 051

■け
ゲッター ───── 200
言語ファイル ───── 205

■こ
コアコンポーネント ───── 274
公開鍵 ───── 013
公式サイト ───── 007
更新系 ───── 084
コードカバレッジ ───── 299
コマンドラインツール ───── 032
コンストラクタインジェクション ───── 259
コンソールカーネル ───── 245
コンテキスト ───── 261
コントラクト ───── 274
コントローラ ───── 034, 048, 068, 159
コンポーネント ───── 034, 053

■さ
サービスコンテナ ───── 244, 037
サービスプロバイダ ───── 264, 353, 389
サブクエリ ───── 114
サブスクライバ ───── 202
参照系 ───── 084
サンプルデータベース ───── 080

■し
シーダー ───── 095
システム環境変数 ───── 008
自動テスト ───── 256
自動ログイン ───── 164
シミュレート ───── 302
ジョブ ───── 037
シリアライゼーション ───── 134
シングルトン ───── 244, 354

■す
スキーマビルダ ───── 090
スタブ ───── 336
ストアドプロシージャ ───── 348

■せ
セキュリティ ───── 051
セッション ───── 232
接続設定 ───── 082

■そ
ソート ───── 113
属性操作 ───── 093
疎結合 ───── 258

■た
ターミナル ───── 009
タイプヒンティング ─ 069, 245, 307, 375
タイムスタンプ ───── 123
代理モック ───── 306
多言語化 ───── 075
多言語対応 ───── 205
ダミーデータ ───── 313

■ち
遅延登録 ───── 267

■て
ディレクトリ構造 ───── 028
データプロバイダ ───── 296
データベース ───── 080
テストクラス ───── 330
テストヘルパーメソッド ───── 330
デリミタ ───── 344

■と
動作環境 ───── 053
動的プロパティ ───── 140
トークン ───── 164
ドメイン駆動開発 ───── 035
トランザクション ───── 102
トリム処理 ───── 065

■な
名前空間 ───── 019, 033

■に
日本語化 ───── 027, 160
認証機能 ───── 159

■は
バージョン ───── 004
パーミッション ───── 029
バインド ───── 245
パスワードリセット ───── 156
パッケージ管理 ───── 017
バリデーション ───── 372, 384, 069

■ひ
ビジネスロジック ───── 036
ビュー ───── 034, 042
ビューコンポーザー ───── 421

■ふ
ファイルパス ───── 019
ファサード ───── 003, 282, 306
ファンクショナルテスト ───── 290, 330
フィルタ ───── 064
フォーム ───── 050
フォームリクエスト ───── 076
フラッシュデータ ───── 241
プリペアドステートメント ───── 346
フルスタック ───── 002
プレースホルダ ───── 347
フレームワーク ───── 006
プレフィックス ───── 306, 307

■へ
ページネーション ───── 040, 224
ヘッダ ───── 057
別名 ───── 251

■ま
マイグレーション ───── 086, 157
マイグレーションファイル ───── 087
巻き戻し ───── 090
マルチパート ───── 217

■み
ミドルウェア ───── 064, 036
ミューテータ ───── 133

■め
メール ───── 211
メソッドインジェクション
───── 260, 352, 389
メッセージ ───── 209
メッセージファイル ───── 160

■も
モック ───── 256, 302
モデル ───── 034, 121
モデルファクトリ ───── 313

■ゆ
ユーザー情報 ───── 164
ユーザー登録 ───── 156
ユーザー認証 ───── 156
ユニットテスト ───── 290, 319

■ら
ライブラリ ───── 006

■り
リクエスト ───── 056
リスナー ───── 037
リスナークラス ───── 198
リスナー登録 ───── 192, 196
リフレクション ───── 256, 298, 307
リポジトリパターン ───── 385
リレーション ───── 139
リンク ───── 335

■る
ルーティング ───── 058, 063
ルート定義 ───── 038, 040, 058
ルートパラメータ ───── 060
ルール指定 ───── 070

■れ
例外 ───── 037, 031
レスポンス ───── 057
連想配列 ───── 169

■ろ
ローカリゼーション ───── 205
ローテーション ───── 186
ロールバック ───── 090
ログ ───── 186
ログアウト ───── 156, 167
ログイン ───── 156, 162
ロケール ───── 208
論理削除 ───── 130

■わ
ワーカープロセス ───── 037
ワンタイム ───── 166

著者プロフィール

新原 雅司（しんばら・まさし）　@shin1x1
1×1株式会社代表取締役。PHPをメインにWebシステムの開発や技術サポートを主業務としている。関西でPHPコミュニティの運営や技術イベントでの講演を行っている。主な著書は『PHPエンジニア養成読本』『Laravelエキスパート養成読本』（いずれも共著／技術評論社）、『Vagrant入門ガイド』（電子書籍／技術評論社）など。
ブログ：Shin x blog（http://www.1x1.jp/blog/）

竹澤 有貴（たけざわ・ゆうき）　@ex_takezawa
株式会社アイスタイル所属。PHPのWebアプリケーション開発をメインに、Java、Androidアプリケーション開発を手がけている。国内PHPコミュニティやカンファレンスなどで講演を行っている。著書は『Laravelエキスパート養成読本』（共著）。
ブログ：ytake blog（http://blog.comnect.jp.net/）

川瀬 裕久（かわせ・ひろひさ）
新潟県在中。Laravel初期より国内での普及をはかろうと奮闘。OS開発から官公庁のシステム、パソコンパッケージなど多彩な開発に従事。現在、Laravel公式ドキュメントの日本語版提供や各種解説記事をブログで発信中。著書は『Laravelエキスパート養成読本』（共著）。
ブログ：kore1server（http://kore1server.com/）

大村 創太郎（おおむら・そうたろう）　@omoon
大阪を拠点に、主に業務系のWebデータベースシステムの開発・運用に従事。関西PHPユーザーグループのスタッフとして、カンファレンスの運営や講演なども行っている。著書は『PHPエンジニア養成読本』（共著）。
ブログ：A Small, Good Thing（http://blog.omoon.org/）

松尾 大（まつお・まさる）　@localdisk
PHP/Java等を使用したWebアプリケーション開発に従事。最近はマネージメントの業務が増えている。福岡でのPHPコミュニティへの参加・講演を行っている。著書は『Laravelエキスパート養成読本』（共著）。
ブログ：localdisk（http://localdisk.hatenablog.com/）

編集者プロフィール

丸山 弘詩（まるやま・ひろし）
Hecula, Inc.代表取締役。書籍編集者。iPhoneやAndroidなどスマートフォン全般、BSDならびにLinux関連に深い造詣を持ち、関連書籍の執筆・編集を数多く手掛ける。アプリケーションの企画開発、運用やプロモーションに加え、様々な分野のコンサルティングやプロダクトディレクションなども担当。

◆協力
　　　　　　　　　栗生 和明、濱中 一勲、増永 玲、渡辺 一宏（五十音順）
◆STAFF
装丁　　　　　　　久米 康大（FretJamDESIGN）
本文デザイン　　　鈴木 良太（Rin Inc.）
DTP　　　　　　　Hecula, Inc.
編集　　　　　　　丸山 弘詩（Hecula, Inc.）
進行　　　　　　　石橋 克隆（株式会社インプレス）

```
本書のご感想をぜひお寄せください
http://book.impress.co.jp/books/1114101107
```

読者登録サービス CLUB impress　アンケート回答者の中から、抽選で商品券（1万円分）や図書カード（1,000円分）などを毎月プレゼント。当選は賞品の発送をもって代えさせていただきます。

● 本書の内容に関するご質問は、書名・ISBN・お名前・電話番号と、該当するページや具体的な質問内容、お使いの動作環境などを明記のうえ、インプレスカスタマーセンターまでメールまたは封書にてお問い合わせください。電話やFAX等でのご質問には対応しておりません。なお、本書の範囲を超える質問に関しましてはお答えできませんのでご了承ください。

● 落丁・乱丁本はお手数ですがインプレスカスタマーセンターまでお送りください。送料弊社負担にてお取り替えさせていただきます。但し、古書店で購入されたものについてはお取り替えできません。

■読者の窓口
　インプレスカスタマーセンター
　〒101-0051 東京都千代田区神田神保町一丁目 105 番地
　TEL 03-6837-5016 ／ FAX 03-6837-5023
　info@impress.co.jp

■書店／販売店のご注文窓口
　株式会社インプレス 受注センター
　TEL 048-449-8040
　FAX 048-449-8041

著者、株式会社インプレスは、本書の記述が正確なものとなるように最大限努めましたが、本書に含まれるすべての情報が完全に正確であることを保証することはできません。また、本書の内容に起因する直接的および間接的な損害に対して一切の責任を負いません。

Laravel リファレンス [Ver.5.1 LTS 対応]
Web職人好みの新世代PHPフレームワーク

2016年 1月11日初版第1刷発行

著者　新原 雅司、竹澤 有貴、川瀬 裕久、大村 創太郎、松尾 大
発行人　土田 米一
発行所　株式会社インプレス
　　　〒101-0051 東京都千代田区神田神保町一丁目 105 番地
　　　TEL 03-6837-4635（出版営業統括部）
　　　ホームページ http://book.impress.co.jp/

本書は著作権法上の保護を受けています。本書の一部あるいは全部について（ソフトウェア及びプログラムを含む）、株式会社インプレスから文書による許諾を得ずに、いかなる方法においても無断で複写、複製することは禁じられています。

Copyright ©2015 Masashi Shimbara, Yuki Takezawa, Hirohisa Kawase, Sotaro Omura, Masaru Matsuo and Hecula, Inc. All rights reserved.

印刷所　株式会社 廣済堂
ISBN978-4-8443-3945-8
Printed in Japan